# 建筑论与大师思想

[日]日本建筑学会 编

徐苏宁 冯瑶 吕飞 译

徐苏宁 校

U0353451

中国建筑工业出版社

著作权合同登记图字：01－2009－3524

图书在版编目（CIP）数据

建筑论与大师思想／（日）日本建筑学会编；徐苏宁，
冯瑶，吕飞译．—北京：中国建筑工业出版社，2012.12
ISBN 978-7-112-14938-4

Ⅰ．①建⋯　Ⅱ．①日⋯②徐⋯③冯⋯④吕⋯　Ⅲ．①建筑
学—基本知识　Ⅳ．①TU-0

中国版本图书馆 CIP 数据核字（2012）第 294617 号

Japanese title：Kenchikuron Jiten
edited by Architectural Institute of Japan
Copyright © 2008 by Architectural Institute of Japan
Original Japanese edition
published by SHOKOKUSHA Publishing Co.，Ltd.，Tokyo，Japan

本书由日本彰国社授权我社独家翻译出版

\*　　　　　\*　　　　　\*

责任编辑：白玉美　刘文昕
责任设计：董建平
责任校对：刘梦然　王誉欣

## 建筑论与大师思想

［日］日本建筑学会　编
徐苏宁　冯　瑶　吕　飞　译
徐苏宁　校

\*

中国建筑工业出版社出版、发行（北京西郊百万庄）
各地新华书店、建筑书店经销
华鲁印联（北京）科贸有限公司制版
北京中科印刷有限公司印刷

\*

开本：880×1230 毫米　1/32　印张：8⅜　字数：393 千字
2012 年 12 月第一版　2012 年 12 月第一次印刷
定价：**35.00 元**
ISBN 978－7－112－14938－4
　　　（22432）

# 前言

在构成"建筑"基础的自然环境或生活环境以全球规模发生着激烈变化的今天，从根源上探讨有关"建筑"的各种问题的"理论"本身也备受关注。这何尝不是一次对人类掌握科学技术以前的那些生动的"建筑的语言"进行重新思考的尝试呢。

在欧洲，系统的建筑理论自古罗马的维特鲁威起已有2000多年的历史。相反，在日本，森田庆一在概括了西方古典理论的基础上，提出了"完整"的新的建筑理论，也因此奠定了建筑理论作为一门科学的基础。可以说，回归如今被细化的各种建筑学知识的根本是把建筑领域作为整体来研究的理论，也是将其作为一个学科来研究的理论。在这个原则上，作为严谨科学的现代建筑理论，其作用即便在现代也没有失去意义，不过也毋庸置疑，近年来，探讨"建筑"的方法在空间论、景观论、场所论、环境构成论或者现象学、存在论等各个方面同时展开、深化起来。

另一方面，广义的"建筑理论"指的是从伴随建筑师创作的思考到造型乃至与构思相关的理论的考察或方法论的分析以及站在鉴赏"建筑"的角度的批评或评论，实际上，在多方面显示着其发展。不得不说，在现代，建筑设计在不断变化，总体上，表面涌动的思潮之中混乱程度在不断加深。换句话说，不仅展望全局非常困难，而且，追溯相互关联如历史渊源或社会脉络也不是件容易的事。因此，如今人们正期待着用新的方法描绘建筑理论领域的现代图谱。

本书是一本为满足广大读者的需求，选定91个条目作为关键词并加以必要解释的专业理论图书。本书的特点在于每个条目的解释都比较长，这是因为执笔者不但从语意上，而且要从建筑理论的角度进行解读；其次，这本辞书不仅便于目录查询或索引查询，而且也便于全书阅读或部分查阅。

在第一部分"建筑理论的方法与范畴"中，通过建筑理论固有的课题或现代思想的方法概念，展望建筑理论的主题拓展，论述其成果及可能性。第二部分"建筑师的思想"，通过对作为理论家、创作者或实践者的建筑师的"语言"和"作品"的分析，解读其丰富多彩的世界，而且广泛讨论建筑理论和设计行为或造型构思的各种现象及其相互关联。

本书是为了在如今的21世纪重新寻找"建筑"的真谛而编写的专业图书。希望生活在21世纪的学生、建筑师、研究人员以及关心建筑和人类环境的诸位读者在继承前人的研究成果并致力于新的开拓时，可以将本书作为参考。

编辑委员会

田路贵浩　　　同前
田中　乔　　　京都大学名誉教授
崔　康勋　　　同前
竺　觉晓　　　金泽工业大学教授（环境、建筑学院建筑系）
富冈义人　　　三重大学大学院副教授（工学学科建筑学专业）
富永　让　　　同前
内藤　广　　　东京大学大学院教授（工学学科社会基础学专业）
中村贵志　　　鸟取环境大学大学院教授（环境设计学科）
西垣安比古　　同前
西田雅嗣　　　京都工艺纤维大学大学院副教授（工艺科学学科造型工学系）
滨田邦裕　　　京都精华大学教授（艺术学院）
林　一马　　　同前
藤冈洋保　　　东京工业大学大学院教授（理工学学科建筑学专业）
前田忠直　　　同前
松村秀一　　　东京大学大学院教授（工学学科建筑学专业）
松本静夫　　　福山大学教授（工学院建筑、建设学科）
松本　裕　　　大阪产业大学专职讲师（工学院建筑、环境设计学科）
丸山洋志　　　芝浦工业大学特聘教授（建筑工学学科）
水上　优　　　福山大学讲师（工学院建筑、建设学科）
门内辉行　　　京都大学大学院教授（工学学科建筑学专业）
八束 HAZIME　芝浦工业大学教授（工学院建筑工学学科）

■建筑历史与意匠委员会

建筑论与建筑意匠分委员会
（2008 年度）

主任　小林克弘
干事　西垣安比古　　田路贵浩
委员　市原　出　　　入江正之
　　　奥山信一　　　木下　央
　　　朽木顺纲　　　白井秀和
　　　富永　让　　　西田雅嗣
　　　松本静夫　　　门内辉行

建筑论与建筑意匠辞典工作小组
（2008 年度）

主任　前田忠直
干事　岸田省吾　　　崔　康勋
委员　伊从勉　　　　冈河　贡
　　　片木　笃　　　佐野润一
　　　末包伸吾　　　竺　觉尧
　　　内藤　广　　　林　一马

建筑论与大师思想

# 目　录

建筑师的思想

## [凡例]

◦ 本书是日本建筑学会建筑历史与意匠委员会所属建筑理论与建筑意匠分委员会策划，在与建筑理论辞典工作小组共同讨论并选定内容、条目等工作后得以顺利出版的。由前文所注编辑委员会承担编辑工作。

◦ 执笔者主要由建筑理论与建筑意匠分委员会和建筑理论辞典工作小组的历代委员选定，也有根据条目需要委托相应专家的情况。所有条目文末的括号内著有执笔者姓名。

◦ 第一部分（建筑理论的方法与范畴）的 23 项、第二部分（建筑师的思想）的 68 项，共计 91 项条目均按日文五十音图的顺序排列（中文版则按照中文发音顺序重新排列）。在最初的策划阶段曾设定过更多条目，但本书中收录的为主要条目，而且还存在根据执笔者的情况忍痛割爱的情况。期待着再版之时会有所充实。

◦ "建筑理论"和"建筑师"作为代表本书"建筑理论的方法与范畴"和"建筑师的思想"两部分编辑意图的关键词，在第一部分的开头加以介绍。

◦ 第一部分的条目标准为 4 页，第二部分为 2 页。但是，第二部分中，维特鲁威、路易·康、堀口舍己、森田庆一、赖特、勒·柯布西耶这 6 项条目作为特例为 4 页。

◦ 文章格式统一要求，但内容由执笔者负责。

◦ 每项条目的文末所记载的参考文献，为方便读者，优先考虑日文书和外文译著，并严格控制数量。

◦ 人名、地名等专有名词的写法以通用用法为原则，但其中一部分遵从执笔者的写法。

◦ 除标题外的人名索引、条目索引里，选择了与本书相称的人名和重要词语，标题项用黑体字表示。

# 建筑理论的方法与范畴

# 建筑理论 theory of architecture

序：近年来，"建筑理论"的"主题"向周边无限扩展，其范畴也可笼统地概括为"人—环境学"、"人与自然共生的基础理论"。

——强为之名曰大（道）。大曰逝，逝曰远，远曰反（《老子》第25章）。

以下的"主题"（1～5）从"建筑"向周边扩展，终仍返回原点。历史不断重复，曾经在古代西方流逝（1、2），接着回到今天的日本（3、4）。（5）与（3）中对未来世界文化的向往则停留在两者之间。

"方法"method，要追溯到古语的methodos。即所谓的"沿着（meta—）路（hodos）"。这条路终结于"反躬自问"（普济《大川语录》）4个字。这个视角是"考证、论述""主题"时对自身的关注，同时也将"主题"置于旁边，并着眼于那里的"场合、场所"。接触到"立场"时便结束。

**1**：最初将维特鲁威的《建筑十书》引入日本的是森田庆一。他对原著进行了仔细研究，开拓了"建筑理论"成为建筑各学科理论、知识、技术的基础理论之路（1930）。这本古典著作提到，建筑师应参与到"理论与实践"这两个方面中，还必须精通"各种知识、技术"，并列举了"哲学、几何学、音乐、天文学等9种知识与技术"。

他深入探讨了有关均衡（symmetria）、比例（eurythmia）等6种建筑原理，奠定了"建筑理论"的基础。分析了有关建筑的价值，也就是美观、实用、坚固，探询三者之间的关系来理解"整体"的建筑。之后，这个三原则被冠上了神圣的光环。另外，森田庆一还把现代诗人P·瓦莱里的《尤帕里诺斯亦是建筑师》这个经典的"对话"篇和其诗歌《柱列之歌》翻译成了日文。

就这样，他从罗马到希腊溯流而上，将"建筑"明确为"追求理念，了解原理、源头的 archi-tectōn 的技术……模仿理念进行创作的技术"。居首位的建筑技艺可概括为工匠的"营造术"（参见"森田庆一"条目）。

**2**：所谓理念，今天，会因其带有古典色彩而敬而远之吗——如同窥视古典的形而上学。"物质机械论"（怀特海）是现代社会的中流砥柱。与"物质"相对立，为了保护"生命"与"价值"，尝试返回到贯穿古今的"对立"的最初原型可能是一条捷径。

柏拉图和亚里士多德（不涉及理念论）两个人在一些问题上的看法是截然相反的。苏格拉底之前的众多思想家认为自泰利斯（水）以来，"自然"（空气、火、土）只是非物质的、充满活力的物体，与最终看透生命宇宙论的柏拉图（虽然意见相差很大）相互契合（藤泽令夫）。相反，亚里士多德持有与德谟克利特的原子论相似的思想。亚里士多德认为，不具有所有性质的无机物质〔作为存在之存在（to on hēi on）的整体存在论探讨的开始〕作为实体，是万物的基础，所有性质在此基础上得以生存。（作为实体的一种解释的）个体，第一实体被规定为"主语而不是谓语"。实体—属性＝主语—谓语是日常用语的固定模式。……其老师柏拉图特别在后期（《巴门尼德篇》以后）去掉了"主语"的要素，向"谓语"方向倾斜。……从模仿理念的本体到只是模拟其影像，石头——白色，在认识论和存在论上有着同等的知觉图像，就是"白色石头"。

本文所探求的"研究与论述"何在？苏格拉底的接班人柏拉图的问答方法的意义又是什么？以先师的"无知之知"为基础，对话不断地被"玩味"、"反驳"。语言的本质在于，即便是自言自语，也要生动地与自己对话。……对话不过是跳板而已。

在中期的《会饮篇》中，苏格拉底与女祭司讨论"爱"，并被教导。面对"美"的理念的爱，逐一追寻大地上的种种美——从肉体美到精神美，最终即使能够接近，也没有超越……女祭司娓娓道来。面对所见的各种"美的大海"，若能极度净化精神，便突然想尝试"直接品味"（先验的直观）超越时空的不生不灭的"美"的理念。

理念不只限于"美"，"善"（也就是知"恶"）是理念中的理念，统领着"同"与"营造"及其一切事物的理念。……名著《国家篇》中说道，从只见阴影的地下"洞穴"来到地面，将能想象到的世界中最崇高的"善"比喻为"太阳"。这并非是直喻，因而它不是感觉到的光，而是折射在"思维"上的光形成的"善"的"价值"……比喻从地下"洞穴"通向地上"太阳"的过程，被认为是显示对话分量的"段落"的比喻。

在"场所"和"论述"的问题上，有"在场所这里，'菊花'的理念（Φ）被映衬出来（F——菊花的知觉图像）"，"'美'的理念（Φ）的相似图像在场所这里被接受，作为美（F）被表现"这样一种表述方式（藤泽❺大）。场所如同包容一切的"母亲"，被比喻为不偏不倚的"镜"面（田中美知太郎《柏拉图Ⅱ》岩波书店，1981）。

这个叙述方式上，主语的个体（$x$）被省略，（F）限于谓语而展开（Φ、F、$x$ 是从伦理学借用的符号）。相对于常识性的结构，这种用法是"非常识"的，不研究这种本源的知觉形态的"本质"就无法超越现代。

暂且不谈原型（Φ），存在、感知的现象一元论（巴克莱）止步不前，尚未探明真相，似乎还停留在人类尺度论方面各自的、各个时段的、根源不确切的记载上。

产生飞跃的关键是晚年在自然学（《蒂迈欧篇》）中提出的宇宙是由灵魂与生命

（火、能源）、理性（知识、信息）、理念三原则构成的（海森伯等）。

上述的"比喻"也好，"模拟其影像"也好，都被认为是"仿佛真实的"传说。

——在此从西向东折返、架桥。"眼前（场所）"所见《白色之山（茂吉）》（F）"的寂寥（悠然）与（场所、F）"洁白光芒（模拟Φ）"的《佛经（同）》，比起"（雪）山是白色的"有更加静谧的"真、意"与深度。

**3：日常思想上的场所论。**西田几多郎庞杂的研究始于《善的研究》（1911）中关于纯粹经验的论述。……所谓经验，即了解事实原状的意思。……所谓纯粹，即不加任何思考判断的状态。譬如，看到颜色、听到声音的一刹那，没有主客之分，知识及其对象完全统一在一起。这就是经验最纯粹的境界。

西田几多郎将纯粹经验作为"惟一实在"，"希望能说明一切"。从纯粹经验出发的自觉发展，包括智力、情感、意志为契机在内的主、客分离，直到说明任一知识的判断与内涵关系的把握都无法对抗西方哲学新康德派的固有思考。所谓说明，其本身的知识是包含在惟一实在的纯粹经验中的吗？"说明"的"说明"再次回归并不明显。

纯粹经验和"表述"之间的关系被问及到。惟一实在的开端词，从"（风）沙沙作响"的"道"（《老子》第一章）（小川环树译《诗经》）开始，感叹地"啊"联系到"悲伤"地"吟咏"，然后上升到"抒情"、"抒怀"、"阐明"等阶段。"道"是源自于语言（绝后）、表现于语言（复苏）的原词（Ur-wort）（上田闲照）形态，并由此进行着"百述千传"的"宣传、说教"。

一方面与（相对于从分析到整体整合的）"直觉"的科学"方法"❺产生共鸣（柏格森），另一方面在纯粹经验上直观向《自觉的直观与反省》（1917）转移。"我存在"

和"我，即知道我"作为一对表里关系为人所知。"直观"且"在自我之中反映自己"是所谓的"反省"。"反省"的"反省"即是无止境的后退，进而转变到《从作用的到所见的》（1927）后半部分的"场所"。自我投影时，那里是"镜子"的场所，自觉与场所相呼应。自我是"此在"的自我，"场所"犹如虚空的"空间"［短歌、书法、音乐是流动的建筑，建筑是凝固的音乐（谢林）等］，是描绘无限生命延续规律的"世界"。

有限的场所本身存在于"此在"之中，有限的"场所"的"场所"无非是无限的"空间"。有限度的话，场所的场所的场所……面向"无的场所"是无限的。


**4**：西田几多郎与阿拉拉基派（岛木赤彦）的短歌与小说产生共鸣。齐藤茂吉的小说直截了当地指出"深入观察实态（hinensahen）描绘自然与自己的一体化人生"。围绕这个主张，声调、真实、气势、思无邪、永远、无限等要点被叙述、提倡，特别是永远、无限等，意义深远，"实态"也可以说是和"虚像"相重叠的，这些与西田几多郎"有一无"的根本思想是相呼应的（《齐藤茂吉短歌论集》岩波文库，1977）。

"从语言到物"——"描写与体验"，是同音同义。在（上文提到的）深与"真、意"（真实的象征）的风景上，沉默使"已忘言（陶渊明）"和"忘言"本身再次回归于"发言"……即便在语言—物的描写、体验方面，"规则"也是相同的。


**5**：继森田庆一之后，增田友也也走上了"建筑理论"之路。与从一而终的先师不同，增田友也的业绩一度从东、西架构走向南方原始的建筑空间理论，返回到日本住宅的研究后，虽与道元禅的风景论及下文要提及的海德格尔的《关于建筑思维——存在论的建筑论》等有令人瞠目的分歧，但是"空间论（与时间论）"还是将它们统一在一起了。

不思考建筑的建筑师是不适合从事建筑的人。但是，关于建筑，如何思考才是可能的呢？……这只不过是论文标题的一部分——所谓面对"建筑—理论之论"的滥觞。……增田友也的特点是把存在（sein）当做"实有"（存在在翻译后易成为名词化主语，但是状态到任何时候都是动词）。

原文的概要——关于［除居住（Wohnen）、思维（Denken，包含诗歌创作的Dichten）之外，日常性、存在论的差异、实在、去自存在、时间性、创作、空间（einräumen）以及最后的建筑物］这10项，极尽严密的叙述不断在持续。假如在此引用"存在论的差异"的极小的一部分来看的话，存在物（seiende）因作为存在论的……可能存在（können）之处存在的东西也是存有、存在（seiend），无论何时、何地，总是以存在来深入思考的东西实际上也是与存在（sein）本身没有关联的东西，是没有理由可能存在的。存在本身的可能存在是将存在确实作为其本身的存在而使之存在（lassen），就这样，能使其存在的存在以及存在本身无非就是存在物的存在［以上这些引用在原书第80页，引入的德语为笔者所注。全文中的存在（sein）也是相对于 seyn≠sein、es gibt 等而使用无（Nichts、Nicht、Nichten）等的一部分理由］。……面向"研究与论述"的现象学的、存在论的、极其细致的建筑理论。"去自"（ec-sistere）的"实存（人）"被解释为现实（Da）世界，在居住（Wohnen）之中提出了四方（Ge-viert）的"空间"观点。天、地、必死者（sterblich）与众神四者聚集（versammein）了事物（Ding），并在此拓展领域（≠sein）的虚空，构成事物（dingen）。……虽然提到众神，但这是"无神的神学"。根本是存在的存在论，众神也不过是其中之一罢了。面对（Zu）、来自（aus）死亡（Nicht、Nichten），人是只有在那里才能够完整生存并同时存在的"时间性"。……数字"四"是存在物、存在这两个表达的两种意义（可能存在、使之存在）叠加在"逻辑"上透彻表达出来的数字。

——悄然赋予表里，足以杳然的"无私、无为、道与自然的寂寥"（序言及1、7、37章。在这篇古文中没有固有名词，所以时、空是"世界"的、普遍的吧。）

本理论关注的是"Denken与Dechiten"。它直接依赖产生于其中的海德格尔的小册子《思维的经验》（辻村公一译，理想社，1959）。（一页上写着）"夕阳的光线照射进森林的什么地方，每棵树的树干都被染成金黄色时……"（另一页上写着）"诗歌和思维是能够酝酿诗作的孪生之树；他们从存在（seyn）而产生，他们的根扎向存在的真实；他们的关系使人想起歌颂森林之树的荷尔德林的话；相邻而立的孪生树，他们只限于相立、无法相知。"［全篇最后第10节的描写：……古典的"思维、经验"（远）走向现象学的"思维与经验"（近）］。

上一项的最后回归到"建筑的东西"［节选自海德格尔对（西西里岛的）"神庙"的描写］。"立于此的建筑作品栖息在岩石上。……从岩石上……透出支撑力量的明暗。……忍耐疯狂的台风……石材的光泽……显现阳光或天空的广阔、夜晚的黑暗。……弥漫于空气中，能够看到肉眼不可见的空间。……背景中响起波涛声。……树和草、鹭和牛、蛇和蟋蟀……所有这一切就是早期希腊人所称的自然。……人在此之上确定住宅时……将之称为大地。——大地与世界的抗争。"（海德格尔，《艺术作品的起源》，菊池荣一译，理想社，1950。引自本田元的《海德格尔的思想》，岩波新书，1993）。

**结语：** 序言和1是建筑创作方法的论述。2为映射理念（idea）映像的镜子的场所记述。3谈到纯粹经验……映射出自觉、自己的镜子，宣传有、无的双重场所。5是说四方的虚空作为空间，自己也成为物的"寂寞"……描绘人所居住的世界的根本，只有自己"居住"的自然与大地——去除哲学（后期的海德格尔本身，木田元）。4是抒发对自然与自己一体的生活的深入观察与描绘……边说忘言边在天—地的"虚空"中描述、体验物的构成［树（松、菊）或水（月光的波纹）、石头、木构柱列等］，呼应于"苍白（光）的厅、堂"（《庄子》）。

憧憬向苏格拉底前思想回归的哲学家，与其说"存在"，不如说在"居住"的"自然"之"内"的"立场"上，自我也没有支撑的话就有矛盾。哲学产生于之"外"。

——从理论主旨的"内"的"立场"出发，"菅芽的萌发如同生长"（《古事记》），抒发"自然"……"在瀑布跌宕的岩石上，早蕨欲冲破春天般发出嫩芽（志贵皇子）"。"自然与人"……"山阴处岩石间流淌的微弱清溪让我们清爽（良宽）"。"建筑"是"即将逝去的秋天中药师寺塔尖上的一抹浮云"［佐佐木信纲，短歌，同意于费诺罗萨的"建筑是凝固的音乐"］。

由此提出"建筑理论"的"主题、方法"及"立场"，以探求"建筑理论之论"。

今天，开始能够看见解决世界"环境"问题的曙光了吧。……汇集这些期望，有"岁寒，然后知松柏之后凋也"（《论语》）的咏叹。……"桃花流水杳然去"（李白）在今天还是幻想吗？能够达到"别有天地"（陶渊明《老子》80章）了吧。

（田中乔）

■参考文献

『藤澤令夫著作集V』岩波書店、2001
『上田閑照集二』岩波書店、2002
『増田友也著作集IV』ナカニシヤ出版、1999

# 建筑师 architect

## ◇ 一般的认识

建筑师，指的是以建筑设计为专业的艺术家或技术人员。建筑师这个称呼是明治时代以后作为"architect"的翻译而逐渐被广泛使用的，因此，与以建设工程为专业的技术人员不同，是指进行设计的艺术家，所设计的建筑物是社会上的重要建筑，其中也隐含着社会的指导地位和随之而来的责任与职业尊敬的意思。这种情况下的建筑师是指不以盈利为目的、将专业能力奉献于社会的职业，不从属于公司或机构组织，依靠自身的判断和责任而行动的独立的个体是重要条件。在欧美，建筑师是和医生、律师比肩的支撑社会的三大基本职业（profession）之一，即被认为是不以盈利为目的，通过自己的专业能力奉献于社会的独立的个人和受尊敬的人，这种想法作为社会的一般认识是存在的。

不过，如果把所有进行建筑设计的人都广义地理解为建筑师的话，因时代、社会其至建筑种类的不同，会出现各种各样的建筑师。王侯贵族自行设计宫殿或纪念性构筑物的例子从古至今数不胜数。古埃及最古老的构筑物塞加拉金字塔是由第三王朝多塞尔王的宰相伊姆赫特普建造的；古罗马帝国的皇帝哈德良也作为罗马万神庙和哈德良别墅的设计者而名留青史。还有，在日本也有像重建东大寺的重源和尚那样的僧侣站在建筑行业的前头；传统的寺庙神社建筑和住宅建筑由木匠师傅自行设计并建造的情况也很多。这种设计者同时也是施工者的情况在世界各地的传统建筑中颇为多见。在这种广义思考的情况下，建筑师的概念就很难用一种含义来诠释了。

另一方面，如今在日本，有法律规定的"建筑士"这种资格，它与建筑师一词并不一致，但有一部分相重叠，所以给一般的认识带来了混乱，甚至用到更通俗的"设计士"的叫法作为对其专业的业务能力的定义，使社会上的一般认识变得更加模糊。所谓"建筑士"，是指按国家制定的《建筑士法》所规定的专门技术人员，而不是从事独立设计的建筑师，包含对工程进行监督管理的技术人员，进行建筑申请的认可、许可或指导的行政官员，从事住宅产业或材料产业的生产者等形形色色的相关业务人员，他们都不能被称为建筑师。

另外，日本在"明治维新"以后引入了西方的建筑风格、建筑技术、建筑教育，但没有采用像西方那样区别设计和施工，使建筑师独立执业的制度，而是继续着一直以来的工程业内具有设计部门的设计施工一贯制，而且，所创造的在政府内设置设计专业职位的政府营建制度一直延续到现在，所以，作为一种职业的建筑师的责任变得模糊难懂。

## ◇ 历史的认识

建筑师（architect）的词源是古希腊语的 architectōn，有技术人员、工匠或艺术家（tectōn）首席、头领（archē）的意思。古希腊人就这样将技术与艺术表达为同一个词汇 technē，因为没有区别，所以这个词就经常被用来表示各种各样的技术与艺术结合的作用。在作为自己国家集体"形式"的城市建筑上倾注力量的古希腊人，就这样给予建筑师以崇高的地位，以示敬意。

虽然古希腊人所写并流传的建筑理论书籍，譬如说公元前 2 世纪普列安尼的建筑师埃莫赫内斯的书已经失传，但其思想和方法被古罗马继承了。公元前 27 年左右维特鲁威所著的《建筑十书》广泛流传至今。这个大部头的书记述的建筑师应承担的工作范畴、所需的必要知识和应该采取的态度，我个人认为可概括如下：建筑师的工作以维特鲁威所说，建筑物无疑涉及到土木工程、机械工程和军事工程。对于工程种类、内容不同的今天来说，他所说的不能全部适用是很明显的事，但不局限于小的领域而着眼于更大范围才是作为各工种之首的建筑师所应追求的这一点至今也没有改变。维特鲁威认为，建筑师必须兼顾经验和理论两个方面，只有经验的人无法被赋予权威，而只有理论的人只能获得幻想。所以，建筑师在实际经验和学术理论两方面都要掌握很多知识，到今天也是一样的吧。维特鲁威从希腊继承的最重要的思想就是建筑的造型原理。法式、布局、比例、均衡、适合、经营六个概念，它们是什么样的不能在此详述，但其根本的要领是和谐、比例，也就是说，适度的判断是建筑师最为重要的态度。如果没有这种态度，建筑师是配不上各种技术、艺术之王的。这种本质的态度，在极端更加横行的今天，不得不说，应该再度成为建筑师的灵魂。

在中世纪的欧洲，也建造了很多优秀的建筑，但很少有人知道设计这些建筑的建筑师是谁。不是建筑师不存在，也不是被遗忘了，而是社会，亦或是建筑师本身没有期望，或是根本没想对个人名字作适当赞赏。建造优秀建筑一事是人所共庆的，而感谢把这些变为可能的能人就已经足够了，换句话说，建筑是一个集体共同创作的成果。所谓集体，大概可以说是在预期什么是好的"形体"这一秩序上判断一致，在如何创造它的材料或技法上达成共识的集体。人们的喜悦，存在于那样的理解和共识之中。

无论如何，在任何情况下，集体都需要指挥者。对于技术来说，熟练和组织是必要的，其组织里需要统率者。"形体"的确定，其根本是向未知事物的挑战，确定本身只能依靠指挥者的判断了。如果指挥者是石匠师傅的话，被叫做"magister"（即英语的 master，法语的 maître），与被称为栋梁（领头的）的日本木匠师傅差不多。但是，也有与石匠师傅一同或其上面有修道院院长等神职人员充当建筑策划、设计的情况。创造出哥特式建筑源头——圣德尼修道院教堂的修道院院长休格，或与他争论并设计出西多会修道院独特的、风格简洁而高雅的克莱尔沃的圣贝尔纳尔就可以被认同为是那种集体之上的卓越的建筑师吧。不过，那些集体工作是如何具体分配和统一的就不得而知了。

中世纪不是因为文艺复兴而终结的，而是自行毁灭的。幸福的中世纪的集体创作，在到达 13 世纪的光辉顶点之后，在 14 世纪的 100 年间渐渐变得脆弱而瓦解。不是因外界的威胁，而是从内部失去了力量。支撑集体的一致，不断创造有活力的城市独特性的技术人员的行会在技术的洗练中堕落，在惯例与规则中腐败。良好的集体、高度的一致，在接下来的瞬间失去创造性并走向崩溃的状态是建筑创作理论应该研究的重要课题。

能够支撑起失去了一致的集体的力量，来自向传统的回归以及卓越的个人。文艺复兴因向古典时代的回归和天才的活跃而被创造出来。在这些活动中，不仅要求有实际经验，还要求有广博的知识和修养。在这一点上，建筑师应有的状态与维特鲁威所说相一致。不仅作为建筑师去创作作品，而且写下文艺复兴艺术最早的理论书籍的 L·B·阿尔伯蒂就是文艺复兴时期建筑师的代表。

文艺复兴时期的建筑师，与为特定的集体工作的中世纪建筑师不同，出现了跨城市或地域活动的新动向。这是向今天的国际化靠近的现代的新特性。没有必要从属于特定地域的普遍理论和所谓天才这一称谓的万能力量，使这件事成为可能。被誉为如神的天才的米开朗琪罗离开故乡佛罗伦萨，活跃在罗马，其作品越过遥远的阿尔卑斯到达佛兰德尔；万能的天才莱昂纳多·达·芬奇离开了意大利，在法国度过晚年。到了巴洛克时代，像伯尼尼在法国工作一样，个人在国际上的活动更加活跃，而且由于学院的设立使其理论被普及和国际化。

那么，离开地域、脱离集体的建筑师靠什么支撑呢？文艺复兴之后，支持近代建筑师的是上流的统治阶级。统治阶级不只掌握武力、经济实力，为显示他们的品位，需要广泛地宣传他们具有良好的教养、趣味和秩序。品位指的就是对优秀的艺术，特别是对集艺术大成的建筑的优劣作出判断的能力，因而创造优秀建筑一事常常被提及。因此，具有良好的建筑情趣成为了统治阶级的第一条件。16～19世纪的西欧建筑史，在风格的演变中显示着变化，也常常是统治阶级对其教养和美学意识的竞争史。美国的建国之父——第三任总统托马斯·杰斐逊认为，对于实现政治独立的新国家来说，以下的东西是必需的：应拥有会成为国家领导者的一些人，具有良好的建筑修养。他亲自以新古典主义风格设计的弗吉尼亚大学的建筑群，可以说，充分表现了这种状态。

到了20世纪，取代了有艺术修养与品位的统治阶级，"大众"（尝试用何塞·奥尔迭戈·伊·加塞特的语言）粉墨登场之时，建筑就失去了秩序的感觉。"大众"所追求的并非秩序而是变革，不是和谐而是破坏。总是觉得无聊、对现状不满的他们所追求的是从现在以及这里逃避。向何处逃避不是问题，而单纯的逃避才是问题，应他们的要求而出现的现代主义建筑重复着为变革而变革，持续着从极端追逐极端。这就是今天的建筑师所面临的处境。

## ◇ 本质的认识

最后，我们要返回建筑的本质进行思考。建筑是空间的艺术，也是创造空间的技术。那么，这个空间所指为何？是容纳人的空间。那么，为什么而容纳呢？这里有三个标准：一是指方便而又安全的实用标准；二是指联系人与人的社会标准；三是指关联人与宇宙（或世界）的先验标准（参考"意匠"条目的内容）。建筑空间相对于人创造出的其他各种用具实现的各自的特殊价值，体现的是总体价值，即生存秩序的价值。建筑师所肩负的责任以及实现它的能力或方法的特性全都表现在这里。

建筑是一项综合性的工作。首先，其实现并非一人之力所能达到，需要很多其他专业的技术人员、工匠的能力和工作的配合才能实现一个项目。要求建筑师具有各种领域的广博知识也是这个原因。另外，就像常用交响乐团的指挥来比喻建筑师一样，要求建筑师具有统帅很多人成为一个集体的领导能力也是这个缘故。

建筑是一项综合性工作的另一个而且更为根本的理由在建筑应体现的各类价值中，虽然个别部分的价值（大多是属于实用标准的价值）能被预先定位，但建筑的总体价值在没设计之前是不可能明确的。总体价值是什么？不只是指作为创作方法不定的黑箱过程中最后的光亮。建筑设计不论由什么集体来进行，根本上来说，创作行为只能由孤单的个人来完成，而为孤单的创作行为这条黑箱之路导航的惟一的灯光就是秩序的灵感与和谐的感觉。秩序是信念，就算现在看不见也必然存在。在这里，古希腊人的秩序、和谐这一理念是永恒的。

建筑通常是一种现实，是生存的人和关乎于今天的现实的存在。它不像画框中的画、舞台上的戏、屏幕上的影像那样是虚幻的。建筑的综合性，换句话说，即现实性。必须担负现实重任是建筑的使命。

可以说，中世纪的建筑师对肩负使命一事感到骄傲和喜悦。把使命当成负担的最初征兆出现在文艺复兴时期。绘画、雕刻，因渴望更自由或更纯粹的表现而疏远建筑，从公开说我是雕刻家而不是建筑师的米开朗琪罗身上可见其端倪。艺术至上主义始于此时，一直到19世纪德国的唯心论美学。在艺术至上主义中，现实性和实用性对艺术来说是可恶的制约，尽可能地与之疏远，才会使艺术获得真正的成功。于是，黑格尔给艺术家的定位中，诗人被放在最高位置，而建筑师则被放在最末位。

古希腊人则不这样认为。柏拉图在其创作理论中，确实因为有具体用途的"形体"制作，而把建筑或用具的创作放在假想的"形体"创作的绘画或雕刻之上，因为其接近于神的创作。

在现今的大众社会中，创作是什么？以什么为目标？应怎样开展？应该说，这些才是建筑理论的目标，是重要且迫切需要解决的问题。

（香山寿夫）

■参考文献
· ウィトルウィウス『ウィトルウィウス建築書』森田慶一訳、東海大学出版会、1969
· 香山壽夫『建築意匠講義』東京大学出版会、1996

# 材料 material

**序:** 近代哲学自笛卡尔以来在将二元论作为基础的认识论的形式下描绘出了世界认知的结构。二元论的本质是精神与物质的分离。人是认识的主体,站在相对于世界的先验位置,以人类存在的意义或目的来理解作为对象的世界(及环境与自然)的意义与目的,构筑与操控世界。因此,由科学技术支配自然的道路被开辟出来。建筑领域也是这样一种不能避免被近代自然科学的物质论、机械论的世界所支配的东西,虽然说应该得到更多的恩惠,但是建筑理论应确认的"材料"在这种自然科学方面尚不存在。建筑理论应该作为问题的"材料",并没有在自己与事物作根本性区分的情况下有别于事物。这里的"内"与"外"、主观与客观,只不过是截然对立的立场罢了。无须赘述,科学离开从事科学的人是不可能存在的,而且不能忘记从事科学研究不过是体现人类智慧的一个方面而已。

**1:** 世界广阔而且多姿多彩。在各个国家、各种场所里存在着各种不同形式的建筑物(聚落)。大众所熟悉的大概是作为它们之中最引人瞩目世界文化遗产、被登录或被指定为这个国家重要的传统建筑群保护区、全人类或者国家瑰宝的保护活动的大力兴起吧。应该受到保护的理由,首先可列举出其继续保存下去的担心。这显然意味着仅限于对该场所来说不可替代的历史产物。建筑物是材料的集合体,但一般来说并不关注单体材料。同样,对待住宅建筑所具有的地域特有的形式、风格也是如此,比起单体来,作为集合体的聚落被更准确地看作是"风景"。建筑物与其建造的场所有着图和底的关系,是不可分离的。我们从世界上每个地区看到的唯有此处才能见的优美风景中见识了它的

建筑物及其风格。

"材料"的问题,在这种意义上是因为在风景体验过程中被完全主题化了。现在,有必要从被大众支持的意义上追溯使其存在的体验本身,使得那里的人类生存的整体结构浮现出来。

**2:** 为什么场所不同,住宅的风格也会有所不同呢? 那种风格形成于没有机械力和大批量运输手段的现代之前,需要保护的大多数都是现代之前已确定了的特有的建筑风格。所以,在风格之前有什么呢? 应该当做范本的原型及建成图并非是事前准备好的,在创造风格之前,什么也没有。他们只是自然地去"看"围绕在他们周围的环境,他们所见惯了的日常风景——通常的看法应该叫做前风景吧,只是凸显而已。如果说有建造所必须的材料,那就只有他们周围生长的自然物。人类是以材料(及自然与环境)为线索来寻求风景的。

在一望无际的冰川上生存的人们,在冰上建造雪屋(igloo);在石灰石台地上生存的人们,用石头建造圆顶石屋(Trulli);还有在树木资源丰富的地区,将身边的树木作为材料这种情况。当然,这不是一朝一夕的事,在自然淘汰的历史的时间长河中,其风格是自然而然获得的。自然"风景"的体验是他们看到的材料和风景,随着逐渐拥有新的风格,他们的风景也在日新月异。因此,若想追问其中所蕴含的基本原则与必然性的话,无疑只有"为了更好的生存"吧。

日本人的祖先选择了木框架结构,从竖坑穴居经过古式住宅(寝殿造)到传统住宅(书院造),确立了特有的建筑风格,毋庸置疑,创造出了多种多样的民居形式。这里应该注意的是,即使同样选择木材作为材料,

在有些地区是把木材横放砌成墙壁，而在有些地区是把木材作为举起屋顶的梁柱这样一些可以看得见的不同的事例。这个事实意味着，决定风格的并不只是材料。风格的差异暗示着那里不同种的生存（社会、文化）方式。

在高原上居住的家庭把视为家族一员的羊的毛看作是圆顶帐篷（ger）的材料，其背景是他们以游牧为生，为了给羊寻找草场而必须不停地迁移。即便在日本，到江户时代中期完成其形态并具有独特风格的白川乡的人字形结构住宅（合掌造）更是著名的例子。在多雪的气候下，选择狭小的向南北方向扩展的河谷盆地这种地形，以养蚕为生，在很难分家的情况下，不仅产生了这种人字形住宅的建筑风格，甚至也决定了房屋的朝向直到聚落的存在方式。

**3**：和辻哲郎在名著《风土》中定义了"风土的类型就是人类自我了解的类型"。作为具体例子，他论述到："房屋的风格被称为建造房屋方法的固定产物。……建造房屋方法的固定无非是人的自我了解在风土上的表现。"风土是特殊环境（及自然）与只在此形成的文化综合的概念。人在被环境影响的同时，自由、能动地存在着。在这种主动与被动的关系中，文化的形成决定了人的风土性格。地球上的所有人作为风土而存在，属于某个风土，背负着让其风土所特有的风景生生不息这样一个使命。对于风景来说，自然和文化没有区别。放眼赖以生存的世界，不不问自然和人工，当然都是风景。人类生存于自然风景中，同时也生存在文化的风景中。在风土和风景之间，有着风土催生出的风景体验，同时风景体验塑造了风土自身的形式这样一种能动的相互关系。这就是所谓的"环境塑造主体，主体塑造环境"、"被创造的物创造创造者"这些与后期西田几多郎

哲学世界自我表现的历史世界的辩证法相重合的内容。

所谓"风景"，只是在这种特定的文化圈中对待特有自然的文化反应这一历史产物。因此，风景的体验不仅是全世界共同的普遍的东西，还是具有历史特性的概念。

气候、风土在人的身体形成上起作用，决定了某一地域的民族的命运，这样一种因果论的解释始自希波克拉底。和辻哲郎的风土论好像只是强调了个别的、特殊的方面，但是与这种朴素的自然决定论或相对论划清界限也不容忽视。风土是何等的个别，文化的形成是自然（及环境）之中的事，相反，自然像可见的房屋风格一样，通过文化来表现并被理解。在各种社会中，不管文化是多么独特的东西，还是多种多样的东西，统率文化根基的自然在全人类是共同的。个别的风土贯穿着自然的同一性。作为所有风土本质上相同的普遍经验，它意味着存在着风景的体验。"风景"也具有普遍的一面，有可能成为完美的概念。

**4**：在西方，从古代就开始尝试关于"自然"（四要素）的各种解释，将其系统地以存在论来论述的是亚里士多德的《自然说》。他把各种存在分为因自然而存在和因技术（埋性、思想、意志、偶然、个人偶发）而存在两种。因自然而存在的东西是以被命名为"自然力"的内在初始动机作为存在物（暂且不管动、植物）四要素（土、水、火、空气）的混合物，即作为基质的自然物。可以说，自然物有返回各要素应存在的原有场所（火及空气向上方，水及土向下方）的冲动和倾向（自然力）。自然意味着自然物各自的基质（hypokeimenon）那里的第一个质料（hyle），还有在这个意义上被使用的实体（ousia），这个质料是与形式（eidos）的结合体，在自然事物中，质料从一开始就存在于

事物之中。

建筑物被认为是通过技术这个外在原因而存在的，但是构成建筑物的材料如果按上文所说追溯时代的话无非是木头、石头、土等这些自然产物，也可以认为作为技术产品的建筑物不是其自身内在的，而是各种材料中存在的自然力带来的。现在我们使用的混凝土、玻璃、塑料等人工合成的新材料大概也同样可以认为是四要素的混合（化合）物吧。

"技术，一方面使自然无法实现的事物得以完成，另一方面是模仿自然的构成。"尽管这句名言流传于世，但是我们对这里所说的存在于自然物之中的自然力有怎样的了解呢？人和事物的二元是怎样恢复关联的呢？

**5**：日本的祖先把自然界的万物当作神，特别是对木、石或山。自然界的事物通过展望国土、赏花这些活动被世人所知，是和自己鲜活的内心世界存在着关联的东西，并作为充满生命的世界表现给他们。"大和是出色的国家，青山重叠、群山环抱的大和，风景秀美"《古事记》。群山像篱笆一样将周围的自然包围，这是源自内心深处的直观的表白（诗歌是立足于整体的，直观产生的部分的、片断的画面，但其中特有的心境以"普通的"意义来表现，有其存在的理由）。不论是对自然理论性的认识，还是工具式的见解，山当然也不会真被当作篱笆。这是面对自然本源显露出的最初的"新鲜"感觉的表现。

文化的差异使得其表现也不同，即便在西方，事情也大概如此。还是不应该轻视科学出现之前神话层面的古老自然观。

巴什拉将现代人日常认识深处也有趋向于自然本源的感情在起作用这一点明示在如下的"物质的想象力"　　　（imagination

matérielle）与"形式的想象力"这一对概念之中。他将围绕着四个元素的多个文学印象或诗歌列举出来，通过找出各自具有的特有的运动方式来展开"元素的诗学"。这是将两种想象力带来的表现作为物质的"梦想"（rêverie）来理解，并对其加以"精神分析"。他的一系列工作指出了"自然"不只是在"知识"的层面能够说清楚的。人和自然之间，不只是主观看客观这么简单且直白的认识，通过想象力，两者被传播，于是，有了唤起想象力的作为源泉的本源的自然，即先验的自然的确认。"风景"不是简单的肉眼可见的事物形态，而是在与自然整体的联系上表现给我们的。在将"看不见"的东西作为"看得见"的东西的背景时，"看见"这一方式被直观化。风景也是心情的、情绪的，即也有"情"、"意"层面上的表现。

**6**：在《存在与时间》中，海德格尔指出，实存的人在日常关照（Besorgend）的关系上把自然当做"身边存在"（Zuhandeness）来理解。在环境中，眼前最能碰到的是周围的工具性的事物，它经常被认为是存在于工具的整体性（Zeugganzheit）中。他将实存的根本规定为"心情"（Stimmung）或"心境"（Befindlichkeit）。心情是一种情感，在某种意义上作为主观事态，属于自己，但超越了心理上的主观性，可以说指的是来自于世界（自然）方面的超越主观的事实。若以主观性立场来说，停留于不可见世界的现实与在那里被隐匿的世界本源的关系性，明确带来了人的存在与心情的东西一起到来这一事实。周围的事物已经在不被人注意的情况下预先相遇这样一种方式"存在"着，但我们的世界在被称作一切还保持本性且相互关联的四方（Ge-viert）的本质世界面前停滞不前了。尽管它以集合体（Gestell）的形式存在，但材料分布在这种天生的"身边存在的东西"的自然中，是形成风景体验的整体基础。

前文提到的和辻哲郎对自然是人所影响的心情的、情感的东西，即在自然的本源上把非工具的东西与工具的存在者结合在一起是不可能的进行了批判，将心情的享受理解为人存在的自我了解的动机，也奠定了以克服二元分裂为目标的风土概念。

**结论：**人是如何理解自然（的事物、材料）的呢？我们自身的人生存的整体结构可以在被映射的"风景"中得到追寻。就像文章开头预想的那样，"材料"不是与人的存在断开的，而是在各种各样的思考中被确认的。个人和自然不是"二"。我们在觉悟到自然事物的同时，在我们的觉悟上必须形成实存的事物本身的自我实现。"人"成为"人"，"材料"成为"材料"，于是"风景"成为了"风景"。

进行建筑设计的人某个时候确实是在作为自己本身，首先，其作品作为作品，是某个地点的东西，但不要混淆所谓成为材料的那些东西，就是这些东西开始作为可能存在的东西成就事物（增田友也，《关于建筑的思考——为存在论的建筑论（二）》）。

(香西克彦)

■参考文献
・ 和辻哲郎『和辻哲郎全集』第 8 巻『風土 人間学的考察』、別巻 1『「国民性の考察」ノート』、第 10・11 巻『倫理学』岩波書店、1992
・ G. バシュラール『空間の詩学』岩村行雄訳、思潮社、1969 ／『水と夢—物質の想像力についての試論』小浜俊郎・桜木泰行訳、国文社、1969 ／『大地と休息の夢想』饗庭孝男訳、思潮社、1970 ほか
・ アリストテレス『アリストテレス全集』第 3 巻『自然学』出隆・岩崎充胤訳、岩波書店、1968 ほか
・ M. ハイデガー『存在と時間』細谷貞雄ほか訳、理想社、1963 ほか
・ 西田幾多郎『西田幾多郎全集』岩波書店、1979

# 场所 place

**1**：建筑中的场所问题被从各种各样的角度展开研究，其中大多数是出自对现代主义建筑的反思。在现代的形成过程中，基质（hypokeimenon）能使意义向主体（subject）移动，形成以人类为中心的价值体系。于是，将人类主体从空间中严格区分出去之后，进而以将人类主体与空间内的各个对象结合而衍生的功能性关联为基础，产生了现代主义建筑。场所理论可以说是在探索这个运动新的方向的过程中诞生的。以主体和对象共同含有的"场所"作为建筑产生的基础，并追寻由此产生的关于建筑的思维。围绕场所的研究，除了建筑之外，还涉及到哲学、地理学、文化人类学等各个领域，不过，这里着眼于建筑领域，希望限定在被谈及的范围内来进行研究。

关于建筑场所理论研究的学术史，因为在日本已有前川道郎的论文《所谓'场所'》（登载于中央公论美术出版的《建筑场所理论的研究》），所以本文在这方面不打算再加赘述。

**2**：为了研究明白建筑场所理论的内容，首先要将建筑空间作为问题提出来。"建筑"一词与古希腊源远流长。现代建筑形成之后，提及建筑时经常使用空间这个词，然而，在希腊却没有直接带有空间含义的词语。与现在的空间一词意义相近的词有克诺恩（kenon），它有虚、空的意思。另外，相类似的词还有托波斯（topos）和科拉（khora），都是有场所、场的意思的词。因为克诺恩有虚、空的意思，所以，其存在自身原本就是带着疑问来的，不过，积极地承认克诺恩存在的是"原子论"。对于原子论的开展来说，承认克诺恩是绝对不可或缺的，纯粹意义上的空间是与原子论一起建立在克诺恩概念的基础上。这里主张万物的无限，宇宙（cosmos）也是无数、无限的。于是，与现代空间相关联的概念便形成了。然而，另一方面，托波斯和科拉的概念也并没有消失，在重视它们的思想上，宇宙被认为是惟一的。

现代主义建筑形成之后，虽然成为描述建筑的关键词的空间具有这样的渊源，但此时构成场所理论骨架的词已经产生了，而且二者之间有着决定性的概念差异，这就是：将宇宙看作是复数的还是惟一的？但与此密切相关的却涉及到给其后场所理论的开展赋予动机的另一个差异。

亚里士多德的场所理论中，个别的场所被当做问题，与其说考虑的是整体，不如说是局部。但是，这个个别的场所被认为是"明确而直接的（第一次的）东西"，在那里可以看到对各种场所中所具有的某种场所的特性——明确性和整体性的关注。于是，柏拉图认为，科拉是宇宙的基础，包围宇宙的物质不是外在的，而是应该考虑缠绕于宇宙之中的东西，即科拉是不能作为实体的对象来理解的。

虽然也有关于托波斯和科拉的差异、相对于科拉的理念世界、造物主的问题等各种各样的重要问题，但着眼于托波斯、科拉（场所、场）和克诺恩（虚、空）的差异时，前者是"直接的东西"或是"缠绕于宇宙之中的东西"，在这种意义上是不能对象化的。宇宙是无法替代的惟一的东西，这一点业已被指出，但与此同时看到的是在宇宙介于明确性关联的整体着眼点上，托波斯也好，缠绕于宇宙的科拉也好，都不可能对象化。所以说，在思考建筑中的场所问题的基础之上才能思考这两个差异具有的重要意义。在现在的建筑场所理论中，宇宙（被称作世界、大地等）还是不可能对象化的，不是能数得过来的东西，即：既然不会是多数，就不如引入被作为不可替代的托波斯或科拉的体系。

现代主义建筑出现的同时，作为理解建筑的关键词，空间一词变得常用起来。现代建筑运动理论带头人之一的吉迪翁，从重视雕塑般体量的建筑向重视内部空间的建筑展开研究，通过现代主义建筑使二者得到了统一。这里所说的内部空间因为是与雕塑般的体量相对的，所以大概可以认为是虚空吧。这样，通过体量与虚空来理解空间的思考方法的渊源很明显是希腊以来的原子（atom）和虚、空（kenon）。作为对于这个空间概念本身的反思，引入托波斯、科拉体系的场所理论备受关注。

**3**：在建筑领域展开场所理论研究并产生了世界性影响的大概就是诺伯格-舒尔茨了。舒尔茨的理论背景是海德格尔的思想，这是众所周知的，让我们先大致上看一看海德格尔。他将场所与物的关联当作问题。关于作为物的壶，海德格尔这样说：壶之所以为壶的原因，体现在被注入的东西这个赠予物上。壶中被注入水，保持并收储、吐露。"水作为赠予物栖息于泉，泉栖息于岩石，岩石栖息于大地悄悄的瞌睡中。这个大地受孕于苍天的雨露。泉水栖息于苍天与大地的婚礼之上。"作为赠予物的水是必死者们的饮料，用来消除饥渴。另外，向壶里倒入神酒，可以用来供奉永生的神。"被注入的这个赠予物同大地与苍天、为神者与必死者们一起栖息着"，形成"栖息于四方的二重性"。这里，天、地、神与必死者四方各自反映了其他三方，在其戏言（Spiegel-Spiel）中解释了被聚集的事物。这个戏言就是世界。

海德格尔以帕提农神庙为例，说（建筑）作品不外乎是真正产生真理的场所，作品体现了存在者的真理（das-Sich-ins-Werk-Setzen der Wahrheit des Seienden）。神庙这个艺术作品中发生着生与死、灾难与幸福，即人的历史命运，它揭示了世界。然而，这里发生的真理是和非隐匿性的真理相呼应的，在作品中展示世界的同时被收存于自身之中，这属于大地，艺术作品在展示世界的同时引出了大地。这个大地是与作为存在者之一的天、为神者、必死者并存的大地有明显区别的东西，是产生世界的同时其背后引发的不能展示的东西。

诺伯格-舒尔茨在他的《海德格尔的建筑思维》中阐述了上述将作品或天空与大地之间作为建筑的场所的理论。舒尔茨认为可识别（identivication）和定居（orientation）是"居住"的两个方面。前者意味着把"整体的"环境作为有意义的东西来体验，建筑作品通过聚集世界而成为人类可识别的对象，也就是将展示世界与可识别的问题进行有关联的论证；后者则意味着实存的空间，将中心、路径、领域作为基本要素来组织空间，并通过它在世界内存在。这里欲在与展示世界的关联上阐述建筑作品的创造，但对海德格尔所说的得不到展示的大地（不是四方的大地，而是与世界对立的人地）较少关心。

**4**：与以海德格尔理论为背景的诺伯格-舒尔茨相反，玉腰芳夫依从于胡塞尔展开他的建筑空间理论。他认为，面对"所有概念性加工之前的空间经验"的主题化，带给空间明确的本真感，被要求的只有关心空间构成的先验论的态度。胡塞尔的空间理论对于空间问题的基本态度是明确的，在那里，将空间在"我能做"（Ich kann）的能动的感觉意识上进行拓展，就是说，是被开拓于生命体（live）的理念性的场所秩序（ideelle

Ortssystem）。能动感觉的空间是行为停止位置上的各种场所的秩序，给作为绝对性这里的生命体指出方向，这个生命体被认为是明确的，于是，要关注绝对性明确的生命体不能被对象化。如果将绝对性这里的生命体对象化的话，行为停止状态的相对性这里的生命体就会现身。另一方面，相对性这里是相对于其他场所的能动的东西，每次都能超越地平面，但又被地平面所包围。身体相伴于地平面这种关系自身是无法超越的，那么，这样产生的各种场所作为一个整体是稳定的。超越那一次次地平面的地平面则被胡塞尔称之为大地，这个大地也被说成是不能对象化的，于是，这种大地的存在方式和上述的生命体相类似。确定各种场所位置的绝对性这里的生命体，同时也作为确定那一次次地平面位置基础的大地，表现了绝对静止的先验论意识的两义性。

时时相对的场所，通过步行等的移动或间接依赖其他人的经验等方式，几乎遍及整个地球，构成了地球巨构（Boden-Körper）。在这个巨构的地球上，缺乏绝对静止的大地性。形成这样的地球巨构，就引出了地球是承载我们的方舟，在这里居住不是偶然的吧这样一个问题。但是，胡塞尔强烈否定这个疑问，指出只有通过着眼于在建筑这种形态中居住这件事，才能探明相对的各种场所秩序，以生命体、大地为基础的这个场所的基本结构。

如上所述，在弄清场所基本结构上，围绕居住的研究成为了不可或缺的。因此，玉腰芳夫一边继承海德格尔的思想，一边论述了"居住的根据是大地与天空，为神者与必死者"。着眼于"他们是同源的同一个东西"，"那就相当于我们说的绝对静止的大地和灵魂的场所"，这个同一个东西就是世界吧。另外，他引用海德格尔的《艺术与空间》解释说："各种场所，开创一个领域并

保护它，不停地聚集自己周围的空间。这个空间给予每每的物的存留以人与物共栖的居住。"这里所说的空间应该是大地，也表明展示世界带来了居住，但被说成"若场所……是明确的大地的话，我们被统治在这样的场所中，必须探明担负着可能的各种场所的秩序，尽管要容忍将唯此才能生存的明确的大地，即绝对的场所非对象化的困难，但也必须探明"时，这里则暗示，无法展示的大地为居住奠定了基础。于是，绝对静止被认为"是限于理解真正存在的场所"，这一点被更加明确地展示出来。存在的真理是非隐匿性的真理，是与隐匿性作为一表一里同时出现的。这样，以在展示世界的同时探明被收存的大地为目标这件事显示出玉腰芳夫的场所理论开启了诺伯格-舒尔茨所不具备的新的思想层次。

**5**：从上文可以看出，玉腰芳夫的建筑场所理论展示了胡塞尔和海德格尔的关联，并倾向于后者的"居住"思想。这里，要进一步看一下围绕"居住"的海德格尔的学说中玉腰芳夫所没有提及的方面。

引用特拉克尔的诗"冬日傍晚"，海德格尔阐述了存在的真理："窗棂披着落雪的时候，晚钟长鸣，为众人摆好丰盛的饭桌，房屋装饰一新。出外漂泊的人三三两两，从昏暗的小路来到门前，恩惠之树开满金色的花，吮吸着大地的寒露。漂泊者默默地迈进房门，痛苦已将门槛变成石头，在澄明辉耀的光芒中，桌上放着面包和美酒。"第一节中将世界模拟为物，第二节是说指定容许物的世界，于是，第三节里，漂泊的人们在默默地走着。诗是漂泊的人对静寂的呼唤。那里有了门槛，在作为差异裂缝的门槛上，物被容许，世界被展示。门槛收存物质的命名和世界的命名，物存在于世界就是解放其本性且在静寂中休憩。同时，世界因在物之中

充实自己而安静。听着"讲述"的时候，人就休息了。"物的存在"称作因为存在而存在，也可称为无根据的根据的单纯性，在艺术作品中被表现。其向静寂过渡的实现，在物和世界于双重循环之中安静地栖息时，人也走向静寂。这里所说的对讲述的倾听，显示着物和世界是安静地栖息的根本起因，暗示居住的本源在于语言，即人居住的场所（接近存在）在大地和世界的激烈抗争中被展示、被收存，但是，它存在于语言之中。他引用荷尔德林著名的诗句，"虽充满劳绩，然而人，诗意地栖居在这片大地上"，来说明居住和语言在本源上的关系也是因为这个。

海德格尔还说："诗人存在于人与诸神之间，为了这个被开启的中间，首先必须弄清楚他们的本质源于何处……这个本源展示的根据就是圣物。"这里所提及的中间大概也可视作上文引用的特拉克尔诗里的门槛吧。漂泊的人们在诗人的指定中向门槛和静寂发出呼唤。海德格尔认为，那里就是被分割而又紧密相连的思考与诗作交叉的场所。对于建筑理论来说，这句话的深层意义在于形成了探明人的居住场所的最基础的问题范围。

（西垣安比古）

■参考文献
· 田中美知太郎「空間と場所——ギリシャ的思考の一面」、『SD』1965-5（『田中美知太郎全集 5』筑摩書房、1969 に再録）
· ノルベルグ゠シュルツ『建築の世界——意味と場所』前川道郎 · 前田忠直訳、鹿島出版会、1991
· 玉腰芳夫「場所と形式」『理想』第 558 号（空間論特集）、1979-11、理想社

# 城市 city

城市是建筑的集合体，按集合的规模、形态、风格构成各种称谓，如街区、村庄、住宅区、市镇、地区、大都市等。但是，每种称谓都没有普遍性的定义，只是对应特定的目的，存在一些区别而已，如出于行政目的而存在的城、镇、村的划分。

在建筑理论的范畴中来讨论城市，只限于与作为建筑物集合体的城市存在某些关联的情况，也就是对建筑理论来说有价值的城市理论，仅限于对有关城市的综合形态以及所具有意义的论述。

关于城市的论述，各种各样的说法都有可能并存于世。可以说20世纪以后，随着城市的快速扩张和变化，关于城市的论述也达到了极致。这些论述，从分析性的研究和调查报告到文学性的观察和批评，从具体的建筑方案到前卫的畅想，在多种多样的意图和方法上进行了探讨。城市的性质极其复杂多样，所以任何人在一种观点上建立理论都是有可能而且容易的，与现实相比，城市作为一种假象存在的情况更多。所以，没有人会去追究那些论点的责任，即便是空想的论点，也允许存在。这就是围绕城市的观点层出不穷的理由。

所有这一切不可能由建筑理论来担负，那样的话，实际上也没有意义。建筑理论作为探究建筑存在本源的理论，其中所提及的城市必然是与人的存在本源相关联的。这时应该探究的问题是，何谓城市的聚合，它是如何实现的。

## ◇ 城市的存在形态

城市，首先应该理解为容纳人的空间。将个体围合起来并无限扩展的空间被理解为一个能够给予限定围合的建筑的集合体，这就是城市。然而，围合绝不止一种，所谓我一个人的存在被多重同心圆所包围的现象很普遍，被向不同的方向延伸、倾斜的多个围合所包围也属平常。近邻→街区→地区→国家→世界这种表示各种各样扩张程度的词汇就是与之相对应的。也就是说，包围一个人的城市同时也存在很多的形式，这就是城市存在的基本状态。

在包围个体的空间围合这个本质上，城市与建筑是相关的。与建筑是一个大房间相同，城市也可以说是一种大房间。早在15世纪，巴蒂斯塔·阿尔伯蒂就说过"住宅是缩小的城市，城市是放大的住宅"，20世纪后期，路易·康则提出了"建筑是房间的共同体，城市是建筑的共同体"的观点。但是，路易·康的言论所具有的新的重要意义是针对20世纪现代主义城市和建筑的混乱而产生的。路易·康主张城市与建筑不仅仅是集合体，还应该是一个"共同体"（society），即集中的综合体。

综合体并非分散的集合体，而是结成一个团体的集合体，所以，城市创造出"安全"，诞生出"人与人之间的联系"，并给予其支持。城市，在人们怀着亲切与感情地将它称为"我的城市"的情况下，那里必定存在支撑着人们的相同的习惯与道德，存在着人们的共同记忆。可以说，共同的秩序、共同的记忆是创造出一个集中的城市的根本。不能认同这些的人必须住在城市之外，不能遵从这些的人将被驱逐出城，成为置于法律保护之外的非法者。这也与日本村社中全村与之绝交的意思在本质上是相同的（在日本，有全体村民对违背村约的人和人家实行断绝往来以示制裁的习俗——译者注）。欧洲中世纪城市厚厚的城墙，其意义不仅仅是为了战争，还应该理解为表示生活秩序的存在及为了承认其控制的象征。战争，特别容易作为戏剧性事件被史书加以记载，但是，城市在将人们的日常生活不停地支撑下去这一点上是无法被忘记的。所谓城门，在战时是防御外敌的地方，但在平时却是裁定是否遵守城内秩序的场所。

集体的秩序，不仅仅是被明文规定的法律，大多数日常生活中非常重要的秩序存在着没有明文规定的习惯或约定。居民（inhabitant）的意思是接受这种习惯（habit）并且在其中（in）生存的人，而且大多数习惯是由城市空间的"形式"所决定的，并通过其"形式"作用于人们。所谓在城市中居住，即在这个空间的"形式"中成长、学习，接受它并生存下去。即所谓好的城市培养良好的市民，与之相反，颓废的城市滋生颓废的教育、道德。

城市的集中、集体的社会秩序，实际上是综合多数人的需求而形成的，物质形态当然不是其全部。但是，城市空间的"形式"既是创造出城市秩序的重要原因，同时也是创造出城市秩序的结果。作为建筑理论一部分的城市理论，其主题也全都集中在这一点上。

创造城市空间集中的基本要素（这种情况中的所谓"要素"，是在任何场合都存在的由适合的各种形态和组合方式所组成的东西）中，有轮廓、中心、路径（及其模式）。这就是说，城市空间是在包围我一个人的身体即成立的基础上存在的。因此，它们与建筑空间的要素是相同的，也因此说，城市是大的住宅，住宅是小的城市。

集中的同时，也必然存在着周边，这就是轮廓。轮廓既有像城墙、护城河之类人为构筑的情况，也有选择山峰与山谷、河流与森林、田野与沙漠等自然区域相隔离的情况，现在的城市中，高速公路与铁路，或者绿地与工业区等也起着空间隔离的作用。轮廓不仅是上述那种清晰可见的真实存在的

物理边界，也存在着个人的兴趣、习惯及社会制约等眼睛不可见的"形式"。我们赖以生存的城市空间，就这样以个体为中心，以多重重叠的同心圆形状向外扩张着。

空间的中心就是这样，首先作为此时此地存在的自我而存在。这与"房间"作为建筑空间的基本单位是相同的，但是，很多人一起生活的空间中，每个人都有各自的中心，与此并行，形成共同的中心。通过这个空间，人们承认集体的一致，例如古希腊城市中的广场（Agora）和卫城（Acropolis），古罗马城市中的广场（Forum），中世纪欧洲城市中的教堂广场和市政广场（Piazza）。也可以列举如日本的传统城市中，宽阔的街道和寺庙、神社的院落以及店铺门前与游乐设施聚集的空间，而且中心不止一个，也存在多个中心的情况。也可以说存在多个"形式"和作用不同的中心，可以认为，通常的状态是它们在相互对立的同时又复合在一起共同发挥作用。

路径既有连接作用，又有区分作用。人能够步行其上的路径即"街道"，有时也作为人们的停留空间、集聚空间，它和广场一样具有中心性。"街道"在满足人身体的基本功能，即步行、能够相互看清表情等功能的基础上，得出了例如宽20米、长500米这样一个有限定的尺度。这说明，人的体能从古至今没有多大变化，而且在任何地方都是相同的，昔日的街道和广场给予每个人的亲切感、舒适感就来源于此。机动车道和铁路是与"街道"根本上不同的道路，它们和为人的道路并行交错地存在是今天城市问题的所在。不管每条道路的"形式"有什么不同，道路作为一个整体系统，连接着城市内的每一个点。它们创造出的模式与城市的特性相对应。

关于城市的空间要素及其构成模式的建筑理论研究或形态学研究，其意义非常深

刻，虽然它们各自都有相应的表述，但总体性的研究到目前为止还属空白。

## ◇ 城市的生长形态

城市建造于何时？是否可以说某个城市在某时被某人所创造呢？的确可以这样来想。关于城市的创造方式，虽然有城市规划、城市设计或近年来的所谓"街区营建"等各种各样的说法，但是，要想正确定义它的具体含义，似乎是不太可能的。这里，将城市作为建筑的延伸的想法已经终结。建筑设计这一行为确实存在，可以特定为某个人在某段时间内进行的具体行为。因此，的确可以说，一个建筑是通过某人（或某些人）的构思而产生、通过具体的操作而建成的。但对于城市却不能这样说，也不可能说一座城市已经建设完成。只能说有城市消亡的事例，但是，直到城市消亡的那一刻，城市都还在不停地生长着。

城市的形成方式，大致上有着自发形成的或者被规划形成的这样一种对比性的分类。例如像具有格网状道路模式的古代城市是规划形成的，与之相反，拥有不规则道路模式的中世纪城市是自发形成的那样，或者如为防止城市任意地向郊区无序地不规则扩张而提出应该有计划建设"新城"的主张表明的那样。

但是，看一看现实存在的城市，就能够立刻明白，既没有只靠自发性存在的城市，也没有只依靠规划形成的城市，在所有的城市中，自发性和规划性都是同时在发挥作用。通过强大的王权建造的古代城市，例如我们身边的平城京（奈良一带的旧称），南北方向分为九条街，东西方向分为八个坊，整齐的规划确实存在，但是，所有街区都被建筑物填满，没有真正的城市空间，现实的情况是城市一边扩展、一边扭转，加上新的道路相互重叠，形成了现今向东偏离的奈良

城。这一点在其他古代城市中也是一样的。强权统治出现前，原始部落集体建造的聚落，例如绳文聚落这个例子，是一个看上去是自然生成的集合形态，明确表示出了确立中心和轮廓的意向，即能够表明有规划的存在。正如刘易斯·芒福德所说的那样，欧洲中世纪的城市看上去错综复杂的聚集形态，也是有与古代城市的几何性不同的独特的规划性在不断地起作用，虽然在现代主义孕育出的规划型的城市中，与规划性共同发挥作用的自发性偶尔会否定和嘲笑规划性。例如，勒·柯布西耶规划、设计的印度的新城市昌迪加尔，荒废的城市中心区和周边地区贫民窟的活力形成了鲜明的对比。

对城市生长起作用的自发性可简单归结为是经常从内部发挥作用，促进变化与持续、成长与交替的力量。相反，规划性则是以一种或多种单纯的规则从外部促进，或者有时也是强制性的力量。特别强烈地要求进行规划的是那些急于实施的场合，比如像古代的军事城市、殖民城市就是这种例子，而现代的工业城市、新城等新城市也是这样的例子。无论哪个城市，都基于各种各样的理由要使建设成为当务之急，为此，规划需要简单的规则。或者也许应该考虑到，原则的、规划性的产生不出复杂的形态。规划性，通常被理解为格网模式和放射状模式，或者轴对称和线性模式等形态。

很显然，城市由一个建筑师设计是不可能的。原因很简单，城市是长时间持续存在并生长的东西，而一个人却没有与之媲美的生命长度和活力。那么，即便不是一个人的能力，而是基于一种理想、一种意志，把城市当做一个建筑那样来设计是否可能呢？从根本的理念来说，如果其设计理想或意志由某个集团（更应该说是集体吧）持续坚持的话是可以实现的。为此，这个规划就不只是物质的形态，即设计，还必须去组织保证它

实现的社会系统。19世纪末,由埃布尼泽·霍华德提出的在20世纪初的英国创造出了很多优秀城市的"花园城市"(Garden City)理念就是最好的例子。它有具体的"形式"意象,同时还包括能够支持它的合作组织、财务计划。最早通过这个理论建成的莱曲沃斯经过一百多年的岁月依然美好地存在着,但是,作为它存在根本的以土地共有为前提的合作组织却早已解散了。这充分显示了现代社会的复杂程度和一直包含在其中的规划的难度。

在无法正视这些困难的情况下,城市设计躲避在纸上谈兵式的规划幻想中,这即使是作为对现代社会的一种批评,也不过是像电影、漫画的画面那样的、偶尔实现的昌迪加尔一样的悲剧或喜剧而已。说起来,在没有规划的理想,也没有自发的秩序时,对城市起作用的力量就只剩下盈利而已。盈利的开发变成支配性的力量的时候,城市在投资者的干预下被改造开发,政治也好、制度也好,就都成为为其服务的工具了。在这种情况下,设计则回到了商业性流行的表层设计那种粗俗的状态。这就是今天,特别是日本的城市状况。

(香山寿夫)

■参考文献
· ルイス・マンフォード『歴史の都市・明日の都市』生田勉訳、新潮社、1969
· クリスチャン・ノルベルグ゠シュルツ『ゲニウス・ロキ』加藤邦男ほか訳、住まいの図書館出版局、1994
· 香山壽夫『都市デザイン論』放送大学教育振興会、2006

这已经是很久以前发生的事了，冲绳归属日本后不久，冲绳的一名高中生在全日本中学生运动大会上刷新了最好成绩。当时，面对记者"请问贵校的传统是什么"的问题，他则回答："当然是日光灯"（日文中"传统"与"电灯"发音相同，都读作 den-to——译者注）。

虽然此后他成为了职业选手而且也获得了世界冠军的荣誉，但实际上，在冲绳，人们经常在酒席上笑谈他不够聪明的逸事。不过，这件事不能被当做笑话一笑而过，可以认为"传统"这个词常常蕴藏着令人困扰的问题。

对记者来说，也许他的提问也并没有其他意思，但是对于刚归属不久的冲绳的年轻人来说，也许是对与完全实现现代化的本土相比还很落后吧这种记者的（与其说是记者的不如说是他那样觉得的）成见的反击。这种错综复杂的意识，使人联想起旧式的白炽灯照明，立刻就会表白：已经不是那样了。实际上却完全相反，与战后混乱的日本本土相比，美军占领下的冲绳比战败后处于混乱状态的日本本土更早地引进并普及了钢筋混凝土建筑和美式生活习惯。

实际上不只这些，冲绳即便现在也是日本国内地域传统文化保护得最好的地方。无论如何也不觉得这里有"传统"这个问题的困扰，更不用说有多复杂了。

◇ **传统这一概念的产生**

但是，所谓的传统到底是怎么一回事呢？

根据《词典》和《辞典》之类的记载，现代欧洲的主要用语——英语、法语及德语中都有完全相同词缀（即便是意大利语，也不过是在词尾稍有变化而已）的 tradition 源自拉丁语的 traditio，它的意思是：没有包含在圣传，即圣经中的所有上天启示的教理，譬如 traditio apostolica 是使徒传道、traditio ecclesiastica 是教会传道。总之，这个词原本是从基督教派生而来的。因此，tradition 这个西欧语言最初出现在文艺复兴后期宗教改革论者加尔文的文章（1541）里的说法也并非没有来头。

然而，即便在拉丁语中也约定 traditio scripta 指的是记传，即记录、传承，但在此外的场合中，通常是口口相传之意，有时也指通过活动与实践传达的东西。在这一点上，现代用语中的"传统"依然较好地保留着这种性质与氛围是值得注意的地方。

另一方面，此语派生出的 traditionalism（传统主义）一词，是"一般来说尊重传统，对传统或者等同于传统的东西进行价值判断或将其作为行为准则的态度"，但"特殊说的是，相对于从 18 世纪到 19 世纪法国启蒙思想的激进倾向，传统特别指以天主教所传达的教理为中心追求宗教的传统真理的立场"（《哲学事典》，平凡社，1971）。总之，后者一般被称作传道所必需的东西，所以，对于神或神性的认识仅有理性是不充分的。

虽然上述引用中将它作为"特殊的"来说明，但历史上却将此作为原意来理解。譬如说《牛津英语辞典》中，这个单词的第一含义是：

A system of philosophy which arose in the Roman church c. 1840, according to which all human knowledge is derived by traditional instruction from an original divine revelation 1885.

众所周知，继 17 世纪的笛卡尔之后，卢梭、伏尔泰、孟德斯鸠等著名思想家辈出的 18 世纪成为近代欧洲形成的一个重要时期，后来将这一时期称作"启蒙主义时代"或者"理性时代"。也就是在此期间，以往由基督教规定并支配所有一切的集体的状态有了走向衰退的预兆，同时"传统"开始被强烈地意识到。

因此，"传统"与"传统主义"在进一步与宗教的意义分离之后，作为普通名词是极新的，把这件事情看作是伴随着赋予了现代特征的合理的或科学思考的渗透，形成对照的普及起来大概没有大错。在 19 世纪末的法国，作为反对自由主义、科学主义而兴起的文学运动等似乎就是其先驱。因此，在哲学界和思想界，由于现代符号逻辑学的出现，亚里士多德以来的形式逻辑学则被称为传统的逻辑学，"'传统'的概念是从伽达默尔所著的《真理与方法》（1960）中获得了哲学意义的"（《岩波哲学·思想事典》，1998）等说法也自然是合乎道理的。

## ◇ 日语或中文里的"传统"

那么，日语里的"传统"是怎样的呢？与其说是古老的词，更应该说是明治时期创造出来的西欧语 tradition 的日文译词。

在中国也是这样，诸桥辙次的《大汉和辞典》里所列举的例句也不过只有两条，古书方面有《后汉书东夷传》中"世世传统"之说。但是，这个"传统"不是现在这样的名词，而只是"传承血统"，即能将世系和血统传给子孙这样的动词用法。总之，即便在中文里，古时也没有今天意义上的"传统"这个词及其概念。

在现代中国，"传统"一词为"传统音乐"、"传统文化"等充分通用。然而，这就像一般相对于现代剧而言将以历史的东西为题材的戏剧称为"传统剧"，"传统战争"指的是没有使用核武器的以往的战争那样，充满着崭新的语感。虽然不能确认，但总觉得

把这看做是反过来引用的日语似乎也没错。

换句话说，其结果暂且不提西方的含义，今天意义上的"传统"这个词的概念是非常近代或现代的，而并非是什么传统的含义。总之，以上以很长篇幅对与建筑理论无关的"传统"概念进行探询的目的是为了预先确定这一词涉及的范围会有多大。

## ◇ "传统"概念在建筑界的确定

假如"传统"一词的概念就如上面所述的那样，那么，可以说，在欧洲漫长的建筑理论历史中，古代书籍完全没有出现过这样的词汇也是当然的。那样的话，建筑界又是从何时起开始使用"传统"一词的呢？可以说虽然目前只是言说不详，但在现代建筑史的著作中还是有频繁出现之处的。例如，E·考夫曼所著的《理性时代的建筑》（1955，1993 年日文版，中央公论美术出版）第 2 章中的"传统的最初的反对者们"，R·米德尔顿和 D·沃特金合著的《19 世纪建筑》（1977 年意大利版，1987 年平装版的英文题目改为"新古典主义与 19 世纪建筑"，这两册书的日文版分别于 1998、2002 年出版，书友社）的第 1 章"法国合理主义的传统"、第 2 章"英国如画风格的传统"。

然而，在此需要注意的是，"传统"这个词汇所指的大概与上文所提到的宗教、思想史的情况相同，是 18 世纪到 19 世纪期间的现象，即这里所提及的"传统"，意味着在现代化的过程中过往的东西，它们被作为当时的传承来认识。

在 R·班海姆的《第一机器时代的理论与设计》（1960，1976 年日文版，鹿岛出版社）中，在论述 20 世纪初叶建筑界的状况时列举了以巴黎美术学院为代表的"学院派传统"的表现并受到瞩目。不久，由于之后崛起的现代主义建筑的抬头，似乎可以说"学院派传统"也成了被驱逐的旧事物的

象征。

那么，日本的情况又如何呢？

可以说，在由于幕府末期的门户开放而突然过渡到现代社会的日本，甚至连适合"传统"这个词翻译的词汇都不存在，必须使用新造词汇，这样，传统这一意识或概念的固定来得很晚就很容易理解了。在现代日本的建筑界，最早探讨国家或民族建筑存在形式的大概是关于国会议事堂建设的争论吧。这件事成为了导火索，明治末期，在建筑学会也召开了题为"我国未来的建筑风格该当如何"的讨论会（1910）。但是，即便有例如通过关野真的演讲提出的"以往的日本建筑风格"，"以往的日本建筑大多是由于千余年国民兴趣、爱好陶冶出来的"等观点，也还是没找到"传统"一词。这前后的辰野金吾、伊东忠太等人的观点也是同样。或许会有疏漏，但是，在明治时期，日本建筑界中"传统"一词完全没有被普及却是事实。

那么，是从什么时候出现的呢？似乎可以说是在大正九年（1920）分离派小组出现的前后。例如，在其《作品集二》（1921，岩波书店）上刊登的堀口捨己的论文《艺术和建筑的感想》中，堀口捨己所谈论的"创作者的主观事实是'脱离过往的建筑圈'，即脱离过去的建筑等的传统做派"以及"毫无疑问，脱离过去的建筑就产生不了现代建筑。这种意义的传统实际上已经深深渗透进我们的血肉之中，几乎充满在所有的细胞之中，因此是无法摆脱的。……我们所说的摆脱传统或过去的建筑圈并非这个意思……而是束缚我们的传统的惰性"（加点为表明其出处）等观点大概是较早的例子。

值得留意的是，不成熟的"传统"所具有的两方面已被提及。一方面是构成我们的血脉并生存至今的集体或民族的传承，或者是对其的归属意识；另一方面是源于此的

旧习的束缚或习惯的惰性、保守性倾向。于是，当认识到和过去的分离、脱离是通往现代化之路时，强调第二方面的含义也是理所当然的。事实上，到后来"二战"之前的昭和时期，建筑界的说法也大致如此，就像1927年的《日本国际建筑学会宣言》中提出的"在风格的建设上废除依从于传统形式的做法"，还有DEZAM小组的机关报第7号上发表的《建筑与建筑生产——为了正确理解建筑》一文中所说的"与封建势力结合的因袭传统的固执己见（风格建筑）"等那样。

然而，单纯地将"传统"的意义等同于与现在断绝关系的"过去"与"历史"，应该说是简单而草率的理解吧。"传统"的另一面，即传承的现实性，或者如伽达默尔所说的人存在的历史契机，可以说，内在的归属意识这一性质的倾向没有被考虑到。于是，为了自觉地考虑这一方面，也许在现实世界中创造这种局面还是有必要的。

## ◇ 传统与创造

日本的现代化没有像欧洲一样经历过知识、产业、政治经济方面的革新，唐突地西方化这种形式上的模仿，大概就只是些流于表面的做法吧。但是，不得不承认这种强烈的倾向是事实，特别是在建筑领域，引进西方的风格和技术，继而追随欧美兴起的现代主义运动来实现现代化。

因此，遇到其中的命题特别追求"日本的东西"，探询"日本未来的建筑"的存在方式的局面时，可以说，日本的"传统"就被大书特书起来了。虽然没有逐一地深入，二战之前的帝冠式建筑与"日本情趣"、B·陶特对伊势神宫及桂离宫的称赞及鉴赏、二战期间大东亚纪念建设计划和曼谷日本文化会馆设计竞赛、经历了战后复兴期的20世纪50年代后期的所谓"传统争论"等，尽管强弱程度与倾向有所不同，但都可看做是

属于这方面的，而且这其中发表的学说的核心，就像从前川国男的《纪要——关于建筑的传统与创造》（《建筑杂志》1942 年第 12 期）和丹下健三的《现代建筑的创作与日本建筑的传统》（《新建筑》1956 年第 6 期，随后被修改为《传统与创造》，被筑摩书房的《战后日本思想体系 9/科学技术思想》1971，世界文化社的《丹下健三——建筑与城市》1975 年等再度收录）等代表性论文的题目上可以窥见的那样，毫无疑问是"传统与创造"的问题。

但是，那时经常被提起的"为把传统引进到创造中，必须在那里加入阻止否定传统形式化的新动力。……传统和破坏的辩证统一是构成创造的结构"（丹下健三）这句话虽然作为辩证法的逻辑展开也不是不能理解，但在创作的实际平台上真的可能吗？

的确，丹下健三设计的香川县政府办公楼（1958）等现代建筑确立了日本现代建筑的风格，但是，它们不是也破坏了一些日本传统的东西吗？假如从语言使用上看他始终保持一流手法的创作水平的话，是不是无非表明他在将日本传统的设计进行一些实际上的巧妙修改方面很强呢。从初期的竞赛作品到晚年的东京都市政厅大楼，基本上是始终如一的。这样出来的作品，从建筑单体来说是高水平的杰作，但同时，其所具有的现代建筑特性未免太过于孤芳自赏了吧。换句话说，是不是反而完全丧失了传统的日本建筑所具有的与环境的协调性及关联性了呢？

更重要的是不是这一点呢？回顾被现代建筑及其追随者完全埋没的现代日本城市景观的杂乱及悲惨程度时，不应该简单地将已濒临灭绝的日本建筑的"传统"当做"传统建筑群"等来保存、修复，而应该面向现代本身的创造性再生，首先重新开始更深刻的学习。

在这方面，象集团及原广司等在冲绳的工作是不是反而给人们带来了有益的启发呢？当然，不是使用红瓦和其上面的狮子像，而是要复苏冲绳民居与聚落所具有的传统空间构成及被隐藏的层级。正如"所谓传统就是在你创作时能够让你明白该保存什么的那个预知的力量"（路易·康）这句话说的一样。

（林　一马）

作品推出一个世界，创造大地。

所谓的创造大地，就是把自我封锁的大地带入到开放的世界中。

（引自 M·海德格尔，艺术作品的起源，海德格尔选集 12，菊池荣一译，理想社，1966：55～57）

**1**：维特鲁威的《建筑十书》明确指出建筑中特别包含了创作和理论，前者是磨炼实用技术，后者按照各学科知识展开理论解释。创作中产生的作品必须经由理论加以证明和解释，而理论本身被单独提出的话，也不过是缺乏本体的"幻想"。但是，传统上将创作和理论一分为二来思考这件事产生出了纠缠于建筑的一些难题。

从将建筑物作为人类作品来对待的立场来看，建设本身成为了广义上的艺术作品的"创作"。然而，把建筑物看作艺术作品并非排除其在人类生活的功能设施、物理上的构筑物、财产等方面的存在方式或价值。但是，虽然自维特鲁威以来，建筑的各种价值在美观、实用、坚固三个方面展开，但将三方面俱全的作品作为"建筑本身"来把握也是很困难的。

理论（theoria）即相对于语言和知识，"实践"（praxis）就是行为、实效、完成。亚里士多德把适合于行为的人类活动分为理论（与必然的、普遍的事态相关联）、实践及创作（这两者都与盖然、可能的状态相关联）三个部分。创作将活动的成果作为目的，实践是活动本身的目的。创作的结果只具有手段的、技术的价值，因此其本身从属于目的的实践（目的内在的伦理行为）。但是在现代，被讨论的是"知识的、知道的事"和"手段的、做出的事"的不可分性（前期的海德格尔、后期的胡塞尔等，瓦莱

利的观点也与此如出一辙，在古希腊，知识和技术是相互伴随的，都属于创作），即理论和实践互为媒介的关系（黑格尔），以实践作为不可或缺的前提的理论（胡塞尔的生活世界），最终变成从自己的外化与主客观的错综方面追求人类的行为。相对于海德格尔的"客体存在"，将"工具存在"看作是更为本源的观点，是对现代哲学，特别是现象学的继承，然而这些与行为主义中的行为把握完全不同。

**2**：希腊语中的 poiesis 一般是创作的意思，但也有特别意味着诗作的用法，也是诗学（poésie）的词根。柏拉图宇宙发生论的展开和其哲学的推敲、古罗马人场所精神的理念和建筑与世界的结构、保罗·瓦莱利创造的新词创作学（poietique）和美感学（esthesique）、起源于构筑和觉醒之前的诗的状态（etail poetique）的观念、马丁·海德格尔的《技术论》（1962）和《艺术作品的起源》（1936 年的演讲）成为我们思考创作的重要线索。

在文学对话篇《尤帕里诺斯亦是建筑师》（1921）中研究建筑及其人类意义的瓦莱利，将《场所精神》（1994）作为建筑理论、建筑史学关键词的诺伯格-舒尔茨，上文提到的在演讲和著作中论述过建筑的海德格尔，都暗示创作的问题是手段即通过方法。

古希腊人在技术支配机械和器具的地方产生因果性，引发某种其他的东西，或者遵循技术的手段被看作是决定目的的"原因"。亚里士多德认为创作有质料因、形式因、目的因、动力因四种原因。动力因（cause efficieus）相当于工匠和建筑师等创作者。由理念学说而来的柏拉图的宇宙发生论中，常提到理念（形式）的原型是父亲和接受者的母

亲通过最原始的关系而产生中间人，即他们的孩子生长的世界。在柏拉图这里，这个母亲是被称为接受生产的乳母的创造物的养母，但这里的接受者被预想为第三个"女性种族"（有关宇宙发生，被加入到理念与产生物两者中的第三者），它作为永远的处女，脱离一切生产的现象与真理。那里被设想为宇宙之中纠结的场所。场所所包含的无限性并非向外扩张而是包含在内部，无限的空间被解释为可以置换宇宙万物内部的新的"场所"。场所这个词无非是不应限定冠词的名词，是没有人称的、无色无味的，所以是万物生长的场合，被称为废除质料的纯粹的场面、保有物质永远的影子的场合等。必须承认，"有"和"场所"的产生是万物形成之前就存在的，但这个空的场所是充实的空间，柏拉图将其看作是产生过程的基础，有理由作为独立的东西来思考。说第一次的产生物是土、水、空气、火等宇宙形成以前的早产儿，必然地表现出所具有的淡淡的影子。终于，有了作为建造者的建筑师、造物神的介入，按照"形状和数量"创造出了完美的生命秩序体的宇宙。就这样，理念的原因和必须留有理念印迹的场所，在那里接受着"由其他物体的移动而移动其他物体"的不纯粹物质的"筛选"，场所就相当于"筛子"。这个运动就是动用造物神智慧的由来。可以认为，万物的开始和宇宙的生成是同时发生的，有智慧的心灵是统治这一切的神，万物均始于与这个心灵的共同运动，通过其智慧生成了宇宙。

柏拉图给予必然产生的自然和对自然进行加工、创造完美秩序体的造物神以建筑师的形象。建筑师本身也是由神介入的产物，我们建筑并居住的行为暗示着通过我们的智慧与灵魂与统治整个宇宙的心灵和创造的智慧和谐共鸣的可能。我们注意深入倾听静谧的声音，于是人开始面对一个场所的开创，

成就起源于那时的一切生产。

我们看得见摸得着的材料，打动我们的心灵并带动创作，建筑便开始了。材料属于地理意义的场所，通过建筑这件事，这个场所在形式、比例和尺度上形成秩序，被可视化，变成风景表现出来。因此，我们原本被原始的力量所促动，又反过来成为进行甄选的柏拉图的"筛子"。在希腊诞生的四种原因和宇宙创造、建筑行为上，人的位置和场所的意义就这样围绕着创作被加以整理。

3：所谓场所精神，是古罗马人的神灵与守护神，赋予场所与人生命力的就是场所的本性，舒尔茨指出，建筑就是将场所具体化。在环境中，要从在家中休息也就是在场所中被庇护、人和环境缔结友好的关系并祥和地居住这个立场解读历史的民族的城市与建筑的意义。表示大地所固有的氛围、以历史为背景的场所具有的形态的拉丁语 Genius Loci，其观念以守护神为基础。它是与人或物的产生同时出现，潜藏在集体中的固有的神灵，也是地方的神灵。守护神遇到万物的产生，与产生物的诞生同时出现，保护着产生出来的东西。希腊人的守护神达蒙被理想化为诗的表象。守护神是非人称的神灵。在起源上，守护神被认为与意味着人或物的神灵保护作用的努门（numen）相混合，将非人称的令灵魂惊奇的宗教体验，即使之产生圣体显现（Hierophany）体验的现象或自然的神奇假设为神的灵魂。以这一点来理解被作为起源的古希腊的达蒙，就是最初的主客未分状态，是产生出所有人类意义的"生产神"（genius natalis）。将这种惊奇体验作为艺术创作原点的观念，在喜好神秘性的18世纪英国建筑与造园的如画风格理论或爱好上，与场所精神一词一道复活，其观点给现代艺术思潮带来的影响是众所周知的。

守护神，按照维吉尔的诗篇《埃涅阿斯

纪》来说，是与混沌、黑夜、阴间共同的原始神灵之一，被认为是最原始的、非人称的、秘密的神灵存在。是与万物的诞生或产生同时出现，永远伴随其后的神灵，并守护其存在到永远。

在古罗马的建都传说中，选定用地、意味着世界的拉丁语 Mundus（被设置在城市中心的有供品的洞穴）或城市划界（环城圣地）的各类仪式，暗示着守护古代人居住场所秘密的守护神与守其存在的女巫及她所侍奉的女神产生相互关联，守护存在的力量和孕育产生的力量在那里发挥作用。家族、氏族和城市在信仰和建造方面拥有同样的结构，其中心是被称为 Mundus 的相当于德语的"集结"的场所，这个场所被视为仰望天空、追思地下的各位神灵，将其作为在大地上生活的基础的蓝本而描绘出来。日常生活中只表示为禁忌领域的 Mundus 指的是在祭祀时被开启的可怕的深深洞穴，明确地作为人和物的诞生、产生及其现在来源的本质。这时，其作为天空与大地、神与人的东西是虚空的，同时成为表达产生与延续就是存在的装置。这些事例是自然的产生与人的创作的混合，而且显示了与先验的物质相关联的本源性，即产生与创作一边相互对立，一边相互循环运动的一个环节被理解为创作。

**4**：瓦莱利晚年退出了追寻"美"的形而上学的美学研究。首先，他提出了从想知道"感觉是什么"的感性世界的美的体验出发暗示探求的可能性，研究在日常生活中不一定需要的非实用的感性的美感学（ésthésique）；其次，提出了进行与作品创作有关的完整的人类行为普遍性研究的创作学（poïétique）。在第一类研究中，各类艺术无穷尽的资源被弄清楚了；在第二类研究中，进行了创意和构成的研究，偶然、反省、模仿、教养和环境的作用、技术、手法、工具、材料、行为的手段与基础等的研讨与分析。但是，在接近以这个美学为目的的整体的"完全统一"上，必须要面对这两种研究错综纠结的问题。结果，这种研究是不可能的，只能是被赋予否定的命题。思考否定的体系，反过来说，不外乎是精神无限的、无秩序的横行面对非在或"无"，由此，尝试着与经由精神产生出的各类观念或构筑物存在的"有"的产生与构筑接近完全统一。这在原则上来说是不可能的，反过来说，无非就是构筑否定的体系，瓦莱利在这里引入了建筑的行为观念。建筑所代表的完整的艺术，通过以技术为手段的理性进行转换，被从一种可能的力的发现提高到完美的建筑物。起源于传承精神的各种感觉、根本贯穿于人类存在的欲望，在去除自我的一种不等的倾斜面上运动，这无非就是人类的行为和爱。瓦莱利将这种欲望的力量作为艺术与哲学。至高完美的建筑超越存在的"有"，可以建造这种建筑物的建筑师在不断的否定作用下无法表象地描绘出自己的形态。这样的建筑师是完全非人性的先验的存在，即作品的产生、创作是不断的循环运动，犹如睡眠受到刺激而清醒，促使感觉引起思考，进行着观念受到冲击的创作（伴随着身心的相互交错）。人为形成的自然使现实变得鲜活，使世界成为世界。通过创作使作品自然化，使其响起如诗般迷人的歌声，再次成为精神崛起的契机，这样产生的循环运动如同大自然的诙谐一样促使自己与他人分裂对峙，并产生相互交错。这里所说的自然是人类匍匐于大地，欲在天空里描绘自己的最竭尽人类智慧和精力的行为。运动是通晓精神的诗歌，诗歌成为一个作品，在现实世界中获得物质生命，由此开始，创作者成为诗人、建筑师。作品的真正作者，是生命跃升为如自然的整体一样与什么样的观念都不相一致的人，是成为与自然的造物主相同的人，被错看为"神"。这里所指的天空与大地、人与神灵的地位是可以看到过去拥有的一切并描绘出即将到来的未来的场所。瓦莱利的创作有着这样的脉络。瓦莱利用文学明确指出了建筑行为的主体——欲努力探索其全部的、作为人类典范的建筑师要经历的探索之道与方法。

**5**：海德格尔的哲学是在详说艺术上论及技术。将技术与古希腊人的思维相对照，使其与知识相伴，作为通达人的本性之道，所谓技术，被规定为既是手段也是人类行为。技术的意思是"造出"（Her-stellen），即展现出现在尚未存在的东西的一种方式。这个被"做—出—来"（Her-vor-bringen）诱导出的全都是被柏拉图所引用的创作。创作，工匠的创作也好，赋予艺术性的诗歌散发出的光辉和具有的形式也好，"自己—自然的—形成"的自然（physis）也好，都属于创作，自然是最高意义上的创作。但是，创作暴露出来的本性中现存的东西，即便在某个地方存在，到最后也是被隐匿的（源头只是最终被表露），人在这个被表露的发展过程中有道路，它存在于保护和隐匿之间。人的荣誉与大地上存在的被保护的一切东西的道理一起，守护着被隐匿的"明暗度"。古希腊人认为，不仅技术，将真理在光明之中、在美之中"做—出—来"也是技术。存在的东西被做—出—来而被显露，使人想起柏拉图的场所的"那里"开始产生"有"的隐匿。随之而来，艺术作品的本质是现有世界与自我隐匿的大地的抗争。最初有语言和物质，汇集它们而创作的作品将它们作为"语言本身、物质本身"而带来，既是创造性设计也是象征，其行为就是人的命运。　（加藤邦男）

■参考文献
・廣松渉ほか編『岩波哲学思想事典』岩波書店、1998
・木田元ほか編『現象学事典』弘文社、1994
・加藤邦男「建築・場所論—ゲニウス・ロキを巡って」、Chr. ノルベルグ゠シュルツ『ゲニウス・ロキ　建築の現象学をめざして』加藤ほか訳、住まいの図書館出版局、1994 所収
・M. ハイデッガー『技術論』（ハイデッガー選集 18）小島ほか訳、理想社、1965
・M. ハイデッガー『芸術作品のはじまり』（ハイデッガー選集 12）菊池栄一訳、理想社、1966

由希腊语"存在"（on）和"理念"（logos）创造的拉丁语"本体论"（ontologia），既是可追溯到 17 世纪初亚里士多德主义者郭克兰纽创造的词语"关于存在者的理念"。所谓存在论，是并非研究这个那个存在的人，而是研究普遍存在的人，即"存在"本身的理念。对于存在的探讨，自西方哲学出现以来就一直被研究，亚里士多德对在其之前的"仅限于存在者的存在者"、"作为整体的存在者"进行研究，与各个领域内的存在者的个别科学进行了区别，即构建了探询"存在是什么"的科学，并将其称为第一哲学，之后，被称为形而上学。存在论的历史具有广泛的意义，自希腊古典哲学以来，与当今哲学的历史含义几乎相同。

进入 20 世纪，完成存在论回归的是海德格尔，1927 年公开发行的主要著作《存在与时间》跨越世纪，给予世界思想界以巨大影响。海德格尔学习运用胡塞尔创立的现象学方法，发展了以独立、实存为基础的存在哲学，给整个西方形而上学理论提出了严峻的问题。尤其是对现代以来的人类中心主义进行了彻底的批判，对基于人类本源的"存在"的"秘密"进行了思考，对现代人和整个世界的最终意义进行了重新定义。

## ◇ 存在论的差异

海德格尔晚年，对在某个研讨会上自己思考的与"存在论的差异"相关的论点进行了回顾。所谓"存在论的差异"是指存在的"存在物"与存在论的"存在本身"之间的差异。"差异"在初期是针对此在存在的"主观目的"或"时间性"所说的作为存在论分析的基本存在论课题，但是随着"存在物的存在"与"存在本身"差异的明确，"存在论的"（ontological）这种用语不再使

用，"存在论的差异"直接被称为"差异"（Unter-Schied）或"二重性"（Zwiefalt）。

## ◇ 思维之事

海德格尔的"思维之事"如果用一句话来说，就是"存在"，稍微准确一点，就是"存在的意义"。"存在的意义"是指作为"存在"展开的"存在的本性"（Wahrheit des Seins），也可以换一种说法，即"存在的澄明"（Lichtung des Seins）和"存在的非隐匿性"（Unverborgenheit des Seins, Alétheia）。如果说真理之神关注其场所的性质的话，海德格尔将其翻译为"澄明"（Lichtung），如果是关注其起源的性质的话，则翻译为作为本性起源的"本有"（Ereignis）。就这样，海德格尔把思考限定于"存在物的存在"的理论可以说就是本体论（存在论）吧。

## ◇ 关于艺术的存在论思考

海德格尔通过对荷尔德林的哀歌"面包和美酒"的探讨，开始了对现代诗人里尔克关于诗的演讲"诗人为何"（1946，收录于《杣径》，1950）的研究，追问"在贫困的时代，诗人为何"、"里尔克是贫困时代的诗人吗？他的诗与时代的贫困有怎样的关系呢"这样的问题。海德格尔对"黄昏之国（西方）"的各种现代现象进行了总结，将现代称为"世界影像的时代"，即人成为主体，在对象性中看清存在者存在的"现代形而上学的思想"将世界作为存在者的整体来理解，将世界作为"影像"，通过站在其面前忘记存在而使其完全隐匿下来。这就是被称作"忘却存在"、"定居性丧失"的状态。那么，由忘却存在开始的回归本源又是怎样产生的呢？海德格尔从现代形而上学的人的本质动向，即"欲望"开始，对向"物的平静

程度"（Gelassenheit）的过渡进行了阐述，回归到人居住（存在的远近）的方法论态度，"平静程度"说的是什么呢？在有关艺术作品（诗歌、绘画、建筑）的存在论思考中，我们来看看其方法和存在位置。

## ◇ 对作品的定位

海德格尔摒弃现代主观主义的美学，即希望艺术以美为目标，与通过体验能够理解的德国观念论美学、或从世界内部存在者的物及工具出发来理解艺术作品的艺术论相对抗。他的思想并非以主观方面的"想象力"、"构思力"来追求艺术本质，也不是对作为物的对象的追求。他定位于艺术作品本身，通过研究作品的"存在"、作品的"存在方式"来弄清艺术的本质。在《艺术作品的起源》（1935，1936 年的演讲，收录于《杣径》，1950）中，艺术作品不是作为艺术理论或美学被形而上学地研究，而是对存在进行研究，即对作为汇集了存在本性的"本有"的"存在位置（Ort）"进行思考。

## ◇ 物、工具、作品

海德格尔试着对梵高的作品"农妇的鞋"进行分析。"画，像猎枪或帽子一样挂在墙上。梵高画了一双农妇的鞋，将其从一个展览会到另一个展览会进行巡回展出。各幅作品就好像鲁尔区的煤炭以及黑森林的木材一样被运往各地。出征时，荷尔德林的赞歌集与步枪的维修工具一起被塞进背包。贝多芬的四重奏曲就像马铃薯被放到地下室一样被置于出版社的仓库内。"艺术作品是被创造的物，工具也是被创造的物。它们是作什么用的，通过有用性进行了规定。工具和艺术作品都是由人创造的东西。艺术作品和物并不是为了什么，而是为了眼前的自给自足。"工具一半是物，但不具有艺术作品那样的自足性。工具处于物和作品之间的独立

的中间位置。"海德格尔通过研究一个工具，即梵高所画的一双农妇的鞋的存在方式，穿越了工具的本质而直达艺术作品的本质。即工具就是工具，有其"有用性"，但是这种"有用性"是以"可靠性"为基础的。多亏了这种"可靠性"，农妇通过这个工具性，被引入到对沉寂大地的呼唤中，她将自己的世界作为实实在在的东西。那么，作品又是什么呢？我们通过观赏梵高的画就能够了解，鞋这种工具就是那样的东西，即"梵高的画，宣示了作为工具的一双农民的鞋是真实存在的东西。这个存在者走出了其存在的非隐匿性。"艺术的本质就是"存在者的本性蕴藏于作品之中"（das Sich-ins-Werk-Setzen der Wahrheit des Seienden）。

## ◇ 世界与大地的抗争

如果将艺术作品视为本性的本有，那么它在作品中又是以怎样的方式表现出来的呢？海德格尔通过展示希腊神殿的事例，将两种本质特性呈现于艺术作品中，即一个是"宣示某个世界"，另一个是"引出大地"。世界是什么？首先，就是历史的、文化的民族世界，即希腊民族的世界、梵高农妇的世界。存在者本性的作品化是在"宣示世界"这一工作中产生的结晶。那么，大地又叫什么呢？大地既不是材料也不是"行星、地球"。所谓大地，是潜藏在所有开花植物根系下的"藏秘之物"。所谓大地，是"不能被宣示的东西"，是将自己"封闭的东西"。艺术作品在宣示某个世界的同时，还引出大地。艺术作品就是作为世界与大地的"抗争"被结晶化在作品中的。作品就是这样独立于大地之上，用自身在那里展现，在那里宣示世界。

## ◇ 作为四方的世界

在晚年的演讲"物"、"建造、居住、思

考"中，海德格尔尝试做了"物"（das Ding）的现象学表述，将世界命名为"四方"（Geviert）。就是说，所谓世界，是由四方（大地与天空、为神者与必死者）一起构成，使之本有的"映射"（Spiegel-Spiel）。四方以各自的方式，反映其他三方。作为表现这种关系的例子，他列举了画家塞尚最后的作品"园丁瓦尼耶"。

在1966年、1968年和1969年，造访艾克斯·昂·普罗旺斯的海德格尔献给诗人勒内·夏尔一篇题为"所思"的诗文。这篇诗文由"时间"、"道路"、"暗示"、"住所"、"塞尚"、"前奏"、"感谢"构成。如果用6行来表现"住所"，那么，如下所示："在丰富的自同性中，思索相同的东西的人们，在充满艰辛的漫长道路上前行，进入越发纯粹的事物内、进入该事物单重简朴的住所之内，这个纯粹事物的住所，在不相通的事物内，拒绝表现其自身。"这里所说的"相同的东西"是指被区别的事物，也就是"存在物"与"存在自身"的共同属性。这一点在"塞尚"中，被说成是"眼前的与眼前性的二重性"。"在自同性中思索相同的东西"是意在"对状态本身"的现象学的思考。"二重性"是后期的思考中"物"与"世界"的二重性。研究并探明"二重性"，在维持"物"与"世界"的区别，同时在"物形成物"、"世界作为世界"上将二重性重新回归到"单重"之内作为目标。其境界是"纯粹的物"。所谓"纯粹的物"，在这里与"相同的东西"一样，回归到"本有"、"澄明"，即"真理之神"。

如果对诗作"塞尚"进行阐释，则如下所示："沿着漫无目的的道路，一直培育不显眼的东西的老园丁瓦尼耶，在澄明中保持宁静，思想陷入平静。在这位画家晚年的作品中，眼前的东西与眼前性的二重性，变为了单重，同时忍受着'被实现'，向充满密

符的同一性中转变。走向诗作与思考的共同属性中，引导其前行的一条路径，在这里是否表现了其自身。"海德格尔穿过艾克斯·昂·普罗旺斯的比贝幕斯采矿场，喜欢上了走到小路的尽头后突然出现的圣维克多亚山的散步道，他这样说道："我在这里发现了塞尚的路，在这条路上，从路的开始到尽头，我自己的思考之路，用自己的方式进行了回答。"对作品"园丁瓦尼耶"肖像的直接印象，在第一段落中进行了描述。"宁静"、"平静"这一存在方式是老园丁瓦尼耶的世界的本质特性，"不显眼的东西"是指"存在的本性"。海德格尔说："现象学就是不显眼的东西的现象学。"关于第二段的"二重性"，与如上记述相同，"被实现"中的用语realisieren是塞尚思考的关键词。在"瓦尼耶的肖像"中，"人物"与构成其背景的"世界"作为二重性被区分开，即在表现瓦尼耶姿态的轮廓线条的动感中，深深地嵌入了成为背景的世界，瓦尼耶的姿态和背景的世界作为一个情景被表现出来。

在第三段中，表现了"诗作"与"思考"的共同属性。"诗作"是用语言建立的存在，"思考"是弄清存在本性的基础，海德格尔这样表述"诗作"与"思考"的区别。但两者都属于"语言"，而且属于人在大地之上、天空之下"居住"（Wohnen）的本质的存在方式。

诗人荷尔德林的诗句集中了海德格尔后期的思考，即"虽充满劳绩，然而人，诗意地栖居在这片大地上。"人勤劳的奖励是通过自身的努力作为劳绩获得的，但人要诗意地居住在这片大地上。海德格尔认为，人要诗意地活着、停留。还有，同乡诗人黑伯尔以下的话语出现在其演讲"平静"（1955）中，即"我们都是为了在苍天之下开花结果，必须扎根于大地，枝繁叶茂于大地上的植物"。大地这个单词包含这个时代已经丧

失的原住性、土壤、地基、故乡、居住、停留等含义。"作品"以独特的方式，让大地成为大地，创造了世界。在自然中，是潜在着一种"裂缝（画面）"的。

## ◇ 增田友也存在论的建筑理论

在《建筑空间的原始结构》（1955，《再治》1977，《增田友也著作集第2卷》）中，以现象学来阐述原始社会空间现象的增田友也，在其后期论文《关于建筑的思索——存在论的建筑理论》中，提到"成为建筑的东西"是与"成为思维的东西"同时实现的，成为建筑的东西在存在论的"可能性领域"中，作为"建筑之前"被重新理解。他在晚年的论文《关于成为建筑的东西之所在——一种假设》中，从海德格尔的存在论立场出发，倾向于对大乘思想的空间的关注。在论文的序言中，他这样写道："拙文总体上打算写成对于活着的人来说就是居住，作为必死的人就是生存时间、生存空间这三部分。毋庸讳言，这是建立在海德格尔创立的存在论立场上的。但是其间这种思考发生了变化，转变到存在的创造、作为空间的建筑的假设性和在其意义上建立世界、实存这三方面。"在论文《总结—斋岛》中，严岛神社作为表现增田友也的思考所在的作品被列举出来，对作为其"假设"的"建立世界"的事实进行了分析。

增田友也思想的独特的存在方式是针对"成为空间的东西"、"成为建筑的东西的存在"表述的"语言（逻辑）"本身的反省，是属于极端自由主义的，向海德格尔、道元、世阿弥、梦窗、芭蕉、利休等思想者们的理论的倾斜显示了这一点。在以上论著中，对海德格尔存在论的解读被与大乘经典的空论相结合。对"否定的逻辑"的细致分析，实现了"否定原则与辩证法"、"消失的地平面"、"向天空敞开——地平面的消失"。

（前田忠直）

■参考文献
· ハイデッガー「芸術作品の起源」茅野良男ほか訳（『ハイデッガー全集第5巻 杣径』創文社、1950 所収）
· ハイデッガー『ハイデッガー全集第12巻 言葉への途上』亀山健吉ほか訳、創文社、1996
· 増田友也『増田友也著作集 IV』ナカニシヤ出版、1999

# 风景 landscape

## ◇ "风景" 一词

虽然风景一词原本是中文，但在 8 世纪中叶日本的《怀风藻》一书中出现了该词。不过，自古以来，在日本与其说"风景"，不如说"情绪"一词更被众人所熟知。这个词原本也是中文，平安初期开始出现在日文中，作为描述自然界的状况或人的状况及情绪的词汇被演变成日语。到了镰仓时代之后，描述人的心情或情绪的词汇演变为"气息"、"喜色"，"情绪"则演变成描述自然界状况的词汇。后者的"情绪"到近代后被写成"景色"。可以说，"风景"一词是在近代之后才在日常生活的日语中出现的（日语中，情绪与景色两个词发音相同，都读作 keshiki——译者注）。

在欧美的语言中，即使是古希腊语或拉丁语中，也没有表示风景意思的词汇，prospectus（眺望、瞭望）就算意思最相近了。英语的 landscape 最初是 1598 年从荷兰语中意思为"风景画"的 landschap 一词而来的。landscape 作为从某一地点看到的自然的田园景色的意思被使用是在 17 世纪前叶之后，而 scenery 作为风景的意思使用则是 18 世纪后半叶的事了。

## ◇ 风景理论的发展

日本现代风景理论要以 1894 年出版的志贺重昂的《日本风景学》和内村鑑三的《地理学考》为开端。还有，哲学家和辻哲郎的《风土》（1935）即使在今天也是重要的论著。

如今，风景理论被在各种学术领域里论证着，而其直接的契机是 20 世纪 70 年代以后现象学的地理学的出现。在地理学方面，从 18 世纪前叶开始已经由 A · 洪堡进行了自然景观风貌的研究。然而，以量化数据为基础的逻辑实证主义的方法却成为了主流。因对这种思潮的反省而引入现象学观点的是段义孚（《恋地情结》）、爱德华 · 雷尔夫（《场所的现象学》）等人，他们把"场所"这一概念置于中心位置，将 20 世纪的城市风景尖锐地批判为"没有场所性"。还有，同为地理学家的奥古斯坦 · 贝尔纳受到和辻哲郎的《风土》的启发，开始从"风土"的角度研究风景（《日本风土篇》，参考文献 1）。

在文艺评论方面，从 20 世纪 70 年代开始，风景作为一个主题被广泛谈论，风景的发现也成为了现代文学创立期的论点之一（奥野健男《文学中的原风景》、富士川义之《风景的诗学》、柄谷行人《日本现代文学的起源》）。

技术领域方面，最早将风景作为课题的是土木学科中的景观工学专业。它也是参考地理学、文学、绘画等领域的知识和见解来研究对风景的认识等各种问题的（樋口忠彦《日本的景观》，参考文献 2）。

农学方面，有日本造园学创始人上原敬二于 1943 年所著的《日本风景美学》。之后，以农村风景为焦点跨进基础风景学领域的是胜原文夫的《农村美学——日本风景学概论》一书。

在泡沫经济破灭后城市开发的进展和景观问题频繁化的背景下，风景也被社会学或哲学所讨论，在社会学方面，特别对风景成为集体的现象这一点感到关心（内田芳明《风景是什么》），而在哲学方面，于环境伦理中研究风景的同时，也提倡探求风景本身原理的"风景哲学"（参考文献 3）。

在建筑领域，从建筑作品与风景的关系等设计观点上来阐述的比较多，在城市规划领域，风景是个大的课题，但关于人的、文化现象方面的研究还不多。其中，增田友也（"住宅与庭院的风景"，《增田友也著作集Ⅲ》）、田中乔（《建筑师的世界》）等人，在关于人的存在方式的根本思考中研究了风景的问题。

## ◇风景是什么

"景观"原本是地理学的学术用语，被规定为"单纯的环境展望"（辻村太郎《景观地理学报告》）。然而，逐渐地，景观中也掺杂进了美丑的观点，"景观"和"风景"也表现出相同的立场。但是，现在，景观通常理解为客观的、分析的概念，是可以科学地阐述的东西；而风景通常理解为主观的、综合的，是包含人的、文化的要素的东西。历史学家阿兰·科尔班强调风景与人是不可分割的，并指出其既是表象又是解释（《风景与人》）。不过，即使说风景是主观的，也包含着客观的知觉图像，因为主观的印象和客观的知觉图像是无法明确分开的。

## ◇风景种种

**表象风景**：海德格尔指出人把自己周围的环境作为一连串的工具来掌握，诸如，森林是为了砍伐出木材，山是为了开采石头，河流是为了得到水力资源。环境世界在日常生活中被视作具有这种"工具性"。为了把生活环境"视作"风景，环境就必须抛开对日常性、工具性的关心，尊重眼前的印象，单纯地欣赏。海德格尔将这一见解称之为"表象"（《存在与时间》第1篇）。

在表象这一见解的产生中，人与对象之间的距离是不可或缺的（参考文献4）。观察者一旦被切断与环境的联系后，空间上的（眺望）和时间上的（记忆）结合在一起之后就呈现出被称作表象的风景。

翠绿的森林中流淌的清澈溪流的清爽，巍峨屹立的悬崖峭壁的气度等，风景带有某

种特定的情绪和气氛，正如齐梅尔所说，风景不但一目了然地把各种事物尽收眼底，而且用某种特定的"情绪"这一特殊的统一方法来概括（齐梅尔，见前文）。风景就是情绪上的统一，它意味着主体不仅通过视觉，而且用全身来感受风景。声景和气味风景被研究就是因为这一点。

**记忆的风景**：风景的知觉常常伴随着记忆出现，但不只是眼前的风景，还有被回忆起来的风景。一般来说，少年或青春期等阶段铭刻在深层意识中的生活环境和体验的整体景象被称作"原风景"。如前所述，生活环境被生动再现的场合，其环境本身停留在没有被表象的"前风景"上。"前风景"在有了时间的间隔而被想起的时候开始成为原风景。

原风景不光作为个人的记忆被想起，也作为集体的记忆被展现。像"兔子追逐小鹿的山……"一样被咏唱的故乡的山水就是这样的例子。

还有连记都记不起来的遥远过去的记忆作为"元风景"被想起的见解（贝尔纳，《日本的风景，西方的景观》）。地理学家阿普尔顿认为，关于地窖里的安全感及从那里眺望的兴趣是基于动物行为学"不被看见而能看见"这一原则的。从被保护的狭小的场所向外看的眺望可以说是人的元风景（阿普尔顿，《风景的体验》）。然而，大概不应该考虑这样的元风景的实体性存在。元风景也许可以被以为是潜藏在风景的根源或人记忆深处的东西，但是，这并非是元风景的作用，而应该认为眼前的风景有唤起没有被记住的风景的作用。

**被记述的风景**：风景被观察，然后经常通过绘画或文章等形式被记述。但是，风景的观察性记述并非总是存在。以客观观察为基础的风景画，在西方是17世纪才在荷兰正式产生的。即便说是观察性记述，也并非只是原样描绘。被感知的风景是连续的，然而记述必然只能截

取其中的一部分。于是，这一部分体现了与其他部分的关系，整体性便被构筑起来，即创造出构图，给予气氛统一的风景以格式塔化来作为视觉的统一体。这样，就能揭示风景的见解或解释了。

**被解释的风景：**存在着风景本质上是美的这种观点。例如，上原敬二相对于"景观一词在文字上不含有美丑的概念"，提出"风景是伴随着地形变化和美的普通景观，而非自然美的组合"（上原敬二，见前文）。但是，二战后燃烧的原野等亦被称为风景，所以，很难说风景的本质一定是美的，不如说风景的本质是"被解释"为美的事物或象征美的事物。

风景的知觉图像是通过言谈和印象等相结合而被解释的。在这个意义上，风景被称作"以认知确定方向的悄然大致的印象"、环境的"认识"（阿部一，《日本空间的诞生》）以及"图式"（贝尔纳，见前文）。因此，美的风景不具备"认识"的话，也只能停留在具有愉悦心情的知觉表象层面。但是，风景一旦被解释为与某种认识或印象相结合，也就变得有意义或有价值了。

**定型化的风景：**风景的描述是创造出构图，然而这种构图由作者向社会群体传达，最终作为解释风景的认识或图式被不断反复从而定型下来。定型化的风景被视为风景的堕落，因而经常受到批判。的确，如果认识被定型化，会产生不是眼前所见风景而是透过认识看到的风景这类倒置的现象。但是，由定型化的图式带来的知觉也是风景的一种状态。

定型化的重要缘由是创造构图和不断反复。名胜就是这样产生出来的一类风景。名胜经常被"名胜画集"所描绘，但是，一旦被画集描绘过，今后看名胜就会有如同看到画集一样倒置的情况产生。定型化不单是视觉上的构图，也涉及情绪。例如，和歌中春天"轻松愉快的心情"、秋天"压抑的心情"等，随着季节的变化，情感也被定型化了。

**模仿的风景：**被艺术地表现的风景也并非只限于被观察到的风景，倒不如说，描写想象中的风景也是自古就存在的。例如，中国的山水画是表现神仙思想的，西方的神话绘画则是描绘古希腊神话或叙事诗情景的。这样来表现的风景被作为理想，原始的风景向现实的风景提供形象，眼前的风景被看作是它们的拷贝。例如，世外桃源的风景被描绘成意大利田园风景上的重叠，甚至在英国风景园林中被再现为现实的风景。

**象征的风景：**理想的风景成为原型的东西，相对于给眼前的风景提供认识的是风景的模仿而言，也有把眼前的风景解释为表现本质或思想等象征的情况。这原本是非视觉化的东西，但却是风景被视觉化的情况。

例如贝尔纳谈论作为风土象征的风景时所指出的，"风景是以感觉来理解的风土性的表现"。例如，梅雨中的绿色水田，或染红或染黄的山峰等，大概就是象征着日本人与大自然之间构筑起历史关系的风土的风景吧。贝尔纳进一步指出，这样的风景有可能成为在相同的风土中生存的集体定居的象征（贝尔纳，《日本的风景，西方的景观》）。

风景也作为实存"场所"的象征被表现。诺伯格-舒尔茨据此论述了海德格尔。海德格尔认为，在河流上架设的一座桥使河岸得以展现，将河流周围的事物汇集为风景。诺伯格-舒尔茨评述了这个观察，将使桥明显存在的风景称作"栖居的风景"、"场所"。于是得出结论：如同桥这个建造物开启了场所一样，建筑形成了场所（诺伯格-舒尔茨，《建筑的世界》）。

**被发现的风景：**在日常生活中，眼前的风景遮掩了过去的风景，或者由于定型化的认识，成为不可见的原生的风景。以那样一种状态发现风景的，是从集体的固定认识中摆脱出来的个人。如齐梅尔所说，艺术家是将眼前的风景从外在的各种各样的认识或形象、谈论中全部脱离开，通过率真地依从于自己自身的知觉和感情来发现风景的（齐梅尔，见前文）。

在现代文学中，通过国木田独步的《武藏野》再次发现了风景，这是被详细记述的武藏野的风景。加藤典洋参照胜原文夫的图式（见前文）同时展开分析，提出在散步的途中发现武藏野"平淡风景"的是不属于农村社会的具有"旅行者审美态度"的主人公（加藤典洋，《日本风景论》）。

## ◇ 风景与城市和建筑

**城市风景**：如今，城市风景是一个重要的问题。虽然关于成组的风景已经接触过了，但是内田芳明把个人的城市风景被集体性共有的过程理解为"形成共同的社会关系"，并论述为面向文化传统和被历史化（内田芳明，见前文）。被共有的风景是定型化的。然而，不一定风景的形式化和陈腐化就非得全盘否定不可。定型化的城市风景成为其所在地区的象征，具有给予地域社区稳定化和持久性的能力。

在日本，原则上准许所有用地、所有建设者表现的自由，对城市风景这个共同社会关系的关心现在也只是在某些特殊地区被要求。成片的风景因经济性而遭遇破坏危机的情况不断发生。与此相反，在保护城市风景上，有必要把形成共同社会关系的风景组织进社会利益关系之中，使其起到阻止开发的作用。

**建筑和风景**：试图在风景中理解建筑的建筑师有勒·柯布西耶。勒·柯布西耶从学习期间开始不停地出去旅行并遇到了很多风景。例如，在《东方之旅》中，地方的民居或聚落的"普通的风景"被勒·柯布西耶发现，并认真仔细地记录了其形式、形态和色彩等，而且，被这些风景所触动的他的情绪也被随时记录了下来。由这样的文章和速写记述的风景大概可以算作是他建筑创作的基础

吧。那么，从这些记录的积累中一定能看出他对风景的认识方法。

没有任何东西可以保证建筑师创作的建筑能超越一个建筑师的认识，形成作为"共同社会关系"的风景，但是，至少风景记录的积累是其必要条件吧。　　　　（田路贵浩）

**■参考文献**
1.オギュスタン・ベルク『日本の風景・西洋の景観』篠田勝英訳、講談社、1990
2.中村良夫『風景学入門』中央公論新社、1982
3.木岡伸夫『風景の論理』世界思想社、2007
4.ゲオルク・ジンメル『橋と扉』（著作集12）、酒田健一ほか訳、白水社、2004

# 风土 climate

**1：**说到日本的风土，不由得想起古代四大文献之一的《风土记》来。虽然像书名一样使用风土记这个词是进入平安时代以后的事，但风土一词早在《万叶集》中就已出现了。在《日本记录续篇》中，《风土记》是指收集、禀报和编纂关于郡乡的名称、郡内的物产、土地肥沃的状态、山川和原野名称的由来及古老的代代相传的传说这五大项目的记事，不是简单的自然地理学的内容，而是被明确为收录地名的由来及土地的代代相传这一现象。风土是风和土相结合的词汇，由构成自然的基本要素组成，说明古代已经在关注与词汇密切相关的现象所包含的事情了。

现代之后，风土作为问题被提出时，与环境一词的意义有所不同成为它的前提。说起环境通常会想起自然环境，但是把人的生活环境完全还原为自然环境是不可能的。尤克斯库尔关于这个问题的研究备受瞩目。尤克斯库尔把环境称为 Umgebung，并说生物并不是直接在环境中生存的。Gebung 是"给予"，Um 意味着"环"，Umgebung 则成为"被给予的周围"的意思。生物并不是直接的，而是在使各个物种发生特殊关系的中介环境（Umgebung）中生存。尤克斯库尔把这个 Umgebung 和在其中生存的生物之间的关系称为 Umwelt（环境世界）。对于生物来说，存在就是这个环境世界。接受尤克斯库尔的这种环境论展开研究的是海德格尔，他认为人存在于世界之中。按照他的说法，像石头一样的非生物是 weltlos（没有世界），生物所具有的是 weltarm（贫乏的世界），而人所居住的则是 Welt（世界）。这里，尤克斯库尔和海德格尔并非把环境客体化了，而是把环境世界、世界作为问题提出。接受这些并展开风土理论研究的是和辻哲郎，但

是，首先要写明的是和辻哲郎不单对世界，而且还活用了包含上述历史性含义的风土一词。

**2：**和辻哲郎指出风土的重要性并将这个问题做了根本性的研究论证一事已被世人所知，从建筑学领域思考风土问题时也必须要首先提及他的《风土》。关于"寒意"，和辻哲郎问到，作为物理客体的寒气从外界向我们靠近来时"我们感觉到寒意"了吗？他说并不是这样。他认为这无非是关于意向性关系的误解罢了，"所谓'感觉到寒意'的'感觉'……作为'感觉到……'，其自身已经是一种关系了，寒意在这种关系中被发现"。那么，这种寒意不是所说的心理内容，意向的"关系"本身作为具有先验性的寒意才刚刚形成，并不存在寒意的感觉和外面空气的寒冷有怎样的关系这种问题，"我们"和"寒意"的区别本身就是一个误解。这样看来，对于和辻哲郎的风土理论经常被作为环境决定论这种反论，形不成意义之事也就可以理解了。因为环境决定论把人与自然的关系理解为二元对立的图式，在前者的存在方式中由后者决定的思维中产生。在这里，首先自然本身（在和辻哲郎那里是风土）被理解为去掉了与人的关系的自我完善的东西，但是在和辻哲郎这里认为这种区别本身就被误解了。所以，是应该原封不动地保护自然还是应该开发这样的问题也是和辻哲郎的风土理论属于另一领域的原因。在建筑领域，虽然进行着决定建筑形态的是气候风土这样的争论，但是如果此时把气候风土还原为气温或降雨量并将其放到争论的基础上的话，也依然是与和辻哲郎的风土理论分属于不同的认识层次。所以，和辻哲郎的风土理论对建筑学这门学科来说到底具有怎样的意义，

风土

似乎还应该从和辻哲郎自身的论著中去寻找答案。

和辻哲郎指出，建筑的风格与风土的关系是无法彼此脱离的："房屋的风格被称为建造房子的固定方法，而抛开与风土的关系，这个方法是无法成立的。虽然屋顶的重量对于抗震来说是不利的，但是对于抵抗暴风和洪水方面是必需的。因此，房屋必须符合各种各样的制约条件才行。"他还说："这些各种各样的制约条件按其关系的轻重排列秩序，最后才能创作出一个地方房屋的风格"，"建造房屋的固定方法不外乎是人在风土表现上的自我理解"，即建筑的风格是人自我理解的形式表达，而风土是制约它的条件。对于建筑学来说，和辻哲郎风土理论的重要性大概在于风土与人的自我理解不可分割的关系问题。关于建筑形态受风土制约这个问题，虽然经常在建筑学的领域中被讨论，但是，那时风土被还原到自然科学意义上的气候或灾害这种抽象的水平上，由那样的自然环境形成了那样的房屋，或是在历史的、社会的水平上考虑环境时，将其对象化且将处于人类生活环境构成之外的两者的关系当做问题。这样，就不是脱离开人存在的立场在研究，和辻哲郎说人的自我理解以形式表现出来的东西就是建筑物。风土制约着这种自我理解。可以说，和辻哲郎为围绕建筑风格追溯到人存在层面的争论点提供了新的视角。

**3**：将上述和辻哲郎风土理论的新发展作为目标的是奥古斯坦·贝尔纳。贝尔纳认为，人体被世界化，同时世界也被人体化，这就说明产生了人类世界特有的环境，并将这种运动命名为"交往"。而且，现实将"交往"这种状态的存在方式称为"常态性"。常态的环境本身就是风土。另外，贝尔纳还使用了"意味、趣味"这样的术语，这也是遵从

于和辻哲郎。和辻哲郎的"寒意"并非是将意向性"关系"本身的寒冷作为对象的寒气。在寒意中是可以看到我们自身出现的。贝尔纳把这种"意向的关系"称为"意味、趣味"。

就这样，贝尔纳继承了和辻哲郎的风土理论并开展研究，其中评价和辻哲郎对海德格尔的批判受到关注。海德格尔强调现代的"去世界化"（Entweltlichung），另一方面却没有充分论及与之相伴的去生命化，所以说风土理论的立场是必需的。相对于海德格尔将人的存在定义为"走向死亡的存在"，和辻哲郎则主张人的存在不能只规定为"走向死亡的存在"，也是"走向生存的存在"。人具有个人和人与人关系的双重性，作为个人死去时，却能作为关系继续生存。在超越了个人的立场上，把环境与他人本质性关联的风土性理解为"关系"，这被认为是人存在的结构缘由。贝尔纳认为，在这里，真正的环境伦理和公共性第一次变得可能了。姑且不论这个关于海德格尔的批判，这里暗示了和辻哲郎风土理论中的一个重要特点。"人死了，人的关系会改变，但是无休止的死亡在不断地改变，人活着，人的关系也在继续，就这样在不断结束的事情上不断地继续着。从个人的角度来看是'走向死亡的存在'，而从社会的角度来看是'走向生存的存在'。所以，人的存在是个人的，又是社会的。然而，不只是历史性才是社会的存在结构，风土性也是社会存在的结构，因此风土性和历史性是不可分割的。在历史性和风土性合二为一上，可以说历史获得了躯体。"因此，个人与关系这个人存在的二重性是时间和空间的二重性，是它成为历史性和风土性的二重性难以分开的基础。在这个双重合一或者双重难分上，确保双重性这一点颇受关注。

对人存在的基本理解，不只是通过由海

德格尔的那种时间性构成的"先验",还必须包含以下3个缘由:第一是将"关系"作为基础;第二,作为这个"关系"的时间结构带有历史的意义;第三,人是在风土中发现自我的。第一个缘由,对于批判海德格尔只有时间性的缘由且认为"关系"是人类存在基础的和辻哲郎来说大概是当然的。第二个、第三个缘由指出了"关系"的时间性和空间性具有历史的、风土的具体性。因为这三个缘由明确说明了和辻哲郎的主张,所以显示出了他思想的主干。第一个缘由意味着广义上的风土,第三个缘由则是狭义的风土,与个人的观点共同含有更加具体的共同形态形成的方式、意识的方式、语言的形成方式及房屋的建造方法。然而,可以说这里值得注意的不是作为对象的共同形态、意识或语言等,当然也不是房屋,而是它们的方法,是创作的方法。那么,第一个缘由,如上所述,被认为是第二个和第三个缘由的双重合一。但是,对于合一的结局,第一个缘由被认为是"在自己与他人的合一上恢复绝对的否定性"。和辻哲郎的"风土"从将"关系"作为基础上也能立刻被理解,但合一毕竟是在确保了二重性基础上的合一。自己是别人的自己,其意思中隐藏着相对性。另一方面,"向绝对否定性的还原"显示出超越了这种相对性的基础,这里既没有自己也没有别人。批判和辻哲郎时,经常会指责他对"我"和"我们"之间的界限是模糊的,然而这大概也是暗示个人与集体的界限消失了,个人完全融入到整体中容易产生整体主义这一思想缺陷。但是,和辻哲郎的"关系"是在自己与他人的合一上以"向绝对否定性的还原"为基础而产生的,所以在这个基础层面上,"我"和"我们"不存在任何差别。在这个层面上"我们"和"寒意"的区别本身大概是一个误解,但是,不能把绝对否定性的基础作为实体的对象化。

人存在的结构缘由无论何时何地都是"关系"。然而,这只是把人称化之前的向绝对否定性复原作为基础而已。所以,"我"和"我们"之间的界限模糊也是被像"关系"这样的人称化之前的基础支撑的,而且,与其说让它模糊,还不如说必须使其成为合一的。对于和辻哲郎的风土理论来说,问题不是"我"和"我们"之间的界限如何模糊,而是在使其合一方面存在的作为"关系"基础的绝对否定性是否会成为原本意义上的绝对否定性。关于这一点,下面让我们来看看吧。

4:和辻哲郎向海德格尔的"人存在最常见的是工具的观察"学习,把作为工具本质的"为了做什么的东西"这种方式叫做"为了什么的相互关联",指出必须将这个关联看作是"始于本源之上的人存在的风土规定",即"为了什么的相互关联"的结果是了解自己的风土性,是"风土是人的存在将自己客体化的缘由","我们在日常的任何意义上发现自己"被看作是保持愉悦的、平静的心情,而且说"这样的情感、心情、情绪等,不是仅从心情的状态上应该被看到的东西,也是我们的存在方式"。我们是在愉悦、愉快这种情感、心情中了解自己的,即"为了什么的关联"被建立在了解自己的愉悦、愉快这种情绪的基础上。与此相反,在"为了什么的关联"(um zu 关联)上开创了有意义性的世界的海德格尔认为,宣示人存在的整体性的是不安的情绪。在不安中,有意义性这个结构本身解体了,因此世界反而显现出了真实的状态,我们则被抛向本来的实存。在不安中,没有什么比对死亡的不安更切实的了,死亡是在日常性之中与专心投入现实存在的他人的关系断绝的场合下,自己固有的可能性。海德格尔把这种存在方式称作"走向死亡的先驱",只有这个走向死亡的先驱是发现真正的"居住"可能性的根本缘由。"走向死亡的先驱"和"决心性"一起，是构成海德格尔基础存在论的根本，这些，在后期被海德格尔深化为去除（Gelassenheit）。虽然这里包含了与和辻哲郎不同的观点，但是围绕绝对否定性的思考被更进一步明确了。

另一方面，和辻哲郎关于"自己和他人合一走向绝对否定性的还原"，上述所引用的部分不过是一度提及而已。为赋予风土性以"人存在的结构缘由"的地位，作为从逻辑的要求导出的必不可少的缘由被引入进来。与海德格尔有意义性的世界结构自身解体之处可以发现人原本的存在方式相反，和辻哲郎始终停留在有意义的世界中。和辻哲郎把风土分为季风（monson）型、沙漠型和牧场型三种，在比较它们的同时论证它们各自自我了解的人存在的类型。但是，能展开这样的论述是因为将风土作为与有意义的世界关联中的问题。和辻哲郎的风土理论的特征大概就在于此，所谓界限也在于此吧。

（西垣安比古）

■参考文献
・和辻哲郎「風土」『和辻哲郎全集第八巻』岩波書店、1962
・マルティン・ハイデッガー『存在と時間』原　佑・渡邊二郎訳、中央公論新社、2003

# 符号 sign

一般提到"符号",人们多数会联想到交通标识或数学符号那种法规明确的符号,有机械印象的人也不少。但是,就像能读出云的形状或者树木色彩的丰富含义一样,只要人想承认某种物体的含义,就能够把这些都看做是"符号"(sign)。

从广义的理解方式来看,符号不仅限于语言、动作、时尚、音乐、美术、电影、戏剧、建筑,甚至与城市中人的生存活动息息相关的所有事物都被包含在"符号世界"里。

这里需要注意的是"……意味着……"或"……表示……"这样的"符号现象"(semiosis)是奠定符号基础的概念。在此基础上,"红灯是信号",更应该说"红灯可以表现为符号"。因此,不知道交通法规的人应该不知道红灯是表现"停止"的符号。

阐明符号现象结构的理论是"符号学"(semiotics)。这个理论始于希腊化时代论及病症诊断的医学,从古至今对欧洲文明有着极强的传统影响,实际上有语言学、修辞学、逻辑学、哲学等多种流派。其中,柏拉图、亚里士多德、奥卡姆、莱布尼茨、洛克、黑格尔等很多哲学家和思想家都对"符号"非常感兴趣。

在这些流派的基础上明确了符号概念、奠定了现代符号学基础的是美国哲学家皮尔斯(Charles Sanders Peirce,1839～1914)和瑞士语言学家索绪尔(Ferninand de Saussure,1840～1913)。这里以皮尔斯和索绪尔的符号学为中心解释符号模型,并展望将建筑作为"符号"来解读、设计的可能性。

## ◇ 符号现象的范畴

皮尔斯的符号学是以独特的"现象学"为基础展开的。所谓现象,是"呈现在人们意识之中的一切东西的整体综合",现象学的工作是研究能够将所有现象分类的一般"范畴"。皮尔斯把能分类的所有现象作为一般范畴,总结出"一次性"(firstness)、"二次性"(secondness)、"三次性"(thirdness)这样三个概念。

所谓的一次性,是指事物的本身与其他事物无关的存在方式;二次性是指与某事物有关系,但是不包含什么样(实存)的第三者的存在方式;三次性是指第二者与第三者相互关联的(法则、目的无法割裂的中介)存在方式。这种"一次性、二次性、三次性"的表现形式,也可表示为"本质、关系、表象"(quality、relation、representation),"可能性、实存、法规"(possibility、existence、law)这样内同的表达形式。

重要的是,皮尔斯发现了在纷繁世界中以范畴为基础的三分法的存在形式。将宇宙中的一切现象作为从混沌到宇宙、从偶然到法则、从对立到统一的秩序的"生成"(generation),或者将相反的过程作为"退化"(degeneration)来动态理解的点。

## ◇ 皮尔斯的符号模型

皮尔斯认为从一次性到三次性的符号现象有一种三角关系:第一项为"符号"(sign)或"表象体"(representamen),第二项为"对象"(object),第三项为"解释者"(interpretant)按以下的符号模式进行定型化:

"符号或表象体是在某种观点或者能力之下,对某人来说的某种东西的替代品,就是和谁搭话,即在那人心中创造出同等的符号或更加发展的符号。这样创造出的被我称之为最初的符号的解释者，符号就是其对象的某种东西的替代品。"这三者的关系如图所示。

符号的三角关系

按照这个定义，如果观点和能力有所不同，同一事物也可能表现为其他符号。比如说，红灯可以解释为表示"停止"的符号，而不懂交通法规的人可以理解为"红色圆点"，抱着急诊病人的人可以理解为"请注意前进"。皮尔斯引入"解释者"，并考虑主体的能动作用来领会符号现象的多义性。

按皮尔斯的说法，解释者是符号向谁发话，在那人心中创造出"同等的符号或更加发展的符号"。也就是说，如同解释者也是符号并生成新符号的解释者一样，思考是连续不断展开的。在皮尔斯对符号的定义里，含有无止境的符号过程，因此不依靠其他符号而独立出现的符号是不存在的。

## ◇ 索绪尔的符号模型

索绪尔否定了"先有物，然后对其命名的是符号"这个传统语言观的语言命名学。在"语言形成之时概念即诞生"这个新语言观的基础上，更深刻地探求语言符号的本性并形成新的符号概念。

"被语言隔离的灵魂，如同没有形状的星云一般，在语言符号出现以前的思考中，没有任何一种事物是可以被明确识别的。"索绪尔认为，在语言之前，语言所指事物也不存在概念，语言，暂时地在自身中担负着

意义。接下来，预示着暴风雨的黑云般的符号，相对于指出自身其他现象，语言符号没有自身之外的先验的存在意义，而是同时具有表现和意义的双重存在。

"语言符号结合的是概念（concept）和听觉影像（image acoustique）。后者并非纯粹的物理上的声音资料，也是声音的精神刻印，是因我们的感觉而被证实的表象。语言是具有两面性的精神实体"。

索绪尔把"听觉影像"和"概念"一般化地各自称为"符号表现"（signifiant）和"符号内容"（signifié），二者合于一体的被称之为"符号"（signe）。因此，以语言符号为基础形成双项关系，从而导出了符号模型。

符号表现和符号内容是相互依赖的关系，全部包含在符号中。索绪尔的符号概念不是考虑符号之外的对象或解释者的关系，而是将符号的内部结构定型化了。

这是符号的意义被符号内部夺回的原因，但问题是，符号外部存在的东西和没有直接关系的符号怎样做才能有意义呢？索绪尔发现了被称为符号意义源泉的"语言"（langue）这个"系统"中依存于不同网络上的"价值"，也就是符号形成相互密切关联的系统，并在那里产生因关系网络而形成的每个符号的价值，符号的内在意义也是这个价值所带来的。

## ◇ 符号的类型学

根据皮尔斯的符号模型，所有东西都是符号现象，但在不同场合要追问是如何区分符号种类的。实际上，在符号学的历史中也有信号、迹象、肖像、指号、象征、名义、记号、表象等与符号相关联的多种概念。

皮尔斯的范畴以三分法为基础，将符号现象从一个侧面区分为"符号及其自身的存在方式"（一次性）、"符号与其对象的关系"

（二次性）、"符号与解释者的关系"（三次性）三个方面。因此，这些符号现象的三个侧面也被认为是由各自范畴的三分法所支配，所以得到了下面的三个三分法：

第一，符号是本质上单纯的质，还是现实的存在，还是一般的规律，由此，符号被称为"性质符号"（qualisign）、单一符号（sinsign）、规则符号（legisign）。

第二，按符号和对象的关系或符号自身所具有的特性，或与对象的实存关系，或与解释者的关系，被区分为"肖像"（icon）、"指号"（index）、"象征"（symbol）。

第三，按照其解释者是将符号作为可能性符号的表象，还是作为事实符号的表象，或是作为理性符号的表象，被称为"名词"（rheme）、"命题"（dicent）和"论证"（argument）。

这里，对从古至今备受瞩目的"肖像"、"指号"、"象征"进行简短的详细回顾。

肖像，是符号的性质与对象的性质相类似的符号，因为其本身的性格相像于表示对象所提及的符号。"富士山的画"和"功率放大器线路图"就是类似的例子。

指号，是其对象因实际受到的影响产生的与对象相关的符号。指号不局限于因对象所受到的影响，而是与对象共有相同的质。"指示风的方向的风向标"是指号，但除此之外也包含着"这个"或"那个"等指代词。

象征，是以法规、规范、习惯、一般观念等为中介，与其对象相关的符号。象征不表示特定事物，而表示事物的种类。像"给予"、"星空"这样的词，数学公式、化学公式等全都是象征的例子。还有，"橄榄枝"是和平的象征，"凯旋门"是象征胜利的符号。

然而，相对于"符号"，还有区别"象征"的思考方式。因为这些概念有多种含义，所以需要注意。譬如说，卡西尔（E. Cassirer）认为"符号"属于物理的"存在"世界，而"象征"属于"意义"世界；朗格（S. K. Langer）则把作为"某一物体暗示"的符号与想起眼前没有的东西或得出引证的"象征"区别开来，而且，人类精神的特性有广义上思考的本质起到象征性意义的作用，即把人从动物中区别开来，强调为人类开创所谓象征的新纪元。

皮尔斯认为象征是基于习惯的任意的"符号"，索绪尔则认为皮尔斯的肖像是象征。另外，海德格尔（M. Heidegger）把"符号"限定于指示关系。与其相反的是，克里斯蒂娃（J. Kristeva）区别了"象征作用"和"原符号作用"，与通常的用法相反，将面向逻辑性的部分对应于象征。

◇ 作为符号的建筑

当我们尝试解读建筑含义的时候，可以把建筑理解为多种符号组成的网络。依照观察方法，建筑可以分为符号的集合或分解。所以，围绕建筑中符号是什么这一点，涌现出很多的提法。

德国符号学家本泽（M. Bense）和沃尔特（E. Walther）等人在皮尔斯的符号学基础上展开了建筑符号学的研究。受到他们教诲的布隆迈耶尔和赫尔姆霍茨（G. R. Blomeyer, R. M. Helmholtz）认为建筑或者城市方面是运用作为符号的建筑向观察者或使用者传递信息，将建筑转换成符号图形。这种变换是本泽确定运用的对媒介关系、对象关系和解释者关系的定型化。

媒介关系由构成建筑的所有材料的（形、色等）、形态的（建筑要素）、观念的手法（风格等）组成；对象关系则包含肖像的结构系统（分解环境、形成可居住的单元居住系统）、指号的方向系统（连接居住系统的交通系统）、象征的选择系统（比例系统等）。解释者的关系意味着所有文脉上的密切关联。

詹克斯（C. Jencks）以索绪尔的符号模型为基础，将建筑的符号定义为具有符号表现和符号内容的双重性的东西。符号表现是形态、空间、立面、体量，具有与韵律、色彩、密度等部分无法分割的特性，而且也有噪声、气味、触觉、运动性、热度等与建筑的体验息息相关的二次符号表现。符号内容可以是任何观念（的集合）。空间概念与思想体系也是符号内容。

艾柯（U. Eco）把建筑的符号定义为在习惯规则的基础上传达可能的功能形式（文化的单位）、"物体"和因其而形成的"空间"的系统。但是，功能的概念被夸大了，比如台阶不仅有"向上升"这种实际的功能，也含有像是"戏剧性成分"这样的象征功能。

提到解读建筑符号的层级结构和建筑法则（code）的是普里茨奥赛（D. Preziosi）。他提炼出所有建筑所共有的、直接承担意义的最大单位——"空间单元"（space-cell），因为这具有以其他空间单元的系统关系为基础的意义，所以由起到相互区别空间单元作用的下位单元的"系统单元"（systemic unit)构成，而且，"系统单元"由"区分特征"（distinctive feature）组成。另外，空间单元的集合被称为"矩阵"（matrix）。矩阵的集合则形成了围合、邻里、聚落等。

虽然建筑环境的形态表现出了惊人的复杂变化，但是，建筑的规则作为形态上有意义的特征，只采用可能特征中的一部分（墙面的色彩、通风塔的方向等）而已，而且，在某个规则中有意义的东西，在别的规则中也并不具有意义，什么将成为有意义的某个建筑的单位，取决于规定符号的三项关系或符号间关系的规则。

符号是与其他一些符号相关联而存在的东西。所以，把建筑作为符号来理解，设计有意味的建筑无非就是形成事物、建筑、城市、自然等相互关联存在的整体的场所和风景。

（门内辉行）

■参考文献
· U. エーコ『記号論Ⅰ, Ⅱ』岩波書店、1980
· 米盛裕二『パースの記号学』勁草書房、1981
· 川本茂雄ほか編『講座記号論1～4』勁草書房、1982

# 构成 construction

## ◇ 所谓建筑的"构成"

因为在 20 世纪初叶的俄罗斯，塔特林、马列维奇等人以绘画和雕刻为题材开创的与新时代相适应的艺术的实验性尝试——抽象造型运动的"构成主义"令人印象极为深刻，所以建筑中"构成"一词有一段时期就被理解为是与抽象的造型直接相关的概念，也就是以剥离每个造型要素的内容（象征的、寓意的等）为目的的抽象化、限定于它们之间的位置关系，意在意义生成的现代特有的造型概念。这种印象经由将上述内容作为教学体系加以彻底确立与实践的包豪斯和推进造型理论实践的风格派而更加清晰。但是，不仅理论和实践的起源，从原理层面来研究就会发现，"构成"不是现代特有的产物，可以认为是整合建筑各种要素的源头概念的形式之一，是关于构成建筑实体的各种基本要素集合形式的概念。如果把基本要素作为构成要素，将其集合形式作为构成原理的话，建筑的"构成"就可还原为构成要素和构成原理的组合。构成要素是建筑部分的组成单元，这些单元由某种构成原理统一形成建筑整体，所以，关于"部分和整体的关系"也可以转而说成是建筑总体的上层次概念和"构成"。这里规定的上层次概念，是相对于每个要素，保持各自固有的内容，"构成"是要素的选择和单元以及它们创造出的整体被规定才产生意义的概念，很大程度上依赖其假设方法的含义内容。

这样，"构成"也可以说是分析或说明建筑实体时极为重要的概念，但是，因为其意义很大程度上依赖其构成要素架构的规定，所以实际运用时很少单独使用这个概念。具体来说，空间构成、形态构成、材料构成、立面构成、墙面构成、平面构成、总图构成、功能构成、色彩构成等，在各种建筑设计的项目中被组合起来使用。这里，将以这些元素中被认为是最核心的形态构成和空间构成为中心，列举具体的资料与实例加以论述。

## ◇ 基本构成要素主导的"构成"

### 1：按部位的"构成"

虽然最终建筑作为整体成形，但是"构成"的规则由部分主导的情况也是存在的。比例和对称可列举为构成原理。例如，《维特鲁威的建筑十书》（参考文献 1）中，均衡是"建筑的肢体如同人体一样，从每个部分到整体形态都是与一定的部分相呼应的"，而且也可以说"以量的秩序为基础，符合标准的构成"被认为是"构成"最初的表现。另外，日本的木构造比例在构件的比例规定与它们所建造的部分的比例系统这一点上，也可以看成是按部位形成构成概念的一个例子。

### 2：按形态的构成

香山寿夫在其著作《建筑形态的结构》（参考文献 2）一书中提出了在所有超越风格论意义上的建筑形态理论中引进构成概念的重要性，他说："形态论因从要素论阶段向构成论发展而开始形成，在形态要素中，特质难以被认识的作品有可能以形态构成的不同来解释其作品的特质。"具体的理解每个形式的特质对于建筑形态的内在研究来说十分重要，但是，单靠这一点是无法理解建筑整体的，因为即便是构成要素的内容相同，也不能规定整体印象不同的建筑。尽管香山寿夫认为，超越了要素论解释水平的形态论中，构成论是不可或缺的。但同时他也指出建筑整体的性格与例如水平性、垂直性这些局部的单一的意义密切相关的危险性。因为局部形态收敛所具有的含义可以避免武断性，所以，以统一各个部分为一个整体的形态秩序作为"形态结构"，并将其作为构成原理。这个"形态结构"并非力学上的结构，可以说是集合了局部形态的建筑整体形态所具有的潜在的结构，是能够统一解释局部秩序与整体秩序两方面的东西。

### 3：按空间的"构成"

无需考虑空间这个概念本身是现代之后的产物，空间构成一词现在只担负着"构成"最一般的意思。例如，《20世纪的住宅——空间构成的比较分析》（参考文献3）一书中，作者原口秀昭说："就像根据风格表现分类的风格论和风格史在分析19世纪的建筑上的确适用一样，可以认为，分析20世纪的建筑，根据空间构成的分类形成空间构成史也是适用的。……在想找出构成空间并形成整体的'构成'的独特性这一点上，有着现代的新意。"空间构成作为现代之后提出的问题，同时是现代"构成"的核心。空间构成的基本要素一般是房间，但是，因为原口秀昭以现代主义之后的住宅名作为题材，所以是以作为住宅核心的起居室为轴来理解整体构成的，而且以力学意义上的结构形式作为构成原理，因而具有独特性。

这样，虽然可以说空间构成基本上是关于建筑单体内在秩序的概念，但如果将城市空间的物质层面理解为建筑的集合的话，在将建筑单体自身作为构成要素这一点上，也可以把外部空间置于空间构成的层面。但是，在以没有中世纪城市的城墙那种明确界限的现代城市为对象的情况下，理解整体就很困难。芦原义信在《外部空间设计》（参考文献4）中限定为像一个街区或广场那样被包围的外部这种局部的外部空间，将外部空间的围合程度作为构成原理来解决这些

问题。

### ◇ 综合理解形态和空间的"构成"

作为构成的基本单位被分解的"形态"和"空间"，各自作为独立的概念而产生，但是，即使以"空间"为单位理解构成概念，想掌握它们统一的建筑整体意义时，与"形态"的呼应也是必要的。"空间"依据三维的实体要素在被规定的瞬间，必然具有某种"形态"。前面所论及到的香山寿夫的"形态结构"就包含有这样的观点。

保罗·弗兰克在认识从文艺复兴到19世纪风格建筑自律性变迁的《建筑造型原理的展开》（参考文献5）一书中论述了将综合地理解"空间"和"形态"的建筑构成作为西方风格建筑造型变迁的依据。具体来说，从文艺复兴初期到17世纪末，以1550年为界限，前者表述为"因由空间的附加而被控制的空间整体即使变得多么丰富或复杂，在观察者看来，构成要素的各个部分仍是被明确限定的可拆分的实体，也就是加数"，后者表述为"空间形态的构成要素不是已完成的独立的加数，而是事先存在的整体的片断。整体空间不是由多数的单元组成的，它自身就是一个单元，是部分或被分割为片断了"。这里所提出的观点显示了关于超越基本要素和它们集合成整体这一静态的构成概念及部分优先（空间的附加）或整体优先（空间的分割）这种建筑造型原理动态的构成概念。与弗兰克想法相似的观点可以参见筱原一男早期的提法（参考文献6）。与弗兰克以风格建筑的造形变迁作为问题不同，筱原一男用"空间的分割"和"空间的连接"概念来区别日本和西方传统空间构成的本质差异。在试图弄清部分与整体的优先性这一点上，筱原一男和弗兰克的思想产生共鸣。然而，如果弗兰克的理论立足于思考建筑风格自身因内部的必然性而产生自律性变化的

沃尔夫林学派的话，那么也可以说筱原一男的思想是立足于认为建筑风格是肩负时代精神和世界观的艺术热情或创作热情具体体现的里格尔学派的。

## ◇ 作为建筑修饰的"构成"

至此，我们论述了建筑的"构成"由构成要素和构成原理组成，以被分解的对象作为构成要素的重要性为中心。不过，在汇聚整体的构成原理上充当焦点的"构成"得以成立的可能性，还要参见如前弗兰克和筱原一男的见解。以下，将介绍构成原理主导建筑"构成"的有关例子。

### 1：构成原理的变形："手法"

小林克弘在《建筑构成的手法》（参考文献7）中指出："建筑的构成就是决定各种要素的形式和排列，将它们在三维空间中组合并创造出整体的过程。届时，建筑师在某种构思的驱动下设定组合的规则和秩序，并应用到具体的构成中。这种方法就是手法。因此，建筑没有构成就无法成立，没有具体的手法就无法表明构成是怎么想的或者是否由规则形成。在这个意义上可以说，建筑是经常伴随建筑构成的手法而形成的，对于建筑师来说，使用什么样的建筑构成手法这一问题可以说是无法回避的事情。"明确阐述了"手法"作为构成原理的"构成"的想法。这里具体提及的"手法"有比例、几何学、对称、分解、深层与表层、层级等六种，但因其明确记述并不完全局限于这些，所以表明可无限想象的构成原理作为概括是可能形成建筑实体的构成根源。

### 2：建筑的基本形态："类型"

坂本一成提出了将空间排列作为构成原理的构成概念（参考文献8）。这里的构成要素被假设为各种各样的建筑空间，这些范例

水平上的要素选择对于建筑的"构成"非常重要，形成其骨架的是相邻、包融、聚合等有关空间排列专有名词水平的构成原理。坂本一成的说法虽是由范例及专有名词这些枯燥的符号学用语形成的，但是，这里所假设的是发现各种各样的构成要素和它们的排列创造出的建筑类型，并赋予其作为建筑的社会存在的类型地位。换句话说，不仅是每个要素的内容，而且它们的关系在创造出的形式上处于意义优先，如果以现代所带来的构成主义作为根本的话，对其产生意义的构成原理不仅在美学的、艺术论的方面，而且在人类社会创造出的社会制度学方面进行探索，可以说就是坂本一成所思考的"构成"。因为坂本一成的思考最显著地表现出了建筑"构成"的社会制度学方面被单元化了的房间关系，所以将它看作"也可称之为建筑空间基本形态的最重要的空间构成"。

### 3：建筑、形态与"构成"

在建筑的存在形式作为社会产物的一面开始被突出反映的现代，建筑实体方面某些构成要素和概括它们的构成原理所产生的"构成"必须和存在于多数人建筑印象中的"类型"相关联是理所应当的。换句话说，关于这种社会意义的"构成"的见解开始被人们意识到，也可以说"构成"超越设计的逻辑而可能得到评论的关注。例如，小川次郎等人认为"原本用途就不只是在建筑中创造形态，即从类型学（typology）的观点来看，可以认为建筑是通过空间或形态的构思或物理的结构方式等方面以多种多样价值为基础的类型存在"（参考文献9），也就是所有的美术馆、图书馆、剧场这些根据计划学观点划分各种用途的建筑分类中，有因建筑设计专家对建筑的理解而不得已被规定的一面。但是，一旦试图动摇作为社会存在的建筑应有的基础时，大概就是超越用途分类的

建筑的构成类型是不是更适合建筑现象学的范畴这种见解，而且小川次郎等人对构成要素的理解方法大致解决了关于"空间"和"形态"差异的争论。对于"空间"的一般理解方法是按规定空间大小的架构来理解作为体量的内部构成，而对于"形态"的一般理解方法是，不管内部空间如何，以体积性的体块来理解外形构成，以这些体积和体块形成的各种"构成"的复合形式来理解建筑整体。进一步来说，建筑的"构成"与超越单纯的编排技法且触动社会深层思考的机械论的"修辞"处于相同位置，如同下面所说。"建筑构成不仅仅是由几个有特征的项目或空间单元的机械组合形成的，还在于具有因很多构成的特征汇集在一起而产生相乘的效果，或强化、减弱构成上产生的对比性格这些因某些空间排列的聚集而产生的一面这一点上。这主要是从通过建筑构成来表现的相关层面来说的。……这种包含效果或编排的广义上的形式概念可以理解为建筑构成上的'修辞'。"

(奥山信一)

■参考文献

1.『ウィトルーウィウス建築書』森田慶一訳、東海大学出版会、1979
2.香山壽夫『建築形態の構造—ヘンリー・H・リチャードソンとアメリカ近代建築』東京大学出版会、1988
3.原口秀昭『20世紀の住宅—空間構成の比較分析』鹿島出版会、1994
4.芦原義信『外部空間の構成』彰国社、1962
5.P.フランクル『建築造形原理の展開』香山壽夫訳、鹿島出版会、1979
6.篠原一男『住宅建築』紀伊国屋新書、1964
7.小林克弘『建築構成の手法』彰国社、2000
8.坂本一成「閉鎖から開放、そして解放へ—空間配列による建築論」『住宅—日常の詩学』TOTO出版、2001
9.小川次郎ほか「ボリュームから構成をとらえる・構成形式とビルディング・タイプ」『建築・都市計画のための空間計画学』日本建築学会編、井上書院、2000

# 古典 classics

## ◇ 词语的扩展

古典这个日语词，被实际应用于各种场合，而又与场所和空间、形态和符号等词语有所不同。例如，在日本的国会图书馆里保存了为数众多的含有古典这个标题的图书（目前日语书是 10151 件，外文图书中使用 classic 的有 3422 件，使用 classique 的 330 件，使用 Klassik 的 674 件等），但关于古典的书籍并不都是以这个为标题的，考虑到其扩展领域的话，就会像如下所述的那样，不过像是古都苍天上飘浮着的云。

古典的领域并不限于思想或艺术，这个词也转用到了如照相机、汽车和个人电脑的系统上。虽然哲学的思考也逐渐依存于"建筑"的隐喻，但现今的世界，连计算机的设计也被称为建筑了，在其领域中构筑了"古典的操作系统"。虽然莱布尼茨的"神正论"（1710）发现了神的意志中的一种"建筑术"（architectonique），但还是在康德的"纯粹理性批判"（1781）中确认了人类理性中的"精神的建筑术"（Architektonik）。

古典的创立时期也绝不是一样的。现代的《新日本古典文学大系》收录了从《万叶集》到江户歌舞伎的内容丰富的作品。佛教产生于公元前 5 世纪，虽然可以看到的最古老的佛典（Sutta）是巴利语的《佛陀的语言》，但即便在日本的历史上，佛典、佛像的影响也不计其数。日本的文化，从古代开始就引进了中国的古典。这其中也包含有四书五经和老庄思想等的影响。

古典的概念也因人类多种多样的活动而有所不同。牛顿的力学、史密斯的经济学直到今天也还是被归类为古典；在音乐的历史中，例如将莫扎特的"第四交响曲"（1788）与巴赫的多重协奏曲"赋格曲的技法"（1742～1750）相比较时，就会确确实实地感到它是由古典风格构成的音乐。

## ◇ 词语的意义——古典的

与各种词语一样，古典的概念也有肯定和否定的价值。古典的字面意思是"古老的文献"，其意思是"古代传承下来的不朽名作"。但这个词也被附加了"现在无用的老气的作品"的意思，其本意受到了歪曲。

古典一词的规范与人类各种活动的"行为的自觉"有关。我们的行为通过其规范而被深深地自觉。这是因为，古典的作品每每都能表现出理想的典型（或被认为是典型）。这样一来，音乐的古典就与音乐的性质（Wesen）产生共鸣，建筑的古典就在于与探究建筑的本质（essentia）相交织。

海德格尔说"语言是真理存在的场所"（das Haus der Wahrheit des Seins），关于语言的意思，有时参照一下它的外语形式会更加明朗。古典这个词，通常是以 classic（英语称 classic，法语称 classique，德语称 Klassik 等）出现的，但这个词来源于拉丁语的 classicus，意思是古罗马法令确立的"自由市民的上流社会"。据说，其区别在于纳税的金额。class 的意思，涉及到西欧的等级制度以及现代的班级组成。classic 的概念是基于比较、区别、分类而定的，这样的评定中，已经有了特定的价值观在起作用。根据比较和区别，"同类的东西"被汇集在一起。将各种各样的东西汇集到一起，每一次都会谋求一定的标准，所以，高级、一流、高尚等评价被用来作具体指明。但是，汉字的"古典"及其象形文字中，比较、分类的观念不一定是明确的。在古代中国，传统的历史价值常常是作为一种权威而受到尊重。

## ◇ 世界的古典——古代的文献

在西欧的世界中，特别是从文艺复兴时代开始，古典的意思仅限于古代的希腊和罗马。到了现代，德罗伊森的历史学、布克哈特的文化史学，尤其是从鲍姆加登到沃尔夫林的"风格美学"，古典的兴盛期一直徘徊在公元前5～4世纪的希腊和2～1世纪的罗马时代，而且其区分也定格在了"希腊主义"这个词上。希腊主义的文化与古希腊有着紧密的联系。罗马的诗人贺拉斯在共和派的西塞罗被暗杀（公元前43年）之后，寄希望于屋大维安努斯（奥古斯都）的统治，在其《诗体书札》中留下了如下名言：

被征服的希腊，是被野蛮的胜利者俘获的，还带来了粗野的拉丁姆文化。

Graecia capta ferum victorem cepit…

一般认为，建筑活动与人生所有的语言差别有关，在世界的古典中，实际上能够看到丰富的睿智。正如维多利奥·乌戈和达尼埃尔·帕拉所探究的那样，建筑和哲学在根源上是相互交错的。如同亚里士多德的"尼各马可伦理学"所言，因为"人都是追求幸福的"。人类希望自身存在的时候，尤其是在战争和虚幻的漩涡中间及文化的起源时，古典的作品被认为是不灭的根源。所以，古典的世界是积淀了重重经验而汇集（Versammeln）起来的。我们不得不借助被称为"古典之古典"的《圣经》来了解。

《旧约圣经》的传承，可追溯到公元前10世纪，据说其正经（Canon）是从公元前7世纪开始编纂的。这里，与诗歌、摩西十戒一起的，还有《创世纪》（Vulgtae Editionis）的开头部分给人留下印象的文字。

神说"要有光"，光就出来了。

Dixitque Deus……Et facta est Lux.

那就创造人吧。要根据我们的形象和姿态。

ad imaginen et similitudinem.

从那时起，时代一直延续，在基督教教堂中，《新约圣经》、《约翰福音》隆重出现。

起初，基督是有的，基督在神的位置上，基督是神。

在马太及路加等的《福音》中，述说了追寻拿撒勒的耶稣（共同译）这一传道、酷刑、复活的过程。在这一节中，与克赛诺芬尼所说的《苏格拉底的回忆》有很大的不同，它记述了下面的话：

"不过，还缺少一个"

克赛诺芬尼沿用了希腊的传统，追求"美与善的统一"，于是，就会询问收集了众多书籍的雅典青年："你也想成为建筑师吧？"但是，前面提到的福音会告诫法利赛派的富裕青年："把你所有的东西都卖掉，给贫苦的人们吧。"我们听到这样的话，立刻会无语。难道应该把所有的书籍、广博的知识也都扔掉吗？这究竟是为什么？

这里，要稍微回顾一下历史。雅典的苏格拉底、拿撒勒的耶稣都被称为木工的儿子，但"建筑师"的称号大约来源于希罗多德的《历史》（公元前5世纪），这个称号被给予了主持隧道工程的尤帕里诺斯以及在博斯普鲁斯海峡架设舟桥的曼德罗克莱斯等。

但是，对于当时的诗人而言，它的意思是"剧场的主导者"。即使在《柏拉图全集》中，也有很多使用木匠和木工的例子，而建筑师的例子仅有3处（而且因为是"情敌"而受到嘲讽）。亚里士多德在"统治城邦的执政官"中引申了其意思，从"懂得原理的工匠之术"中，能够看到一种政治术，在"形而上学"的开头部分和"政治学"的脉络上，鲜明地展示出了其逻辑。

## ◇ 古典的世界——古代的复兴

这样极目展望的话就会发现，古典的世界无限地广阔和深远，甚至可以说，解读古典的文献，就如同在历史这个大海的沙滩上捡拾几片贝壳一样，但是其目的绝不是要从周围的现实中逃避。古典的世界，每一次都展示了理想的秩序，同时也映射出了生活＝世界（Lebens＝Welt）的本质。

在西欧的世界中，古希腊和古罗马的文化被反复地"复兴"（re－nàscita）过。

只有罗马时代真正憧憬希腊文化，希求在现实社会中追求正义与和谐。屋大维安努斯在公元前 27 年 1 月接受了"奥古斯都"的封号，但是，诗人维吉尔、建筑工程师（architectus）维特鲁威也生活在当时的罗马，其目光却朝向了遥远的异国。事实上，在这位诗人的《牧歌》中说到美丽的自然田园是"快乐的地方"（locus amœnus）。不过，里面也掺杂进了讽刺的意味。他的《农事诗》效仿赫西奥德斯的《工作和日子》（公元前 8 世纪），希望恢复人间的正义。作为叙事诗的《埃涅阿斯纪》（罗马建国的故事）也是沿袭了公元前 8 世纪荷马吟唱的《伊利亚》和《奥德赛》的神话风格。这些诗人、建筑工程师也通过西塞罗、瓦洛传承的雅典文化，向第一位罗马皇帝进言统治方略。

实际上，维特鲁威的《建筑十书》经过1500 年后，给予了文艺复兴的建筑理论以巨大的影响。阿尔伯蒂的《论建筑》（1452～1485）和切萨里阿诺精妙的"注解"（1521），在纽伦堡出版的《维特鲁威－德语版》（1548）和在威尼斯出版的巴尔巴罗的"翻译本"（1556 年）等，都受其深刻的影响。达·芬奇的"人体图"（1490）也不例外。

文艺复兴时期也留下了中世纪的一些残渣。在费奇诺的《柏拉图神学》（1482）中，创作艺术作品的人甚至被说成是"地上的神"。可是，另一方面，但丁的《神曲》（1304～1321）追求的却是脱离宗教束缚的人的悟性。16 世纪的瓦萨里将活跃的万能天

才记录在《文艺复兴画家传》（1550）中。在这里，艺术家的个性受到了格外的尊重。拉斐尔的"雅典的学园"（1510～1511）即使在后世的美术史上，也被当成杰作，但据说他描绘的柏拉图有着达·芬奇的面容。

人体形象，也通过中世纪的圣像，成为绘画及雕刻的源泉。人本是在自然的环境中孕育成长的，不过，自然开始是混沌而令人生畏的，但天体的运行、季节的循环、人的形态，还是在协调和均衡的宇宙中得到解读。毕达哥拉斯发现竖琴的琴弦长度是整数比（ratio），进而，文艺复兴的建筑理论也逐渐与音阶理论密切相连。对秩序的期望，不久就作为社会习惯得以传承。对宁静秩序的期望，贯穿美学与社会学、政治学与经济学等领域，广泛地渗透到古典的世界中。

人的身体，可以说是最贴近我们的自然现象。文艺复兴时期的美术家专攻同时代的人物肖像，人体的形态还被具体地刻画到雕刻作品上。在建筑的圆柱（columna）上，其形象被抽象地描绘出来。维特鲁威的《建筑十书》也触及到了人体的比例，而其中表现出来的"均衡的法式（ratio）"，使文艺复兴时期的建筑师着迷。

在建筑史上，人像柱的奇特造型也多被认可，但在文艺复兴的时代，圆柱和角柱的形式形成了"柱式理论"，其多样的风格一直传承于后世。塞利奥的《建筑书》（1537～1551）、帕拉第奥的"卡普拉别墅"（1550）、维尼奥拉图解的《建筑的五个柱式》（1562）和斯卡莫齐的《泛建筑学思想》（1615）等，都对这种建筑理论给予了补充。

◇**古典的剩余影响——形象和语言的力量**

在古罗马，普林尼的《博物志》朴素地主张写实的价值，但就像西塞罗论证的那样，现实的身体并不能原封不动地表现出理

想的精神面貌。文艺复兴时期的艺术家敏锐地发觉了其裂痕。从"最后的晚餐"（1495～1498）到"蒙娜丽莎"（1503～1506），莱昂纳多说："作者的判断只要超越了其作品，就迈向了完全的艺术（perfezióne dell'arte）高度。"从"大卫"（1501～1504）开始推出4座"皮耶塔"（1500～1559，3座未完成）的米开朗琪罗，留下了下面这段话：

这世上所有的容貌，都不适合内心的表现。

Nessun volt…l'immagine del cuor。

那之后经过200年，到18世纪中叶，古代遗迹的发掘再次将人们的目光吸引到现实中来。皮拉内基的《罗马的遗迹》（1756）、劳吉尔的《试论建筑》（1753）图示的"原始茅屋"等，以各种各样的视角明确地主张了古代建筑的价值。文克尔曼在《希腊艺术模仿论》（1755）中留下一句名言：

有气质、单纯而宁静的威严。

Edle Einfalt und stille Größe

这成为"长了翅膀的语言"，从德累斯顿图书馆向周围发散。这句话还波及到了哥德的《意大利纪行》（1786～1788），并引入了"原始的马"这个古典主义概念。但是，在"拉奥孔"中或是在"贝尔维德尔的阿波罗"中，他实际上看到的只不过是学习了希腊雕刻后的模仿作品，甚至被哥德赞美为"美的极致"的帕提农神庙，也是根据当时画家的素描和石膏复制的。对古典的关心，开辟了所谓新古典主义的时代，在那里，描述古典形象的语言的巨大力量在发挥作用。"雅典的古迹"（1762～1816）等近代考古学的成果，反向地述说了它的原委。

## ◇ 诉说建筑的语言

帕提农神庙的片断很快受到了维斯孔蒂以及卡特勒梅尔·德·昆西的赞赏，被收入了大英博物馆。其之后的影响，不仅涉及到纳粹的暴政，也波及到了白宫的外观。

20世纪的海德格尔、勒·柯布西耶，也都追寻着各自的"林中路"（Holzwege）去奔赴古典的世界，这些哲学家与古典思想对峙，思考着"另外的起源"。受到这种因素的引导，增田友也也回过头来探讨"建筑的前世"。勒·柯布西耶将《东方之旅》的经验集结在《走向新建筑》中，创作出了新时代的作品。但是，有幸也好，不幸也好，他在惊愕之后看到的帕提农神庙，是1687年9月26日的傍晚因遭到爆破而成为废墟的。

建筑理论最重要的课题在这里浮现出来了，那就是"赋予意义的东西"和"被赋予意义的东西"之间的关系，是建筑作品"产生语言"和"说出语言"的关系。维特鲁威将这个课题包含在了"创作和理论"中，同时，将"将各种各样的东西布置在其适合的地方（rerum apta conlocatio）"确定为布局的原则。森田庆一也没有放过这一要点（见参考文献）。建筑的技术（艺术）也好，其成果（作品）也好，本来就与生活—世界整体相关。并且，其中不管明暗、深浅、粗细，都汇集了各种各样的语言。

但是，建筑的世界中通常所追求的是将这个技术上"被看做是对象"的所有的现象（rerum）都定位在其适宜的地方。这个原理无疑正是亚里士多德发现的"定位的秩序"。

卡雷的速写（1674），引自
《埃尔金的大理石之变迁》

（中村贵志）

■参考文献

森田慶一『建築論』（ただし、178頁の図表は誤植）

## ◇从破坏环境开始的日本式的环境认知

日本文化在中世纪时崇尚纯净、本原的自然的理想化和在插花、造园等艺术世界中完美地表现自然。然而，对现代所提出的"环境"一词的认识，不得不提到，就像1967年公布的《公害对策基本法》在1993年被《环境基本法》所替代这件事如实表明的那样，因公害和盲目开发而导致的环境破坏是在经历了二战后的经济高速成长期后才开始的。公开承认1956年的"水俣病"或四日市哮喘患者增多等公害不断的20世纪60年代，使接下来的70年代认识到了环境影响评价的必要性。但是，由于经济产业界的抵制，到1997年实现法治化，前后共花费了25年时间。20世纪90年代成为与环境相关的法制逐渐完善的时期。继《环境基本法》的颁布、1994年制定《环境基本规划》、1997年制定《环境影响评价法》、2001年设置"环境省"之后，进行了面向"形成可持续发展社会"的环境政策国际标准的国内准备。

在公害不断的20世纪60年代，日本也暴露出了应该制约城市环境的城市规划制度的弱点和没有保护自然环境的制度这样的事实。没有划分市区和郊区绿地及控制城市扩张方法的1919年公布的《城市规划法》在战后仍在沿用，由于当时全国综合开发的限期立法而在日本各地掀起的狂乱开发状况，表明迫切需要制定保护城市内外环境的对策。

1966年颁布的《关于保护古都风貌的特别措施法》(简称"古都保护法")，是国家为保护京都、奈良、镰仓这样的历史名城腹地的绿地而采取的特别措施。但是，最近有报告指出，保护所有城市范围内的郊外农田的措施应成为必要。也就是说，通过1968年《城市规划法》的修订，引进了城区和城市调整区的区划，随后在1972年通过《自然环境保护法》接续制定了保护郊外绿地的政策。

这个政策的起源是1924年阿姆斯特丹国际城市规划会议所提倡的绿带（green belt）的构想，而在日本的城市中设置绿带是战前启蒙的公园体系城市规划官吏们的梦想。基于这个构想的30年代的"东京绿地规划"因战争原因而停滞，战后，因《首都圈修建法》而进行的第一次首都圈修建基本规划（1956）中，在东京近郊设立绿带被设定为目标，但是，土地利用规划还没来得及调整就已被城市化所吞没，1965年，因"修建法"的修改而放弃。接下来，1968年城市化调整区域的区划是抑制首都圈可见的城市扩张措施在全国范围的扩大版。但是，因周围农民的要求而设置宽松的城市化区域，导致了基础设施建设无法跟上的城市周围无序的小型开发，使得首都圈的失败扩大到了全国范围。

原因很明显。因为不是禁止开发被指定为保护区和风景区以及城市化调整区的措施，而只不过是相当于欧美城市规划制度中限制高容积率建筑地区的规定，所以无法控制在郊外或田园地区的住宅开发，而且也缺少在城市规划区域外防止开发的政策。之后，1987年制定的《综合疗养地区修建法》（名胜地法）导致了泡沫经济下城市的开发意向转移到农村、山区的投机性土地投资。

20世纪60年代，集合住宅设施的形式发生了很大变化，在郊外涌现出大规模的高密度住宅区，如千里（1958～）、高藏寺（1961～）、多摩（1965～）、筑波（1963～）等新城。其他方面，开始诞生出完全不同于战争中或战败时市区再开发的街区，例如新宿（1960～）或大阪站前地区（1961～）等。进而，1983年开始的放宽城市再开发限制，拍卖国有、公有土地和土地投机而导致地价高涨，因民间开发而导致的市区居住环境的无序化一直影响到现在。

就这样，短时间内从战争灾难中复兴起来的日本城市内外的生活世界发生了巨大的变化。一般来说，战后形成的城市化或地域、地区的开发手法，不可否认，使市区过度、过密地扩大，有变得抽象化、抹掉过往生活环境印迹的倾向，而且，割裂居住用地与周边自然环境或明显疏远两者的开发是在事前没有充分认识到对自然环境产生影响的前提下进行的。这样一来，我们就明白了，近现代的环境开发中欠缺对环境人类学的结构认知和对环境的正确认识。

## ◇生活世界和周围世界（环境世界）理论

对于城市规划或地域规划假定的地域或地区的概念，当然应以理解人类社会的环境为前提，但是，若追溯到人类学的结构，就明显地表现为研究不足。环境，对于有些主体是"周围世界"（Umwelt）也是"生活世界"（Lebenswelt），没有主体的纯粹的环境是不存在的，或者说，也不存在没有环境的主体。但是，现代城市或建筑的规划思考中缺乏不割裂主体存在和环境世界存在的综合考虑。城市规划或地域规划中的"以人为本"也依然是今天的课题。

在现代思想界，有综合理解主体与环境的尝试。在胡塞尔发现"生活世界"的概念，将世界的存在默认为"人"的自然性的态度之前，冯-尤克斯库尔提出了生物的"环境世界"（Umwelt）理论。

这是产生生物和"人"不只是在一个共同的客观世界中生存，而应由形成每个物种知觉和行动的"功能环"来理解物种意义的特有的"环境世界"学说。生物的"环境世界"与人类可能认识的"一般环境"（Umgebung）相比较只是其中的一部分而已。各个物种有以巢（Heim）为中心的特有的行动领域，那就是被冯-尤克斯库尔称为故乡（Heimat）的东西。故乡属于纯粹的生物的"环境世界"问题，即便掌握了一般的关于何种环境的精细知识，也抓不到其存在证明的线索。

环境世界的观点给休谟的人类哲学带来了影响，有助于"人"存在特征定义的形成。例如，相对于被限制在生物的各个物种形成的环境世界中生存的环境束缚性（Umwelt gefangenheit）上生物所具有的环境特征，人类能够保持与人的种群环境的相对距离，又有开辟比世界更广阔的世界主义（Weltoffenheit）的特征。

受到胡塞尔的生活世界和冯-尤克斯库尔的环境世界影响的海德格尔，把"人"的存在特征定义为"在世界内存在"（In-der-Welt-Sein），和冯-尤克斯库尔一样，将专注日常生活产生的"人"（实存）的环境用Umwelt（周围世界）来定义。

海德格尔的《存在与时间》（1927）中虽然没有提到冯-尤克斯库尔，但是在1925～1926年冬季学期的讲课中提到"环境世界"一事是确认无误的。虽然生物的环境世界概念容易被误以为是在人类世界内存在的生物学根源，但是不如反过来主张，也就是，生物学者是从自己实存的、对在世界内存在的结构的了解来认识动植物世界的。

先放下因海德格尔而产生的生物学者对环境世界说的批判，海德格尔定义的生活世界中人的环境是"周围世界"（Umwelt）的观点（《存在与时间》第22～24节）就像本书的"空间"条目中所提到那样，它不仅是"物质"的空间，给予关于人类空间的人类学研究以线索。同时，这也是关于环境人类学构成的基础理论。

构成日常生活的周围世界的主要要素有方面（Gegend）、方向（Richtung）和距离（Entferntheit），对它们的估计是以物体间所占方位（Aus-richtung）、缩短距离（Entfernung）的实存的存在方式为基础的。从那里必然会推导出道路、场所、边界的人类学定义。虽然冯-尤克斯库尔有关于动物以势力范围定义世界的家（巢）（Heim、Haus）、故乡（Heimat）这个周围世界的起点之说，但后来在20世纪50年代的一系列著作中，海德格尔都给予其存在论的定义。

## ◇ 和辻哲郎的风土理论

和辻哲郎的《风土》（1935）在海德格尔的在世界内存在的定义之上，把文明史观和气候生态学的分类连接起来，重新定义了"风土"，因而具有深远意义。这是与九鬼周造的《生存的结构》（1930）并列的、日本人用现象学分析文化历史空间的早期硕果之一。海德格尔的《存在与时间》出版时（1927）正好在柏林的和辻哲郎，回国后，根据旅行的印象叠印形成了决定人类特殊性存在的风土要素。但是，和辻哲郎只关心实存的心性，也就是如心境般的自我理解型的风土和历史，所以，对于海德格尔的周围世界的空间性的研究则没有追踪。从现象学角度重新探讨人的环境的工作，与空间的现象学解释一样，不得不等到战后开展了。

关于环境的人类学解释因布鲁诺的《人与空间》（1963）的增补而继续。布鲁诺关于故乡庇护的空间性，引用了巴什拉等人的诗歌分析，暗示了治疗丧失故乡型现代文明的对策。

人的环境中具有重要意义的场所概念，就像在本书的"空间"和"场所"条目中记述的那样，与了解物质存在的人的生存方式

（在世界内存在）关系很深。受现象学理论的影响，20世纪70年代的人文地理学开展了关于环境和场所的研究（Tuan，1974，1977；Relph，1976）。同样，建筑理论家从环境人类学的立场开展研究也是在20世纪70年代。在欧洲，诺伯格-舒尔茨试图从环境印象的类型来说明存在空间的类型（1971）（参见"空间"条目）；在日本，增田友也为了从以生物学角度掌握的"环境"概念中区别人的环境，发展了海德格尔的存在的周围世界理论，提倡包含了人、大地、历史和文化的种族生态（ethno-ecologic）环境大概念的种族（Ethnos）这一称呼。在京都双冈和京都塔破坏环境成为话题之时，增田友也的意识是要在环境的外在破坏还是保护这个二元对立之前，通过追溯人的实存方式的"计划"行为来尝试阻止环境破坏这个难题。

海德格尔的空间理论曾警告过向西欧文明宿命般的抽象化倾斜（einrä-umen），由人类的科学、技术带来的对环境的认识及处理方式，意味着周围世界也有被抽象化的宿命，并且在引进了西欧规划思想和手法的非西欧世界中也能看出环境被抽象化的动向。大气污染和江、河、湖水的生物化学含氧量等测试结果明确表明环境因公害变得恶化时，就是警告人类的环境认识被抽象化的程度。20世纪70年代，另一个同样被认为是非常显著的环境危机是规划实施时对环境的科学认识不充分这个环境生态规划上的缺陷问题。

## ◇ 环境生态规划观点的出现

第二次世界大战后，从20世纪50年代到60年代出现的公害，不仅证明了环境被破坏的事实，还暴露了土地利用规划过程虎头蛇尾的事实。当时的城市规划或区域规划的理念中没有包含假设的土地利用对周围的自然生态环境所带来的负荷是否在合理范

内的审核，始于战前的城市规划的事先调查中，即便有社会调查也没有进行自然生态调查，像城市周围的森林被喻为"城市之肺"一样，期待自然环境拥有无穷尽的自我调节能力，可以吸收人类的人工设施和装置所带来的负荷。

但是，通过生态学，对地球的生态是由无数个辅助系统组成的有限的复合系统——生物系统（Ecological system）这个事实的认识有所进展。"非生物及作为生物一部分的人类的相互关系中，学习自然给予人类及其他生物的影响的可能性和极限"是生态学的任务之一。在确认自然环境的生态学系统现状的基础上，引导出适合该系统的人类行为最好方法的线索。这个理念在政策或法规中首度被采用是 1969 年制定的美国联邦法律《国家环境政策法》。

判断适合自然环境的生态学现实的环境规划方法被称为环境评估。这里，被运用的自然科学和社会科学各学科实际上有很多交叉，如地质学、土壤学、水利学、植物生态学、生物学、气象学、社会学、政治学、经济学、心理学等。社会科学学科关系到政策决定过程的综合判断，但提供基础资料的是以生态学为中心的自然科学。20 世纪 90 年代在日本好不容易实现的环境评估制度中却还存在着对环境评估的根本误解。

◇ **环境评估**

日本于 1997 年制定、从 1999 年开始实施的环境评估，准确来说，不过是对特别指定的用地和土地利用进行的环境事先影响调查而已。所谓环境评估，是通过事先影响调查之前的环境适应性调查，将自然环境的生态学现状作为"生态资源目录"的信息来调查、认识并向市民公开，其符合实际不同用途的土地利用的适应性，以在特定地区的整个区域内加以明确为前提。在此基础上选择对社会、自然影响最小的用地，然后对该用地进行的事先调查就是环境事先影响调查。然而，在日本的法律中，是根本不可能追问用地选择和土地利用政策决定的可行性的。

关于环境，如同以上所述，在人类学和自然科学方面，甚至社会政策方面，也还存在着许多的问题。

(伊从勉)

■**参考文献**
· ヤーコプ・フォン=ユキュスキュル『動物と人間の環境世界への散歩』(1934)日高敏隆ほか訳、思索社、1973
· 増田友也「Ethnos の風景・素描：生活環境の構成について」『SD』1971-4：『増田友也著作集』I、ナカニシヤ出版、1999 に再録
· 磯辺·シャピロ·伊藤「エコロジカル・プランニング」『建築文化』1975-6

通过思考世界上任何一个文明中的人们如何忙忙碌碌地建造住宅就可以理解人的空间。例如，维特鲁威在《建筑十书》中把间距用 spatio 表示，非建筑用地用 spatium 表示，这种说法一直延续到文艺复兴时期。然而，今天的建筑语言中所说的空间（Raum，espace，space）一词的出现就必须等到 19 世纪的德国美学，而且，作为体量之意的空间这一用法是为了解释过去未知的建筑艺术，被当时的美学家作为必要的空间概念提出的。关于人的空间及建筑空间，在体验（实践）与思考之间，无论是历史方面还是文化方面，都存在不可忽视的理论上的差异。

在西方，空间概念最初是希腊原子论学者在区别物质与虚空时使用的。柏拉图认为，物理学的物体与几何学的形体是相同的。直到笛卡尔将物体（res corporea）的本性理解为 3 个方向的延伸体（res extensa），才第一次出现了三维空间的抽象概念，形体或分割以及运动也都被理解为延伸（extensio）的一种状态，为随后的美学理论中，体积或体块的物体性、延伸空间、虚空的体量形状这些空间概念的出现做好了准备。

康德则将空间与时间重新理解为同为人感性直观的先验的基本形式，这为现代美学提供了空间艺术和时间艺术的分类范畴。然而，另一方面，相对于"空间感情"这一反映人心理的空间概念（布克哈特，1855；李普斯，1906），涌现出了反映建筑物体特性的"体块"概念（沃尔夫林，1888）、在作为三维延伸空间的"空间整体"中虚空间与实体容量并存的思考（冯-希尔德布兰德，1893）、或是建筑中体块与空间的对比（里格尔，1901）等认识。直到斯玛苏（1893）时"作为空间艺术的建筑"这一规定才作为美学的建筑规定固定下来。

德索和苏里奥按时间艺术和空间艺术、模仿艺术和自由艺术，或 7 种不同性质的感觉划分了艺术范畴及其图示，并在其中给建筑艺术定位。德索认为，建筑不仅是三维空间中产生的具有虚空部分的空间艺术，而且是非模仿的自由艺术（1923）；苏里奥则认为，建筑是以体量为主要感觉的第一次（非模仿）艺术（1947）。

◇ **森田庆一的建筑理论**

在西欧美学的艺术分类基础上，20 世纪 40 年代，森田庆一在"建筑概论"的课程中提出，将反思建筑存在状态的建筑理论分为物理的、事物的、现象的、先验的四个层面。在彼此相互关联的 6 种组合中，论及建筑结构（物理）与建筑艺术（现象的）、建筑功能（事物）与建筑艺术的关系，被看作是建筑理论的中心问题。森田庆一选择建筑的表现层面，也就是表现建筑作为物体以外的现象（艺术）层面，是建筑存在的中心。以相同的脉络，范·德·芬（1980）和上松佑二（1986）的论文也可归入森田庆一艺术理论中心的建筑系列中。

◇ **"各种各样的空间"**

在建筑存在状态分类的基础上，森田庆一尝试整理了空间普遍的存在状态，这就是《各种各样的空间》（1958）。虽然给建筑的 4 种状态加上了先验的和几何学的层次，但与实存的建筑空间并没有直接关系，看得出物理空间、物质空间、以感觉性质作为三维形式的眼前的现象（假象）空间以及与宗教识下的现象空间相重叠而表现出的作为神圣空间的先验空间这 4 种空间与建筑空间的关联。

森田庆一的建筑理论和建筑空间理论的

逻辑框架，从世界范围来看也是先驱性的。吉迪翁（1941）和赛维（1948）以及佩夫斯纳（1948）等人的建筑空间概念只不过吸取了森田图式的一部分而已。在主张几何学的理念或四维空间的现代主义建筑运动的观点及其历史论述中，森田庆一也表示现实的建筑空间和空间理念的分歧有很大的讨论余地。

## ◇ 森田庆一之后的空间理论

增田友也的学位论文（1955）和《住宅和庭院的风景》（1964）汇集了增田友也在那段时间的各种论文。根据森田庆一的《各种各样的空间》提取出构成建筑的各种各样的空间规则。前者作为原始民族的居住世界中发现的表现的空间，提炼出符号空间和产生圣石周边现象的禁忌领域以及隔离现象中的象征空间；后者继承了反省现象空间与先验空间关系的森田庆一的方法，在将日本古代到中世纪的造园、住宅、技艺、宗教作为一个整体，考虑环境造型并思想化的过程中，解读日本空间思想的顶点。但是，关于建筑空间，是与森田庆一一样，把握表现的感觉性质，把握某种延伸的素材。道元在《山水经》开头的一节中写道："今后的山水是实现古佛的道路。"发现了现实的山水本身就是宗教世界的一部分这个先验的空间观点的增田友也（1966）在逐渐超越森田庆一创建的建筑空间理论的框架。

接着，前川道郎对哥特式教堂的空间研究（1967），以森田庆一式的现象的—先验的空间理论为依据，又将增田友也对隔离现象的注意运用到了哥特式教堂的研究中。

不过，作为现象空间理论核心的空间图式，却没有充分地参与与各类空间相关的人类存在的反思。接下来登场的就是融入现象学空间理论的建筑空间理论了。

## ◇ 海德格尔的存在空间理论

在建筑空间理论中具有划时代意义的是从《存在与时间》（1927），经过20世纪50年代的演讲集，到1969年的演讲"艺术与空间"，海德格尔关于人与空间的思考给予20世纪70年代世界各地建筑理论的影响。其中最重要的思想是《存在与时间》中实存分析的出现，作为实存（人）的空间存在形式的"生存"（Existenziale），与"物质"存在形式的"分类"（Kategorie）在存在论方面有区别。所谓人的存在方式就是"在世界中"这一去除自我的根本走向（生存），所谓世界，不是存在者而是人存在的地方。人在世界上遇到的万物有两种存在形式，作为工具控制远近的"身边存在"（Zuhandensein）和被身边存在的非世界化排除的自我存在（Vorhandensein）（相对主观的对象）。工具存在开创的"周围世界"（Umwelt），被身边存在对象化后就会沿三维延伸空间和变形，世界就会脱离。人的空间性与"物质"的空间性被区别如下。

在日常生活的世界里，工具在被人开辟利用方面（Gegend）是用来估计方向和距离的，用来理解那里或这里的场所定位。意图缩短在世界上定位的存在方式（距离）是日常世界中人的存在特点，这就叫做存在的空间性（生存）。换句话说，距离是梅洛-庞蒂所说的"迁深是所有'空间的'层面中最实存的东西"，是对难以置换为物体间距的人的世界关系的估计。这个时期的海德格尔确认，等方向的延伸空间和几何学空间是习惯了的周围世界通过分析思考，随着分解而被发现的空间（Eingeräumtes）（实在）。

其次，经过对拥有工具和对象之外其他方式的艺术作品存在的思考（1935），海德格尔在20世纪50年代的一系列演讲中谈到，与物质存在相等的"存在"的"实在"是与人的存在的"实在"一起同时实现的本质的世界。这样，古希腊的神殿也好，桥也好，以及像德国南部的农舍和艺术作品示范的那样，必死者和神、天、地组成的四方（Geviert）的"物质"是一种存在的位置（Ort），给予四方以场所（Stätte）。以此为中心，聚集其远近的各种空地（Plätze）或道路（Wege）的"一个空间"（ein Raum）齐备了（eingeräumt）。四方由物质齐备的多个空间（die Räume）组成和谐的世界。海德格尔将在人最基本的存在方式——居住中产生出（Hervorbringen）聚集世界的存在位置一事称之为"建造"（Bauen）。存在位置有着向天空敞开（zulassen）并聚集（einrichten）四方的双重作用（einräumen）。

但是，人的存在方式中隐含着隐匿的存在（忘却存在），显示出"空间"的抽象化和隐匿的可能性，即根据测量"物"与"物"之间间距（Abstand）的行为，由单纯的点（Stelle）形成有间距的空间（spatium），由此向3个方向延伸（extensio）并形成三维空间，进而推导出数学上的多维抽象空间（der Raum）的可能性。

这一连串的抽象空间也是空间（Eingeräumtes），不过，那里也看不到"物质"所形成的世界的空间或空地、物质的存在位置（Ort），即海德格尔特别强调的"建造"不是这样把抽象空间付诸于形式的。

在以上海德格尔思想的基础上描述人的存在形式的抽象化命运时，美学理论认为，作为建筑空间来认识的延伸、体量、体块和高度这些概念以及材料和形态这些古希腊以来的概念，所有一切抽象化的过程中产生的东西都是空间（Eingeräumtes）。

描述人的"被体验的空间"（der erlebte Raum）的博尔诺夫（1963）几乎沿袭了海德格尔关于场所的描述方法，显示出了作为日常世界的家乡的存在形态，以人们被庇护或安居为线索，以恢复没有依靠的现代人的存在为目标。虽然确认了人体验的空间与数学空间的不同，但在博尔诺夫的思想中，海德

格尔提到的人类存在中去除自我向天空敞开这个根本状态以及忘却存在的命运，并没有伴随空间抽象化的问题出现，也就是没有对赋予场所（einräumen）的思考。

## ◇ 海德格尔与建筑理论

依从于海德格尔，尝试重构建筑空间理论的人物出现在世界各地，增田友也和舒尔茨就是代表。

■ 增田友也在 20 世纪 70 年代以后的几篇论文（1971～1974）中，以海德格尔的存在论的空间思想作为建筑理论的基础，它给森田庆一的《各种各样的空间》提供了分类的哲学基础。

将作为人存在的空间场所的世界理解为人与自然环境的历史文化的总和世界（Ethnos），从思考住宅建设的人的存在状态上，特别提出了作为建造之本的"计划"这一"生存"，并赋予其人类学的基础。海尔格尔举例，汇集世界上的桥也好，神殿也好，实际上都是人类计划的产物，但是，海德格尔没有详细解释从事计划的人的存在方式。

必死者以存在的整体统一为目标，因此不得不生存在路途中。给予人类"存在"的空间平常也是作为"忘却存在"被隐匿着，与肯定日常世界的故乡无忧无虑的博尔诺夫的人类主义的空间理论相反，增田友也则将东方思想之本的"非"的空间与海德格尔的"隐匿的存在"相联结。

关于计划的过程中人类环境可能的意象被中间客体形象化表现的空间状态，相对于海德格尔列举的作为空间的抽象化的形态、间距、延伸这些计量上被发现的空间（Eingeräumtes），增田友也则将在计划中构思的半表象的环境世界的"物质"形象理解为创作路途上的"物质"的材料。

将人的实存空间分析作为实例的尝试是在其 1971 年手稿中看到的作为古代日本

世界（ethnos）的"国家"，是 1972 年手稿里平清盛的严岛神社万灯会假想的极乐世界，但都停留在素描上。将"住宅和庭院的风景"改写为日本文化中人类实存的住宅通史的愿望没能实现，增田友也就那样撒手人寰了。

从增田友也的众多弟子中涌现出了关于具体时代或实例的存在论的空间分析，如玉腰芳夫（1980）、前田忠直（1994）、西垣安比古（2000）以及伊从勉（2005）的论文。

■ 出版了《存在、空间、建筑》（1971）的舒尔茨，之后将海德格尔的空间思想引入到了建筑理论当中。但是，他在 1970 年和 1971 年的著作中提及的"存在空间"的理论根据不是来自海德格尔，而是博尔诺夫，并参考了弗莱、舒尔茨、皮亚杰、巴什拉以及林奇的空间研究。关于实存空间，相对比较稳定的（超越个人的）环境心理学的印象则由以下各要素组成：中心和场所、方向和路径、区域和领域。大量参考了博尔诺夫的"被体验的空间"的分类和林奇的城市意象类型，而且空间规模也有各种等级分类，如地理学的景观、城市、住宅、家具、用具。这些实存空间"具体化"（concretize）的东西可以认为是地域、城市、建筑。"具体化"的理论依据可以追溯到《建筑的章志》（1963）一书，但不能否认其晦涩难懂的印象。

其后，在《场所精神》（1976）一书中真正开始参考海德格尔的后期思想，上述的"具体化"被改称为"物质汇集了'世界'"，其兴趣转向构成实存空间的空间与特性中的后者，即场所，以显露土地特性的神灵理论来论证城市，进而在 1979 年和 1980 年的演讲稿中开始出现对海德格尔后期思想的具体参照。

像博尔诺夫避开海德格尔的去除自我（实存）向天空敞开（einräumen）的观点一样，舒尔茨也迂回到这个问题，在论述住宅世界的空间类型及其历史的末尾处才好不容易看到了海德格尔的后期思想。

以海德格尔为主开创的现象学，始终关注建筑物的建筑、城市研究传授了将居住的人的实存空间在建筑上解读的方法，现在更是在各种文化脉络中追寻实存的历史，追求以本土语言为准则解读环境构成的思想与实践。可以说，是增田友也和诺伯格-舒尔茨开了这个头。

（伊从勉）

■参考文献
· 森田慶一『建築論』東海大学出版会、1978
· 増田友也『家と庭の風景』ナカニシヤ出版、1987
· ノルベルク゠シュルツ『実存・空間・建築』加藤邦男訳、鹿島出版会、1971

# 批评 criticism

## ◇ 自闭的语言

建筑师的言谈大多过于拘泥于自我，不是吗？每当与非建筑专业的人们接触时，就被说成像是在说口头禅一样太难于理解。建筑师的语言涉及到的范围过于狭窄大概是大家都知道的。语言原本是文化的基础，也是社会的存在。建筑师的语言也应该可以突破建筑杂志的框框或建筑界，扩展到普通社会，但现实却并非如此。环境问题、因城市更新而兴起的超高层建筑、萧条至极的地方城市、混乱的农村和山区的建筑群，社会上被提及的问题数不胜数地出现。然而，因为缺乏突破本质的批评性的言论，也缺少广泛传播于社会的那种浅显易懂的评论，所以只是停留在内部的议论上。

## ◇ 生鲜食品式的批评

"批评"不是永恒的，因为"批评"与当时的世态是相契合的。"批评"应该是生鲜食品。光吃干菜也可以生存，但是新鲜的蔬菜和水果也是必要的，并不是没有这些就无法生存，而是不能健康地生存，和这个说法是相似的。说起来好像是维生素那样的东西，那样的话喝维生素制剂就行了，但事实却并非如此。优秀的"批评"因有可读性或回味而不易被忘记，好嚼就有味道，不经品味就咽下去的话还会引起肠胃不适。因此，"批评"应该是生鲜食品。

如果把爽快地谈及建筑的坂口安吾的《日本文化己见》当作真正意义上的批评的话，那么，近年来的建筑界则持续进入批评似乎可有可无，非常离奇地悬在半空中令人放心不下的时代。若是对建筑刨根问底下去的话，必将会碰到社会的黑暗面或无意识的层面，不过，无论如何也走不到那一步的。

## ◇ 多样化的批评形式

建筑界中的谈论交错着各种各样立场的声音，即使统称为批评，因所处位置不同，写法和意图也不相同。首先，有必要区别建筑师写的和其他人写的情况。

建筑师这方面，从根本上展开对自己作品的批评性介绍、批评朋友的作品、批评社会问题等是大有区别的。姑且不论是解释自己的作品还是谈及别人的作品，因为建筑师了解建造建筑的内情，所以言语就变得暧昧。因此，虽有从做法或技术这样微观的近距离进行的讨论，但还是把视点放在远离作品的、现代和全球化的这些像是用望远镜眺望的地方的时候比较多。若用风景来比喻的话，所描述的不是近景就是远景。无论是哪个，都很少有提出异议的余地，似乎功夫都下在将讨论置于安全地带上了。

但是，不要忘了，所谓批评，是不属于任何一方的"中景"，正因为它是不偏向黑、白的事物的中间地带，所以才是涌现议论的场所。可以说，迄今为止，很多建筑师提出来的乍一看像是批评的言论，其实大部分都是不把自己暴露在危险之中的不偏不倚式的谈论罢了。

另一方面就是除了建筑师，批评家、历史学家、记者也来写评论的情况。批评家应以营造具有某种意图状态的作品批评为基础摆开评论的阵势；历史学家则尽可能从学术式的观点出发阐述看上去中立的意见。

建筑师之外的人虽有关于完成建筑的笼统知识，但并不知道多数场合下的现实中过于苛刻的程序或具体的技术。因此，要求提供显然不同的视点，从当事人之外的第三者的角度来写，这才应该是本来意义上的批评的立场吧。

于是，无论如何，必须表述的是不属于任何一方的"第三方批评"的存在。这是没有建筑期刊式语言的批评。

建筑师所创造的作品群希望登上发表的舞台和建筑期刊。舞台的宽度是有限的，期刊要进行挑选，也就是要加进某种判断。作品是否问世于社会取决于编辑的意向。杂志版面是要将特定的批评意图作为结果加以明确表示的。编辑在多数场合不便表明明确的意图，大概就是保持中立立场吧，如果不是这样，媒体本身就变得困难了。但实际上是在默默之中进行着批评行为的。因此，我想把期刊所进行的批评称为"影子批评"。实际上，因为这个"影子批评"最强有力，因而影响力很大。

◇ **"批评"与"报道"**

有必要先来区别一下"批评"与"报道"。在建筑界里，它们被混为一谈，处于还没有分开的状态。因此，有必要再检查一下其词汇的含义。

虽然"报道"是按事实报导发生的事件，但谁都知道无色透明的事实这件事几乎就是个幻想。然而，"报道"的使命就在于肩负不可能有完全的客观性这一无法逃避的宿命，在尽可能排除主观干扰去传达事实这一点上应当追求所处的伦理。

另一方面，"批评"光有这些是无法成立的。它是给出事实解释的行为。"我"这样想这种思考，比起其他人的客观性，重点放在了思考的主体"我"上。具有明确"我"所处的位置，给出"我"对于事实的解释，"我"所给出的思考大概能得到大家的赞同吧这样一种形式。

"批评"以"报道"为基础，处于其下游位置。这样，相对于"报道"，"批评"的优越性理应得到保证，但有时也是其致命的弱点。这是因为"报道"是以无误性为前提

的，无论如何，"批评"是放在"报道"这个盘子上的，"无报道的批评"不存在，但是可以存在"无批评的报道"。

可以说，建筑界里"无批评的报道"这种倾向，以想将批评倾向加于期刊中但却受挫的"新建筑问题"（1957）为发端变得强烈起来。"新建筑问题"是二战后建筑期刊的分水岭，是长时间不能触碰的禁忌。当年发表作品的时候，以批评性对待位于有乐町车站站前村野藤吾的"SOGO-读卖会馆"这件事为缘由，新建筑社的社长吉冈保五郎解雇了总编辑川添登，编辑平良敬一、宫嶋圀夫、宫内嘉久。这个事件深深地反映出了两件事：

一件是建筑杂志这种期刊似乎想要通过编辑进行批评。前面也说过的为了刊登而进行挑选一事，其行为不可避免存在随意性，此外，编辑本身也具有批评的一面，倒不如明确地说"影子批评"这个尝试就是引爆点。对于这件事，吉冈保五郎社长看重的是：即便不完备，也要承担表面上的客观性这一立场。作品的好与坏是由读者来判断的，刊物只提供相应材料就好，应该是这样吧。

另一件是，不喜欢争论是日本的文化习性，是儒家重视长幼有序的传统。听从长辈是美德，不懂得这一点的行为就是不道德的。这是对还是错呢？由于所处位置不同，批评的方式也有所不同。

如果边遵从美德边进行批评的话，逻辑就变得模糊，语言就变得脆弱，而无视美德构筑言论的话又得不到社会的承认。所以，语言经常伴随着小心翼翼发挥作用的痛苦。本来，且莫说具有反社会一面的美术，社会性很强的建筑，若没有赞同，批评本身就构不成意义，这是建筑批评一直存在的矛盾。在"批评以元老级存在的村野藤吾是怎么回事呀"这种声音中，批评的编辑屈服了。

暂且不论事情的是与非，以这个特殊事件为界，建筑界的主要期刊《新建筑》杂志除一些例外，似乎变得避免刊登公开的批评了。对于其表现，可以举出建筑师在杂志上发表作品时自己进行解说常态化起来这件事。本来以为只停留在解说图片上无法弄清的事实，但踏入事实更深处，更多的是谈到具有什么样的思考或意图才能创造出什么样的形式这方面。这种倾向可以说是"新建筑问题"的副产品吧。

进而到了20世纪70年代之后，通过像矶崎新这类少有的作者的出现，这种倾向变得更深。对于期刊杂志来说，在唤起话题性的意义上需要的不是报道而是论坛。批评若是很难产生的话，类似批评的东西就变得有必要了。在那里产生出来的就是自己谈论自己作品这种体制，即：因为没有批评及批评的刊物，所以不得不自己谈论自己。这种倾向滋生了当今建筑界论坛的特殊性，确确实实产生了语言的自闭性。

任何事情都有光明和黑影。日本的建筑界有很多优秀的刊物，建筑师新秀们也因此有很多通过这些刊物发表作品的机会，这成为了优秀建筑师辈出的基础。但是，另一方面，不要忘记，这里培育的是不具有外部观点的内向的批评语言，并没有对建筑价值本质上的探究，或是加深对建筑周围发生的社会现象进行讨论这样的事。自我解释和自我谈论是根本，所以也可以说，没有培育出面向社会的批评性的语言和言论是必然的。

这个功过的判断，应当寄希望于重新认识20世纪的价值了。

## ◇巨大建筑的争论

批评是投进世界中的石子，使得犹如平静水面的平常意识泛起层层涟漪。那里还被投进了"反驳"这枚不同的石子，在那里产生的波纹重叠就是争论。产生争论本身就是

批评的社会作用，但这仅是理想的观点而已，事实绝不会那么顺利。

刚刚平静的建筑界又被投进了一枚石子。1974年在《抗议巨大建筑》（《新建筑》9月号）中，神代雄一郎将新宿三井（霞关）大厦的青色立面批评为"使人想起落魄的流行歌曲一般的廉价"，但因为那是预制的玻璃幕墙，所以偏离了本质的质疑，因而其后受到了沉重的反击。众所周知，神代雄一郎是聚落田野调查的先驱者之一。他指出了巨大建筑必然拥有的缺点，并提出应该建造符合社区尺度的建筑。这是朴素认真的批评，但其步骤和习惯性的讲话方式却给人带来鲁莽的感觉。

对其反击的是被批评的当事人池田武邦写的《试问建筑批评的视点》（《新建筑》1975年4月号）。同期的杂志中，也是批评矛头所指的林昌二写了《社会创造建筑》。一年后，神代雄一郎应此发表了反驳的文章《评判的季节》（《新建筑》1976年5月号），而针对神代雄一郎的反驳，村松贞次郎写了再次反驳的《册数的季节》（《新建筑》1976年8月号）。不可否认，到了村松贞次郎的反驳，就变成以吹毛求疵和个人攻击为中心，外表看上去呈现出有些难看的样子了。看不下去这种局面，宫内嘉久在《"巨大建筑"争论之个人总结》（《来自废墟》第33号）中站在双方的立场上进行了概括。这就是事件的始末。

可见，"新建筑问题"以来，已经停止了的争论又被掀了起来，但是卷入了大学教师、建筑师、历史学家和评论家，被认为是所谓讨论的这场争论，结果还是转向了说俗话的层次，没有显示出发展的展望。这个事件的始末是日本建筑界的不幸，也是社会的不幸。那之后直到今天，超高层建筑的意义和作用没有被从正面讨论过也是令人沮丧的。已形成了环首都的没有轨道的超高层景

观是众人皆知的事,如此巨大的建筑却没有成为批评的对象。虽然所谓批评是有害的、真相不明的不确定存在,但没有批评间接给社会带来了巨大影响这一点,从这件事上也看得很清楚。

林昌二的《社会创造建筑》大概是那个阶段的正论,实际上是从亲手创作巨大建筑这方面写了一些诚实的想法。准确地读这篇文章的话,就应该能验证和再次发现那个阶段建筑的价值和建筑师的作用。应该是不以偏颇过多的神代雄一郎的观点,而以林昌二的观点为起点来展开讨论。可以认为,因为它没有顺利发挥功效,早早地结束讨论才留下了后面的大的祸根。

争论按开始、展开、结束而推进。不用说是不是保持品位直到在更高层次上结束,影响是不是以健康的形式被社会认同是惟一的意义。但是,在最后的阶段保持适度是最难的。

## ◇ 掌控的氛围

"批评"是映照出自己模样的镜子。这里面也许有质量较差的镜子,但是,因此说拿着镜子的意思就是认为世界有缺陷也是在吹毛求疵。

战后的建筑界没有培养出"批评"和批评的语言是否是好事呢?是不是因为没有它存在而繁荣,或者是不是因其不存在而给未来留下了致命的缺陷呢?在现在这个阶段还不能肯定。"不是有批评的自由吗?""所谓和平时代就是这样的。"谁都能抛出这样的话。这些话大概封杀了所有的"批评",但同时因为这样我们会失去镜子。如果认为这样可以的话,就必须做好迷失自己的宿命和命运的精神准备。

并不是"批评"完全不存在了,而是"批评"之后的争论不存在了。作为例子,儒家道德禁止争论的习俗和文化的基层中有着特殊性,它们在建筑界也存在过。这不能不说是对建筑的价值停止思考,是承认现状,是对未来的怠惰。

"历史"想通过不被消耗而保住命脉,与之相对照的是"批评"想通过更多地被消费,将自己置于危险的境地来完成使命。

"若使智慧作用棱角生,若以情感掌舵自流动,若欲固执己见乏通融。"夏目漱石在《草枕》中掺杂慨叹而书写的心情,还覆盖了不只限于建筑的所有领域。称作"断念"的结局上无法担负的自古以来的感情在谁的心中都有,在这种文化的习俗中"批评"极其困难。但是正因为如此,本来意义上的"批评"这种行为仍然留有需要挑战性勇气的未开垦的领域。

(内藤广)

1：设计，狭义上是以特定的题材为基础，研究、调整形体、功能等，并一直考虑到创作和装配，构思合目的的产品。但是，今天我们围绕设计要探询设计的行为和过程，或者作为结果的产品（建筑物）所具有的特质以及享受它的多种多样含义，所以这里用更广义的"design"来代替"设计"并对其进行论述。

英语的 design 以及日语的设计都具有从实施设计或计划的行为，到表现作为其结果的产品、事物的特质的广泛含义。相当于英语 design 一词的 disegno（意大利语），是将线描画、素描、草图、绘图，或意匠、计划和意图等作为基本词汇，与法语的 dessin 几乎相同。只是在英语中，绘图一词以 drawing 构成另一种说法。

这些全都来自于拉丁语的 designare（de——分离，加上 signare——符号，signum——记号、符号）。di（意大利语）和 de（英语）都有"向下"的意思，它们与 signo、sign——"带有符号"合并，就形成"画稿、素描"。"素描"（dessin，法语）多为线描画，其要点是如果考虑到理解对象上独特的本质特征这一点，那么外形上就具有本质特征，对其进行识别、描绘或者创造出来就是素描，就形成了设计。换为更一般化的语言来说的话，设计就是理解某些本质特征，汇集于构思中，然后反映到创作物上的构思，也可以说是将创作之前的"意图"、"构思"进行汇总，然后反映到被创作的作品上。

重要的一点是这些构思来源于何处。如果是希腊人所说的来自理念世界的产物，那么，构思就表现了存在的本质。如果是神灵理解的产物，那就是"谋划"，就具有神圣的意思，那么，在神逝去以后，由好

的技艺（art）衍生了艺术（fine art），与此同时，素描（设计）就成为了表现艺术家理解到的某些本质的构思，那无非就是其描绘的草稿。

2：设计与现代社会的产生密切相关。在此之前的手工业世界里，技术与材料、做法与形状中存在着传统，制造出的物品也受到限制，无论什么样的物品大概都不需要将每一次设计都从根本上加以重新推敲。但是，随着工业社会的到来，出现了史无前例的物品生产数量庞大且种类众多的局面，因此，必须在新的材料和技术下下功夫，创造适合这些新物品的形状，事先很好地推敲创作物的构思也成为生产中最重要的工作。20世纪初出现的德意志制造联盟和包豪斯都试图将那种意义上的设计在纺织品、照明器具、家具直到建筑上进行一系列的重组。建筑也和各种物品一样成为应该以目的与材料、做法或技术为基础进行构思的设计了。

但建筑与其他各种东西、物品相比，以压倒性的存在与构建人的生活世界和社会的存在方式、能力、技术等也保持着密切关系，并广泛扩展于社会中。所以，也可以说，在现代意义上的设计出现之前，其"设计"的本源就经常被严格地要求了。

思考建筑设计的本源就必须探询建筑自身的存在方式。所谓本源，也因为建筑而成为了应如何存在这一判断的基准，有着诱导构思的动力。更进一步来说，什么使"成为建筑的东西"得以成立，大概也要归入到本源的探索中。

以往，"建筑"是当然的。就像维特鲁威传达的那样，在古希腊，建筑才是综合了各种技术、技巧的大技术、原技术，等于

arche＋technique，其良好的构成成了严谨思考的对象。哥特式教堂也被誉为视觉化了的经院哲学，是人与神沟通的设施。15世纪的古典时代被"重新发现"，作为好建筑的本源，从人类形态到宇宙秩序都相同的比例被发现了。所有的神与自然成为建筑的本源，并赋予其非凡的意义，然而却没有去探询建筑本身的对与错。

但是，通过现代各种科学的发展和产业社会的蓬勃发展，没有人能自信地描绘出在与神的秩序相协调的世界中生存的人这一形象。伟大的建筑传统从古典时代开始被动摇，并最终失去了其本源。18世纪末的启蒙主义时代是它的转折点，那时试图重新建立"建筑"是什么这一问题的讨论。

之后一直到20世纪，探索过各种各样的本源。在建筑的肇始上探求本源（除劳吉尔之外），或者与各种物品同样被"设计"，作为功能、材料、技术相关物的建筑被重新定义（格罗皮乌斯），有将一定规格的美与古典规范融为一体的（勒·柯布西耶），也有直截了当地追求机器美学的（俄国构成主义），作为艺术的建筑，其目标被叫做乌托邦，另一方面，作为"社会的容器"的建筑，其作用被宣传为贯彻革命的手段（俄国构成主义），甚至到了否定建筑本身的地步（卡瑞尔·泰格）。在各种各样的思考中，最大多数的现代建筑或"国际式风格"将家具等物品，也包括从建筑到交通、城市的全部视觉领域标识化、普遍化起来，但讽刺的是，他们为理想而描绘的世界中充满着压抑的环境。

20世纪60年代之后，对"光明城市"或"大众的建筑"这类设计"主题"以及以此为前提建立的"构思"的信任程度逐渐被动摇，建筑的本源及建筑所展示的世界也越发多样化和相对化。什么是本质这一问题本身成为很难得出结论的问题，也可以说反映

了好像是在哪里漂泊这种感觉的现实的生活世界，但是，至少自觉地进行的设计似乎已经缺少了从理性的、启蒙的观点出发与社会性、普遍性相联系的"构思"，建筑师们各自提出某个问题，然后发现、解决问题给世人看这件事却成为了课题。二战以后，世界各地盛行的地方主义（regionalism）也好，文脉主义也好，还有近来兴起的环境问题、地球问题也好，都可以看作是这类探索的各种变奏吧。

3：构思的本源成为建筑自身的本源的讨论在不断地展开，但是，构思究竟是谁的东西呢？18世纪以后，随着从广义的技艺（希腊语是Techne，后来用Art）到艺术（Beaux-Arts，Fine Arts）概念的独立，设计似乎被理解为"表现意图、构思的主体"的"作家"所进行的"表现"，失去了已横亘数百年的保持神圣比例的先验性。神消失了，而且如今理性也只能信任一半了。建筑师产生出的构思可以看作是神或理性创造的真的东西，或是建筑理念的替代。作品是其样板的内在设计意图或构思的表现，所以其设计是应与计划和构思一起理解的东西。然而，其构思往往不是缺乏主题就是生造主题。

于是，产生出颠倒的设计思考。缺乏成为内容的主题吗？或是只能拟订假设的主题？所以，为了表现的方法本身开始具有意义了，这是向形式主义的倾斜。若追问建筑的固有形式，纯粹的视觉性或空间形成的形式，既是设计的方法，同时也是设计的依据或设计的内容。

实际上，所谓设计，是以形式或形态为轴将结构和功能等各种各样的意义综合起来的过程，也可以换言之为"经由形象而统一"（丹下健三）。形式主义的思考在将从来没有从正面讨论过的设计的真实状态弄清楚的同时，反转了事先精心策划的构思通过作

者来表现这个单向的过程。构思在设计的过程中被琢磨，最终显现在作为结果的作品上。

**4：** 比做作家的建筑师，其作品表现为建筑，且表现方法成为其内容，构思升华为结果的作品，带来了动摇设计架构的两大变化。

建筑师作为创作作品的作家，"构思"就会形成作家→作品→接受者的流程，对于作家也好，接受者也好，都会留下与实际不相符的感觉。在其他各类艺术之上存在的建筑，这种感觉更加明显。接受者自身以为建筑不过是按照构思着手再现的现实的一部分。解决这种状态的是取代作家和作品而登场的"文本"和"中间文本"（朱利安·克里斯蒂娃，1969）。取代作品和创作者这一概念所具有的"封闭性"，"作品"在同所有给予的"文本"的关系中被享受，成为无法还原为单一内容的"文本"。"作家"和"接受者"之间作为中介存在的"作品"独立的话，创作者的绝对的"作者"性质会改变，作为牢不可破的实体存在下来的建筑以及支撑建筑的"构思"会产生很大动摇，成为各种各样潜在的无限开放的东西。

极端地讨论这一点的话，也有人认为所谓作者（建筑师）的存在不过就是像在其中联络互相争执的其他人的编辑一样（矶崎新，1996），是选择和引用文本并编撰它们的编辑，是以他人为中介的媒介物。但是，会存在编辑以什么为线索、以什么为根据、以什么为目的来进行这样的疑问吗，或者这疑问本身就是无效的。因为不能否定没有目的也没有根据进行编辑或中介行为本身这件事。

**5：** 如果认为编辑是一种创作（poiesis）的话，那么它是伴随某种意志的行为（praxis），而契机则是行为的前提条件。建筑的依

托和条件就是契机吧。如果用设计来说，既然没有"来自白纸的创造"，那么，好像陈规旧套也行，"本源性的形式"也行吧。只能以某种形式已经存在的例子进行假设了。这可以说是被参考的文本，但问题在于控制其后展开的能力和构思。

建筑的构思作为结果而出现，这个局面意味着将讨论返回到创作。如果追溯柏拉图时代的原意的话，创作说的是包含精神，通过技巧（技艺、技术、生成因）让不存在带来存在。制作椅子也好，建造建筑也好，写作诗歌也好，都是创作。然而，按照理念世界消逝，神也消失之后出现的作为"表现"的"作者"的"艺术家"、作为"表现"的"行为"的"艺术"这个现代观点，这个创作被重新理解为与行为（praxis——意志的实践、行为）一体化、与身体和世界相关联的创作行为。

现实行为中，创作者边和包含着经济的、技术制约的多种现实、材料等的物质相对抗，进行着无法预测判断的与其他人的交叉，边建立、修改"构思"并建造起建筑物。构思表现为将行为过程中被发现的秩序在现实中以一定的形式组织起来的结果。设计是发现被归纳了的"构思"和"意图"、"起源"和"本质"等秩序，而并不是要向其现实化线性推进。或者不如说是对现实的各种条件或课题——也是建筑师解释，或者被给予的所有物、被评价、被赋予意义、被理解、作为"现实"和"课题"被假设限定的"现实"或"课题"中的"某种形式"——假定为"初创的形式"或"原始的形式"，或者"形式"来理解也好，以其形式为线索投入到"现实"或"课题"之中，在确认对条件的解答性及操作性的同时加入修改或变化之类的过程。或是探询改变视角读出新的意思，作为其他的东西来理解的那种过程吧。

若是从相反方向来思考，理解"现实"
并对其进行推动、修改，重新理解新的秩
序，这样就形成了进行"现实"的理解与修
改、重构的过程，而且同样的循环紧密结合
细部设计多次重复。于是，某个时候，这种
流程停止的瞬间就到来了。这也可能就是设
计构思被理解的那一瞬间吧。

　　首先，被命题的形式在被重新解释、变
形的过程中，是建筑的"表现方法"在工
作，同时成为了"表现"的内容，在与现实
的各种作用力的关系中推进变形，也反映了
创作者的每一次判断。其结果，空间和形象
中的价值判断体系清晰起来，设计的构思就
这样在事后的建筑中体现，在创作的过程中
开始，然后琢磨、积蓄力量并形成。

　　设计，在构思和建筑师（作者）之间、
主题和表现之间摇摆不定，决定它的也是设
计过程本身，也是被创作者创作的作品本
身，其他所有的一切都是开放的，不带有绝
对的标准或规范。现实不可能总是封闭的世
界，其中只有设计的产生这件事正确地反映
着这一点。

（岸田省吾）

■参考文献
・丹下健三『人間と建築』彰国社、1970
・ヤン・ムカジョフスキー『チェコ構造美学論集』平井
　正ほか訳、せりか書房、1975
・ジュリアン・クリステーヴァ『セメイオチケ』1969/
　原田邦夫訳、せりか書房、1983

# 时间 time

1：康德把空间和时间理解为感觉中的直觉形式，这是人类认识世界的形式，也成为了现代世界观的基础。之后，空间和时间被认为是无限延续的均质物，而且可以量化计算，按我们熟悉的立方格、单纯的几何学的面和立方体而构筑的建筑就是直接反映这样的空间的东西。

建筑上表现的被体验的时间常常是与某种变化相关联的现象。吉迪翁从视线的移动、运动这种空间变化的角度研究了现代建筑。然而，时间概念是用钟表可以计量的康德的抽象时间，运动也是在这样的时间中被观察到的现象。

以前，环境或建筑中被谈论的很多课题都与这样的空间和时间密切相关。其中，以物质展示的康德的空间使得到处都出现缺少意义深度的庞大的"无场所"（E·勒尔夫，1999），或是可计量的无限的时间概念为满足社会需求而被组织，并使得不得不遵守它而生存的人产生出不安和压抑。空间也好，时间也好，似乎被作为对象化了的客观存在来认识，《被那样化了的世界》（M·布伯，1923）的出现，使得人们可以安居乐业的那个"故乡"消失了。"无限空间的永久沉默令我感到恐惧"（B·帕斯卡尔），那样的世界出现了。

与此相反，人在关注着能够具有真实生存感受的空间与时间的状态。只有能给予感知、赋予意义、被体验的世界才有价值，取代"空间"和"时间"，被解释为"场所"和"机会"（A·凡·艾克），或者被理解为"建筑就是将场所精神视觉化"（C·诺伯格-舒尔茨，1980）。然而，问题并非这么简单。我们赖以生存的世界利用被对象化的有计量可能的普通的空间、时间来产生，这也是事实。现代人生活在世界共有的空间、时间系统及各自的场所、机会形成的世界这种二重性，或者其二重性之间。贯穿 20 个世纪的"空间"成为与客观世界相连接的最易理解、无法动摇的概念。从不仅看不见且至今模糊的"时间"的角度思考建筑，与意识及身体这个起源有关，而且有可能成为创作的契机。

2：一般来说，时间被认为表现现在，即具有一定范围的"现在"、"此时"，并决定面对过去和未来的方向（木村敏，1982）。所以我想，惟一有可能成为讨论出发点的就只有"现在"这个时间了。时间是现在，即人的"现在"、"此时"的意识所产生出来的东西，现在这个时候，人在保存过去并预感着未来（大森庄葬，《时间凝固》，1996 年）。客观的"时间"概念也好，活生生的"时候"这个感觉也好，在意识上具有这种方向性是没有错的。

建筑经常被评论为空间中的存在，但是，在带有时间性的意识中，它之所以产生，原因是很明显的吧。建筑，首先是在耗费时间的过程中被感知、认识的一种体验（J·杜威，1934）。围绕着它反复活动，积淀每个场所的记忆，或者住进其中去体验这个叫建筑的东西。

它是广义的运动给意识带来的东西，大致可以分为两种形式。一种是通过感知和体验的那个场所的某种形象为契机而产生的联想和回忆，现在的意识向过去及未来拓展这种知觉所带来的体验，这大概可以说就是读出空间中时间范式的深度和广度，又在现在这个空间中垂直存在的时间吧。这是相对于身体的运动，应该叫做知觉的运动（大森庄三，1990）这一思考的活力所带来的体验。

另一种，是身体运动所引发的体验，可以说是直接通过空间的陆续展开而表现的句法的时间与水平扩展的时间体验。在相继发生的各种不同场所的体验中，迄今为止的各种各样的场所记忆与多种深度随时相伴，而且对还没有看到的场所及情景抱有预感和期待。"现在"被认为是形成可持续的原因，也经常被理解为是序列的空间体验上的妙趣所在。

在实际的建筑上，这两种意识乃至体验，伴随身体的运动所带来的持续积淀的意识，与每次感知运动的扩展相交错，有时会被组成一体，在带来聚集了强度的一种体验的时候，我们在那里大概会发现被称作时间设计的东西出现。建筑在其中反复活动，积淀每一个场所的记忆，或者住进其中去体验。也许有可能出现稳定的情况，但随着每一次的变动，也会带来新的惊喜。设计这种行为也不外乎是在联想起同样的体验时进行建构设想的过程。

**3**：让我们举几个例子来看。通过身体运动而产生时间体验的最佳例子，可以在环游日本庭院的廊道、柯布西耶的"建筑散步道"、喜欢在威尼斯街道上散步的C·斯卡帕的作品等上面看到。丁是，上面所见到的多种意识流，在不断展开的异质空间或场所及眺望这个眼前场所的体验中重复，也和音乐的多重旋律和节奏相类似，持续地形成丰富的经验。

即便是单一的场所或空间，也需要花一定的时间去理解，然后才能看到全貌，这种例子也是身体运动所带来的体验吧。在欧洲的哥特式教堂中，越靠近主殿，柱列的排列节奏和空间就越向垂直方向上升，这样的飘浮感在空间中被统一并满足人的身体对其的感受。即使追求空间的本质的存在形式的路易·康的作品，作为空间基础来理解的"房

间"的感觉也是通过使视线旋转这样的动作来获得的，这一点是很明显的（乔·唐西克，2006）。

**4**：感知运动所带来的时间体验的典型例子就是风化和磨损。风化中刻印着自然的力量，磨损则反映被过度使用的现实，是作为物质的建筑来说无法避免的变化，同时也是时间直接留下的痕迹。人试图创造适于生存的稳定环境，同时也追求变化的自然状态。自然通过季节、气候、时间的变化显示环境的变化和持久性。有时，雨水被滴水模式所控制，被利用来通过腐蚀带来材料的质感和色彩的变化。积极利用风化和磨损参与设计，让实现的建筑在有限的场所里成为自然天成的东西。日本的草庵茶室建筑就是这类设计的极致，与追求永远不变形的埃及金字塔和几乎不风化的伊斯兰的陶瓷建筑形成了两个极端，不过，它们都是要与大地的变化这种过于强大的自然带来的压倒性力量相对抗。

在过去的记忆与未来相关联的规划中显示了时间体验的多种状态。正如前面所说的那样，可以设想的实存的时间只有现在——"现在"、"此时"，而过去与未来只是通过记忆或联想反映在现在。各种各样的过去在记忆中常常改变深度，被叠加，现在处于其中最突出的位置。现在位于可持续的前列，记忆中的过去在不断地变化、重组、再结合。未来是在现在不可预测的可能性的开辟上预感到的东西（H·贝尔克松，1896）。记忆中的过去、被预感的未来都被组织进现在这个时间段才形成初步的形式并产生意义。建筑必须响应在空间这个本来没有时间的形象中引入时间的产生这个概念。实际上，记忆在包围人的环境整体的设计和享受上发挥着重要作用。如果没有记忆和对其的理解，现实的理解与世界观，甚至未来的规划也无法描

绘。通过记忆才能赋予建筑与环境的变化以连续的意义。

18世纪浪漫主义流行的废墟，是记忆中的过去的变形，当它远去时，将空间理想化这一点，并没有因为19世纪的社会主义者们规划未来的理想社会而发生变化。与此同时，是为了一举跳出现实的一种飞跃，但实际上，现在开启与过去相关联的未来也是一种潜在的关系，有着并非在现在的继续中思考，而只寄希望于过去或未来的虚构的困难。

在描绘未来这一点上，日本的新陈代谢派是独特的。在城市急速变化的当时，把建筑也理解为生长变化的东西，将建筑物分为不变的主体部分和能够新陈代谢的部分其本身就是设计。但是，所谓未来，就是现在阶段的未来性、可开创的各种可能性。新陈代谢派终结于描绘尚未到来的未来、展示过去思考的未来。

形成对比的是同时代的矶崎新，在将建筑放在经常变化、流动的过程中来理解这一点上被认为与新陈代谢派相近。然而，生长不过是单纯的线索，使用独创的空间形式与"切断"这一手法表现流动过程中的建筑形态，在理解、表现开辟未来的现在这一点上，成为以时间为线索进行设计的最早的例子。

被称作类型或型的东西是以具体的形式存留下的社会或集体中积淀的记忆。它是作为建筑的整体或者相当一部分的空间或形象，经过长时间的积累汇聚成一定形式的东西，因而在现实的多种条件中作为被锤炼、被琢磨的图式而提炼出来。意大利中世纪城市的建筑上看到的类型（typology），在成为包括社区在内的旧城更新、改造的有效线索的同时也成为今后城市研究方面的方法基础。阿尔多·罗西常用的纯粹几何学也和类型相似，它简单，所以容易理解，因为它是

跨越过几个世纪被反复使用，仍在城市中生存的建造物。

帕拉第奥常用的平面形式（R·威特克维尔，1949），经过4个世纪后被赖特、柯布西耶、路易·康这些建筑师重新诠释。现代建筑师将其形式彻底地脱胎换骨，并引申出其中潜在的可能性，重新理解、拆解凝聚了时间的那种形象，并以现在的视角重新组合，在创造性地继承过去的遗产，明确刻印上现在的意义这一点上表现着设计的本来状态。

**5**：环境的扩展中也在进行着这样的时间传承。现在存在的建筑都是过去建造的，因此潜在的全都是过去的印迹。印迹可成为引发各种联想的线索。时间的多种印迹重叠，在那里出现有整体感的场所的话，感受众多时间间隙中往复的那种连续性和在其延伸线上描绘未来的预感也成为可能。如果让环境与过去接续，同时不断地刻印上现在的行为方式以稳定整体的话，我们就能在那里看到可持续。

在日本，因为认识到可持续环境的重要性，在居住环境的再生等方面带来丰富的时间体验的案例也在增多。但是，像东京这样的大都市所面临的现实，大概是变化无穷的环境状态的无止境的再发生吧。现代城市是面对无数其他人的场所，那里聚集着时间的统一性和连续感都缺乏的各种各样被片断化的场所和机会。与信息的流通、人或物的流动相关的技术的发展也使空间和时间的理解方法、感受方法产生巨变。代表时间共有和空间集聚的城市在消失，与此同时，原本像其他世界那样的时空被突然连接在一起的情况也不稀奇。在已经稳定的环境中观察可持续并非以往那么容易，时间的体验也好，空间的体验也好，由于无止境的差别化、片断化反而变得平庸、单调，非现实的感觉正在

某个地方飘浮着。

**6**：曾经讨论过建筑、城市的生长状态。在今天这个被称为城市紧缩的时代，被问及到建筑或环境方面可持续的状态和使其成为可能的方法。时间概念在没有成为问题时，人生活在无意识的持续中。持续在量化的时间诞生时出现，可以说是与时间的片断化、非现实感觉上的膨胀化一起生长。场所开始具有意义是与非场所的出现平行且又相似的。从时间上思考建筑，是从身体的体验、感知的体验，即从意识的层面重新理解建筑的表现形式，或者是感觉、理解在时间中反复出现的超越时间的"力"。其结果变成了多数的"无场所"被客观化、对象化，衍生出既缺乏可持续性又缺乏意义的非场所，变成重新探询"空间"这一思考形式。"意识"被认为是与"客体"世界一起生长的"主体"的根源，因为它的可持续表现蕴藏着开创未来的可能性。另外，必须思考：当"时间"这一观点失去意义之时，也许就是"空间"从建筑消失之时。

（岸田省吾）

■参考文献
・S. ギーディオン『空間・時間・建築』1941/ 太田実訳、丸善、1969
・H. ベルクソン『物質と記憶』1894/ 田島節夫訳、白水社、1999
・木村敏『時間と自己』中公新書、1982

# 现象学 phenomenology

现象学一词通常是指 20 世纪初期的 30 年间由埃德蒙德·胡塞尔的几本论著而创立的哲学思想，或是在其基础上开展的思想运动。这场运动在 20 世纪 20 年代的德国，得到了以胡塞尔为核心、以舍勒和海德格尔为首的众弟子们的推动，不过，到了 20 世纪 30 年代，这个思想被法国的萨特和梅洛-庞蒂等人继承并实现自由地发展。虽然胡塞尔的现象学方法很难理解，但是对现代思想的多个领域都产生了意义深远的影响，甚至在经过了近一个世纪后的今天，无论是狭义的哲学领域，还是心理学、精神医学、语言学、社会学、地理学以及建筑理论这些广泛的学科领域都深受其影响，可以这样说，现象学已成长为一场知识运动。虽然最初追求"从现象到本质"这个现象学方法的准则是排除偶然的现实存在而只关心事物的本质，但是致力于"哲学作为严格的科学"建设的胡塞尔的方法却成为在海德格尔和萨特的基础上形成的存在哲学的方法，既成为解决现实问题的方法，又成为克服欧洲文化危机的方法，即：胡塞尔基础上的先验论观念传入法国之后，逐渐演变成存在的现象学。关于现象学奇特的存在方式，梅洛-庞蒂在《知觉现象学》一书的前言中做了如下精妙解释："现象学是什么？从胡塞尔早期的论著问世以来过了半个世纪，为什么人们还会发出这样的疑问，这一点也许会让人觉得难以想象。但是，这样的疑问仍然没有完全被解决。现象学研究的是本质，从现象学来讲，所有问题都要归结于本质的定义，例如知觉的本质、意识的本质等就是这种情况。但是，所谓的现象学同时也是连接本质和存在的哲学，也是思考人与世界之间除了从'事实本身'出发之外无法了解的事物的哲学。一方面，它是为理解人与世界而停止自然态

度的各种判断的先验论的哲学。但另一方面，它是最先在世界上反省，作为难以动摇的现实（已经在那里）存在的哲学。所有的努力都是为了恢复与世界之间朴素的接触，其结果是要给这个接触一个哲学的规定。一方面，它有将哲学作为一门'严格的科学'的足够的野心，但另一方面，却是有关'可生存'空间与时间和世界的报告；一方面，现象学是记录我们直接经验的尝试，其经验的心理学的发生过程和自然科学家、历史学家、社会学家对这些经验能够提供的因果说明一律不予考虑，而另一方面，胡塞尔在其后期的著作中甚至提出了像'发生现象学'，还有'构成现象学'这样的看法。"（本田元译）现象学的这种根本特性来源于何处？让我们通过对现象学的两三个主要概念的描述来探讨一下现象学的方法和课题。

## ◇ 作为方法的极端主义

胡塞尔主张所谓现象学首先是一种方法，一种思想态度的表现。胡塞尔直面 20 世纪转型时期的学科危机，以面向严格的科学的改革为己任，他认为通过哲学奠定各学科极端的基础本身就是现象学的根本课题，并对方法探求的彻底主义、根源主义作出这样的定义："探求的原动力不是来自于各种哲学，而应该来自现象与问题的产生。哲学是关于真的起源（Anfänge）的本质和万物本源（Ursprünge）的科学。关于极端科学的相关方法也必须是极端的。"（《哲学作为严格的科学》）胡塞尔以推崇的口气说到的，被广为流传的后期的"无限的课题"，被理解为是对起源进行探求的"思维之道"。对于胡塞尔来说，现代精神史是客观主义哲学与先验论哲学两种理念激烈斗争的历史（《危机》）。他试图走通过探求两者的根源从

而使两者实现统一的艰难的道路。上述梅洛-庞蒂的话概括了现象学的这种尝试。

## ◇ 指向性

指向性是"贯穿现象学各个结构的总称"。胡塞尔强调了它的重要性，"从布伦塔诺学到的指向性的概念改变了心理学记述的基本概念是一个非常重要的发现，如果没有这个发现，现象学将无法成立"。在胡塞尔的现象学向先验论的现象学发展的过程中，"意识通常是关于什么的意识"中的"关于"，其本身就是思考的焦点。随着先验论观点的形成，"关于"就成为展示"分合法的动态的作用关系"的表现。"通过指向的意识作用构成指向的对象"这个问题成为现象学的核心问题。胡塞尔从"思维意识的对象"（cogito cogitatum）的图示开始追溯，进入到"思考作为被思考的思维对象"（cogito cigitatum qua cogitatum）的图示，规定"指向性有赋有意识的作用"，指向性的问题不久便成为时间或时间化的问题被深入思考。指向性的概念是推动现象学整体发展的主题，成为不断产生新的问题的源泉。奥伊肯·芬克认为："构成创造源泉根本的意识是胡塞尔各类研究的主题。指向性不是意味着关系或方向而是意味着创造。"对于现象学不可或缺的主要方法论的各种概念，如指向、构成、反省、分析、记述等，几乎都是在这个阶段诞生的。

## ◇ 现象学的还原

被胡塞尔称之为"所有方法中最基本的方法"的现象学的还原，指的是根深蒂固的自然态度或客观主义态度（状态），而且在此基础上从立足所有科学的朴素性上改变目标，达到先验论的纯粹意识这一现象领域的方法，也就是向现象学态度转变的变革态度的方法。这种方法的操作"从现象学的悬置"开始，即将朴素地盲目信从万物和世界存在，甚至连世界存在的妥当性和存在意义都不追问的"自然的态度"的"一般命题""悬置"、"置于作用之外"、"隔离"、"加入括号"。其结果是获得被称作"纯粹意识"的"绝对的存在领域"。因"现象学的悬置"而产生的态度的变革，重要的是在方法上开拓了自然态度上的意识作用、其功能位置上记述的可能性，像这样区分为意识作用（Noesis）和被意识的对象（Noema）两个方面，使意识的纯粹指向性的本质分析成为可能。也可以说，就像 P·利科注解的那样，"悬置"是由排除其本身的东西"保有"并"构成"的。

胡塞尔的所谓现象学还原，有时意味着先验论的还原，有时则意味着将先验论和形象还原合并。后者的情况，以现象学为理念，以形象的还原是必不可少的为基础。但是，相对于现象学—先验论的还原是现象学固有的方法来说，形象学的还原与其说是现象学的专门产物，不如说是所有形象学的共同产物，在这一点上还原占据了与前者不同的位置。形象的还原可概括为是"由事实到形象的一般转移"，或"向个别的现实存在的一般转移"，或"形象地隔离个别的现实存在"的可能的方法，即事物也好，心的体验也好，暂且停止对现实存在者的一切直接的关心和关于其存在者的实在假设或判断假设，还有，使我们的关心和目标从形象过渡到本质的操作。所以，这种形象还原的方法与现象学的意识理念方面有密不可分的关系。现象学，是在实施现象学的还原中，以先验论的态度进行着本质的探索。

胡塞尔将存在世界分为"实存的部分"和"非实存的部分"两类。前者"实存的部分"作为对个别事实的探索的话，会产生各种各样的"事实学"、"经验学"，而作为对本质的探索，就会产生各种"本质学"、"存在论"。另一方面，后者的"非实存的部分"作为对个别事实的探索，就形成了"形而上学"，作为对本质的探索就是"现象学"。关于这里所说的四种情况，奥斯卡·贝克尔做了如下说明。

贝克尔说，正方形的四个角中，左下角为 N（自然的态度），左上角为 E（形象的态度），右下角为 T（先验论的一事实的态度），右上角为 Φ（现象学的态度）。接下来的四条边中，连接 N 和 E、T 和 Φ 的两个边代表形象的还原，连接 N 和 T、E 和 Φ 的两个边则代表先验论的还原。这种情况下，从自然的到达先验论的现象学的路有 N-E-Φ 与 N-T-Φ 两种，但无论选择哪条路，其结果都是一样的。当然，从 N 出发，到 E 或 T 处停住的话，那只是在单纯的形象学、先验论的事实学领域停止不前而已。

而且，虽然图右侧所对应的是"非实存的部分"，但所谓"非实存"是指消极的不被纳入现实经验世界的纯粹的事物，积极的，是在此意义上，指向性构成全部实存的先验物时先验论的主观性。这种纯粹或先验论的立场在这里由于"非实存的部分"这一说法而变得有意义了，反而是回到该立场追根寻源这件事游离于现实，试图弄清现实世界真的存在方式和存在意义，改变质朴的自然态度才是真正的哲学态度。

O·贝克尔图式

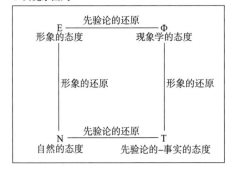

## ◇ 生活世界的现象学

生活世界的概念是胡塞尔后期思想的核心概念，呈现出奇怪的反论。他在《理念》第 2 卷中，将过去被混淆的"自然的态度"和"自然主义的态度"加以区别，在还原上应该被超越的似乎是实际上像自然科学一样试图将自然客体化的"自然主义的态度"。于是，生活世界被认为是在自然的日常经验中得以存在的世界。就像从被解释为与经验的认识结构相关联这一点可以看出的那样，生活世界的概念首先应该面对的是相互交错、多层含蓄、互为基础的一个整体认识，即赋予其世界。但是，使这个生活世界生存的主观已经不可能有所谓的所有意义自发产生的先验论的主观性，而是在世界的某个地点、某个时间上由身体约束的主观。显而易见，生活世界中蕴藏的意义是在一个主观的操作中不得不被还原的事物。这就是梅洛-庞蒂在《知觉现象学》中说的"还原的最伟大的教训是完全还原是不可能存在的"这种状态，使得世界可能如前所述变成确实统一的是"不停运转的指向性"，也就是胡塞尔说的"被动的综合"。生活世界是被动地"产生意义"的基础，赋予主动意义的工作不过是重新采纳不断产生的意义并对其展开二次工作罢了。着眼于"被动性"的现象来拓展"发生现象学"的领域有胡塞尔后期思想的特征。于是，随着知觉经验的主题化，作为被动意识主体的身体成为话题。不是"我认为"的主体，而是身体主观性作为"无我的可能"的主体成为话题，于是"身体的现象学"产生了。这个问题随后由梅洛-庞蒂继承并发扬光大，而且从基于自然态度的"内在世界的现象学"立场来看，应该关注构想了以自然态度为基础的"生活世界的存在论"的现象学家 A·舒茨的理论。

## ◇结论

梅洛-庞蒂在《知觉现象学》的序言末尾处这样写道："现象学与胡塞尔的作品、普鲁斯特的作品、瓦莱利的作品，或者与塞尚的作品一样，是不懈的辛苦。——拥有同样的注意和惊异、同样的意识的严密程度、以其产生的状态去理解世界及历史意义的相同意志。在这种关系的基础上，现象学与现代的努力合流在一起。"将这种不可思议悄然带给人们的大概是建筑大师路易·康的作品世界。路易·康晚年在存在论思考中探索的起源的场所——静谧与光明思考上双重的、平行交叉的场所——被称之为现象（Phe-nomena）。他认为建筑的起源是房间（room）。

日本较早接受现象学的被认为是赴海德格尔所在的弗莱堡大学留学的九鬼周造等人。《"生命"的结构》（1930）、《偶然性问题》（1935）是优秀的作品。在建筑理论领域，有受到海德格尔指导的O·F·博尔诺夫的《人与空间》（1963）等，近几年，C·N·舒尔茨的《场所精神——迈向建筑现象学》（1994）等著作也为世人所知。在日本，京都大学增田友也的学位论文《建筑空间的原始结构——Arunta的会场和Todas建筑的建筑学研究》及论文《关于建筑本体之所在——一种假设》（《增田友也著作集》第4卷收录）等一系列的建筑理论研究，还有田中乔的著作《建筑之术的实践——以京都为例》、《建筑师的世界——住宅、自然、城市》、《小建筑论》也是优秀的成果。

（前田忠直）

■参考文献

· 木田元『現象学』岩波書店、1970
· E. フッサール『ヨーロッパ諸学の危機と超越論的現象学』木田元ほか訳、中央公論社、1995
· M. メルロー゠ポンティ『知覚の現象学』竹内芳郎・小木貞孝訳、みすず書房、1967

# 象征 symbol

## ◇"象征"这个词

Symbol 来源于有"一同进行"、"聚集在一起"、"可比较"的意思的希腊语动词 symballein，其名词形式 symbolon 是"符节"的意思。"象征"一词的日语形式，是中江兆民于 1883 年作为法语 le symbole 的翻译用语首先提出来的。

符节，是指将事物同一化，而象征是表示事物性和观念性的东西、具体性和抽象性的东西相互关联而形成一体。就像鸽子表示和平一样，看不见的概念"被模仿的暗示"就是"象征"。象征，在 20 世纪的各人文学科中，一直被作为主题性的东西在讨论，其意义内容明显地被扩大了。不过，日语中的"象征"和"symbol"还是有区别的，所以，以下将探究一下各位作者的用法及翻译用语。

## ◇什么是象征

**索绪尔和皮尔斯**：现代符号学始于语言学家索绪尔和哲学家 C·皮尔斯，但两人对象征的定义却是完全对立的。索绪尔认为，有意义的东西（语言）和被赋予了意义的东西（观念）的结合是任意结合的语言符号，而象征是自然性的，就像上面所说的鸽子与和平那样（索绪尔，《普通语言学教程》）。与此相对，皮尔斯是将具有语言那种任意性结合关系的东西作为象征（皮尔斯，《符号学皮尔斯著作集 2》）。

**卡西尔和朗格**：将象征提高到统一把握人类各种各样文化形态的根本概念上来的是卡西尔。卡西尔认为，神话、艺术、科学都是象征性思维的产物，根据各种独立的象征形式显示出认识世界的状态（参考文献 1）。根据卡西尔的观点，象征不是描绘、指示、代理已经存在的对象的标志，而是精神自由的创造物，其对

象通过象征的创造而得以呈现。通过象征，世界的认识是在不断地被更新的（《人类》）。

卡西尔的象征哲学被朗格的艺术哲学所继承，从艺术各个领域的创造性工作的本质是象征这一观点展开论述。朗格认为，象征分为两种形式，即如语言一样，根据约定的事情，表示合理性思考的推理的（discursive）象征和像艺术作品那样不具有约定性的、象征本身的意义内含在其中的表象的（presentational）象征。语言也好，艺术作品也好，都是将经验定型化，具有为了直觉与认识将其客观化的功能。不过，语言通过概念将"意义"（meaning）定型化，而艺术作品定义情感与主观的经验、情绪的本质和内在的生命感，表现活生生的带有情绪的"生命的意趣"（vital import）。艺术作品，有伴有色彩或材料的内部各要素构成有特定关联性的表现形式，成为类似于情感的形式或感觉样式的形式，它是情感的象征（《象征的哲学》）。

朗格认为，艺术作品的形式会产生幻觉（illusion）或者幻象（vision）。例如，绘画作品，有在二维画布上表现作为幻象的三维的"虚拟空间"（virtual space）。鉴赏绘画作品时，抛开现实生活中对实际利益的关心，能看到的只是纯粹的表现形式。这时出现的幻象能让人体验到深入到情感或者情感活动的、活生生的生命感。

建筑中的幻象很明显容易失去现实生活中的使用价值。但是，建筑师是想创造出建筑上特有的幻象——"虚拟空间"和"场所"。所谓"场所"，是例如布置成圆形的竖石阵的内侧显现出的神圣区域等。建筑所产生出来的"场所"也是文化的意象。勒·柯布西耶说："建筑，就是人创造自己的宇宙，而且是将其作为自然的意象创造的、最初的表现。"（《走向新建筑》）但朗格认为，所谓

人为了自己而创造出来的宇宙，是集合性、社会性的意象，是具有律动的、功能性模型的特定文化环境和"种族的领域"（ethnic domain）。朗格还解释说，建筑师越来越多地说到的"有机构成"也是与人类环境和人的生命相互呼应而加以理解的有机形式（参考文献2）。

**作为象征的空间图式**：朗格所说的"种族的领域"明显被认为是指原始民族的部落。人为了形成自己的生活环境，有意地划分周围的空间。这种划分的方式因民族、时代、个人而有所不同，由此，各种固有的空间图式就被刻画出来。例如，文化人类学学者列维-施特劳斯描述的南美波罗罗族（Bororó）的部落就是其中一例。这个部落呈现出圆形形态，中心是独身男性的小屋，周围则布置了女性的小屋，而且圆形的内部空间根据社会组织进行了分划。有意思的是，如果这个部族移居到房子并排布置的部落的话，其社会秩序和习惯就将完全丧失（《悲惨的热带》）。由此可见，部落形态的空间图式成为了社会与文化秩序的直接象征。

关于空间图式象征性的研究，哲学、心理学方面也都在讨论，但是在建筑学上，诺伯格-舒尔茨是将建筑空间被具体化的空间图式的意义作为"实存空间"来讨论的（《实存、空间、建筑》）。

**空间的象征性**：增田友也以文化人类学中原始民族的空间图式记述为线索，参照朗格的观点和格式塔心理学，尤其是海德格尔的现象学进行研究，缜密地解释了建筑空间的现象。根据他的观点，在现象的空间中，被认为有原始的空间、符号的空间和象征的空间这三种。所谓原始的空间，是指冥想时呈现出来的空间，但根据增田友也的观点，还有通过物质的作用而出现的空间。虽然空间本身并不是物质，但如果想要理解空间，"空间领域"和"聚集"就只是现象。符号的空

间就是这样呈现出来的现象。例如，一块竖石，其周围就形成了空间的领域，其现象是如果这块竖石带有箭头的形状，空间就不在它的脚下，而是在箭头所指的前方。通过这种事物所形成的领域性的空间就是符号的空间。与此不同的是，还有由事物围绕或者通过被隔离而表现出现象的空间。在这样的空间中，朗格所说的"氛围"作为象征的意义就扩展了。增田友也将这种只从外部隔离的象征的空间作为表现现象的主要契机（"墙、我与空间"，收录于《增田友也著作集1》）。

关于被隔离的象征的空间的具体形态，前川道郎在关于哥特式建筑的论述中进行了详尽的探讨（《哥特与建筑空间》）。

◇ **现代的象征与建筑**

**象征和寓意**：朗格对作为象征的艺术作品的称赞，可以看作是处在发现了针对寓意的象征上的新的可能性这样一种浪漫主义美学的延伸线上。

象征与寓意类似，但却完全不同。在欧洲，寓意在基督教中成熟，直到巴洛克艺术形成。但是，到了18世纪，这样的传统开始解体，在德国哲学，特别是在浪漫主义美学中，针对寓意的象征地位被提高了。在传统上，寓意也好，象征也好，都表现普遍的、理念的非感觉的意义。但是，就像"（所谓本来的词语）使用其他词语"的原意表示的那样，寓意可以代言难以言表的东西，并以其他容易表达的东西表示出来（如天平表示公正等）。用寓意表达的场合，其意思被规定在习惯的、传统的上面（如教堂的纵深表示忍耐，宽度表示爱，高度表示希望等）。因此，如果不知道这种规定的话，就不能理解其意思。另一方面，象征，在其形象本身之中应该能够直观到它的普遍意义，可见的形象和不可见的意义是若即若离的。

在浪漫主义美学中，将象征放在了寓意的对立面，对此进行明确规定的是谢林（参考文献3）。在寓意的传统逐渐消失，形象和其意义的纽带将被解开的时代，谢林期待将特殊和普遍、具体形象与精神意义的统一恢复到象征上来。

**象征的瓦解和符号化：**随着现代主义的发展，浪漫主义美学寄希望于象征的企图面临着困难。象征开始瓦解，象征向着符号的方向发生着质变，即艺术作品失去了应该表现的普遍的理念。相反地，开始尝试再次感觉的和理念的东西的结合，但也许理念的东西停留在作家个人的水平上，没能获得普遍性。浅沼圭司认为，这样一来，不追求与理念的东西结合，仅表现主观的感觉、情感的艺术就出现了，即抽象绘画、半音阶的音乐等现代艺术。这些艺术的立足点只在感性上面，其形态是任意的、凭感觉制作出来的。浅沼圭司将这样的艺术作品看作是只处在感觉的表层水平，让自己满意的"符号"，有别于象征。象征，被解释为是与理念的东西结合产生出来的，但符号被解读为徘徊在感性的水平（《象征和符号》）。

这样，感觉的形象达到自律的现代艺术，或者如朗格所言，会成为生命的象征，或者如浅沼圭司指出的那样，会成为符号。这就是两者的分歧所在。

**现代建筑中纪念性的恢复：**现代建筑，以拒绝风格建筑具有的象征性这一点为动力，获得了新的表现，但不久，对于缺乏象征性的反省就开始出现了。例如，吉迪翁在1943年举办的专题讨论会上，以"新的纪念性"为题，主张建筑应该获得现代的纪念性。吉迪翁承认"纪念性"这个词有招致误解的危险性，但是仍敢于将作为象征的纪念性当作问题。吉迪翁认为，20世纪20～30年代的时候，廉价地提供最低限度的人类生活环境是建筑的主题。但是，进入20世纪40年代后，开始期待纪念性表现的追求。说起来，所有时代

的民众都有创造出为宗教信仰或社会信条的象征这种冲动。就像具有真正文化生活的时代能够建设出 Agora、Fourm、Piazza 等具有纪念性的广场一样，吉迪翁强烈呼吁，现代也要有象征民众社区力量、情感、思想的"纪念性"的创造（"关于纪念性"，收录于《现代建筑的发展》）。

**由装饰带来的象征的恢复：**进入20世纪后半叶，有人主张用与吉迪翁完全不同的方法恢复象征。尤其是文丘里从对林立于拉斯韦加斯路边的商业招牌和符号的调查中发现了通俗的象征意义，并写了《向拉斯韦加斯学习》一书。其中，文丘里对象征的建筑形态，以"鸭子型"和"被装饰的小屋"两种类型进行了对比，提出了现代建筑在结构和功能上独创的形态，并使其具有象征性。文丘里认为，这与以鸭子的形状做成路边汽车餐馆是一样的。但是，有人批判说，现代建筑的象征性是暗示的（implicit），想要表现的地方是不明确的。

另一方面，所谓"被装饰的小屋"，就是广告建筑。它给予布景一样的外墙以传统的、习惯性的装饰，容易唤起人们对历史风格的清晰的（explicit）联想。这样的大众装饰是平凡的，有时甚至是丑陋的。但是，文丘里评价了其强烈的易解性，并且将附加各种各样装饰的象征合法化了。

**折衷主义和象征的恢复：**与文丘里齐名，作为理论家而闻名的詹克斯批评文丘里，不如说就是评价"鸭子型"的可能性。詹克斯认为，具有独创性形态的一部分现代建筑，在多义性暗示的隐喻创造上是成功的。例如，勒·柯布西耶的朗香教堂，具有能够让人联想到船、合拢的双手、相互拥抱的母子等暗示的力量。伍重的悉尼歌剧院、埃罗·沙里宁的 TWA 航空港等，也是创造性隐喻的最好例证。

詹克斯将自己的主张作为"根本的折衷

主义"，追求多样化象征的混合体系。但是，他也注意到了摆在那里的巨大困难，那就是支撑象征的代码的消失。詹克斯认为，曾经支撑建筑象征性的宗教等的形而上学在现代已经丧失殆尽了，因此，脸形住宅（山下和正，"脸之家"，1974）等明喻的建筑出现了。但是，这种形式随后不久就被超越，尝试以无意识的身体意象和身体的空间性为基础的象征出现了。罗伯特·斯特恩的埃尔曼住宅、查尔斯·穆尔的克莱斯格学院等被评价为具有某种程度的植根于身体性象征的尝试。

詹克斯的根本的折衷主义，以"传统的、大众的代码"与"现代代码"的并存、充满传统的慢慢变化的象征与呼应技术、艺术、流行快速变化的象征二者的并存为目标，就像高迪的作品一样，是采用多样化的代码产生出多义性的建筑。但詹克斯严厉地指出，当时的后现代主义建筑还没有达到这个阶段（《后现代主义建筑语言》）。

**现代社会中象征的贫乏**：象征，在现代化的过程中逐渐衰退，文丘里发现的商业符号已经到了交替腾飞的时代（多木浩二，《有生气的家》）。将这种状态作为由商业资本带来的象征的支配，进行分析并提出尖锐批评的是哲学家斯蒂格勒。斯蒂格勒认为，共同拥有感性的集体在今天是会受到被称为商业资本市场的这个支配社会攻击的。象征由资本单方面提供，通过它，生产者和消费者分裂了，参与衰退了。其结果，群体文化的特征丧失了，"象征的贫乏"扩大了（《象征的贫乏》）。

考虑到上述分析，可以认为，建筑中象征的贫乏源于建筑的特征被从地域社会中分离。建筑，说到底是在当地存在的，但是，在现代社会中，建筑作为企业形象、商品形象这些形式的象征而被利用，通过媒体传达给全世界的听众和读者，变成了场所无所谓的存在。建筑的印象离开了地域性的集体之手，"参与"被完全关闭了。

正如吉迪翁指出的那样，象征，对人类而言，根本性的诉求没有不同，也不能否定建筑植根于场所的性质。因此，被地域社会支持的象征的创造依然是建筑不变的课题之一。

（田路贵浩）

■参考文献

1.カッシラー『シンボル形式の哲学』木田元ほか訳、岩波書店、1989
2.S. K. ランガー『感情と形式』大久保直幹ほか訳、太陽社、1987
3.シェリング『シェリング著作集 3』伊坂青司ほか訳、燈影舎、2006

# 形态 form

## ◇ 建筑与形态

建筑伴随物质形态而存在是自然之理。建筑，首先是其形态成为人们的感知对象，并通过感知来打动人们，主要是建筑通过形态表现来发挥其存在感和作用，而且，在建筑设计中，无论其目的是为了满足功能还是为了创造人们从事各种行业的空间，实际上，在平面、立面、剖面或是三维上决定形态并将其图面化这个工作才是最主要的。从设计的角度说，这样来决定建筑形态是建筑主要关心的事也不为过。形态是支撑建筑存在的非常根本的一个方面。所以，关于形态的研究和分析在建筑理论中占有重要位置。

但是，如果围绕形态进行研究的话，就能感觉到事情没有那么简单。其理由大致可以整理为三点。

第一个理由：形态一词的含义本身绝不是那么简单。含有形这个意思的同义词有形状、形态、形式等，但它们如何不同呢？形状是真正的、肉眼可见的、有形的东西，有表面上的形的意思，在英语里，相当于 Shape 或是 figure。但如果是形态（form），在可见形之上还含有产生形的某些条理的含义在里面。然而，如果形成像路易·康的"form"那样的使用方法，虽然实际上不是可见的东西，但也可以成为在确定可识别的设计之时，其设计深处所蕴涵的思考方式。进而，成为形式的话，比起可见的形来，赋予其条理的情况，换一种说法就是以接近于构成的意思为重点。形态这个词，在围绕形的各种各样的词汇中处于中间的位置，根据使用方法有细微差别，这一点必要注意。

第二个理由：虽然形态基本是以可见的形为基础的，但是如果用于平面形态、空间形态的表现，未必就是在实际建筑中可见的物质对象。平面形态在图纸上可见，但实际上在广阔的三维空间中很难察觉。空间形态是在可见的物质要素之间形成的空隙，其自身并不可见。于是，形态在解释建筑的时候，成为了使用范围非常广且方便的用语，所以，明确其所指为何物是非常必要的。

第三个理由：即便说形态，对待其词义或对待其意义，围绕形态的研究方法会非常不同。使用词义这种情况有不脱离具体形进行研究的必要，使用意义的情况虽是以形态为对象，但其研究有离开纯粹的形态而向非常广大的范围扩展的可能性。

像这样围绕形态的研究，微妙差别、对象、内容涉及的范围很广，所以要充分注意。换句话说，形态这样重要的用语，实际上是可能包含多种使用方法的语言，其含义极其广泛，所以如果没有形态这个词，谈论建筑将是一件困难的事情。因此，在本文中为避免引起混乱，把建筑形态限定于实际上可见的或图面上可见的实体部分的形和形状。

## ◇ 关于建筑形态的研究

众所周知，关于形态的研究是古往今来都关心的事，早在柏拉图的《蒂迈欧篇》中就被充分表现为纯几何学的讨论。从更为建筑的角度来看，也可以说形态的设计是建筑师最关心的事情之一，从稍微理论性的角度来论证的就要属文艺复兴时期的建筑书籍了。阿尔伯蒂或帕拉第奥的建筑书籍中推荐的平面形式就是以纯粹的几何学为基础的形态。

然而，真正开始研究和分析建筑形态是在 19 世纪末。就像在美术史上阿洛伊斯·里格尔、海因里希·沃尔夫林等人尝试的那样，以从学术角度总结以往的风格之际不间断地关注、研究建筑形态为开端。关于这种围绕建筑形态的各种各样知识上的尝试，汤泽正信的"文献解题——建筑造型理论的方法与拓展"（《新建筑学体系 6 建筑造型理论》彰国社，1985 年，pp. 337～375）以广泛的形态研究为对象，进行了条理清晰的整理，因此，在尝试全面理解围绕建筑形态的各种各样的知识时，希望能参考这篇优秀的文献。

现在有关建筑形态研究、分析的基础理论，主要是从 20 世纪 60 年代后期到 70 年代由建筑师自己形成的。可以举出的其中主要的代表作如：1966 年罗伯特·文丘里的《建筑的复杂性和矛盾性》（Complexity and Contradiction in Architecture），列举了数量惊人的历史建筑的实例，指出了其建筑形态的复杂程度、矛盾程度和模糊程度，并对那个时期的现代建筑过于纯粹而简单的形态进行了批判；1965 年阿尔多·罗西在《城市的建筑》（L'arechitettura della Città）一书中主张形成城市历史的是即便改变功能也可以继续存在的建筑及其形态，与曾为现代建筑、现代城市规划主流的功能主义的想法形成完全的对立；彼得·埃森曼在"概念的建筑备忘录"（八束 HAZIME 编，《建筑的文脉，城市的文脉》，彰国社，1973）等一系列文章中强烈主张建筑形态的自律性，思考形态时，在区分词义和意义的基础上，从必须着眼于关注词义上可以感知的"表层结构"和其深处思想水平上的"深层结构"以及它们之间的关系的角度，提出有关建筑形态研究的巨大转变。

在日本，受到海外这种对建筑形态的关心高涨的影响，20 世纪 70 年代前半段，矶崎新在《建筑的解体》（美术出版社，1975）一书中，打破了对于形态设计来说正统的现代建筑的束缚，而且以"手法"一词结束了新的建筑语言的发明期，只会引用、参照迄今为止的建筑形态，没有建筑师也可以做，这样说虽然有些赶潮流，但却展示出了对年轻一代有很大影响力的一种思考方法。

关于建筑形态，更加学术性的研究始于香山寿夫。尽管是短文，但从"建筑，无论其理由如何，最终都要落实到形态上来。只有通过其形态所具有的力给周围带来作用。（中略）建筑中的形态理论是论述建筑是由什么样的形态要素组成，那些要素是怎样相互关联，它们会形成什么意义这些问题的"（香山寿夫，"建筑的形态分析"，《a＋u》Vol. 3，No. 11，1973-3）这样的角度以及具体的建筑分析，给予对建筑形态关心的高涨以巨大的影响。

恰好，从 20 世纪 60 年代后期到 70 年代是建筑界的整体潮流要实现向所谓的后现代主义转型的时期。可以认为，后现代主义形成引进历史的建筑主题和研究、分析有关建筑形态并行的现象绝非偶然，在实际的设计与研究两方面，对具体的建筑形态的丰富程度倍加关注。之后，因为后现代主义，也可称为后现代历史主义，向现代建筑融入历史建筑主题的做法过多，而且屡屡出现粗制滥造现象，所以到 20 世纪 80 年代后期，后现代主义日渐式微。但是，另一方面，着眼于建筑形态的这一视角被稳稳落实，其研究层面的积累也更加充实起来。

我们将这种建筑形态研究的代表性成果按"（1）关于形态理论的方法论的完善，（2）基于形态分析的个别研究"这样一个顺序来看一看吧。

首先，整理完善形态研究方法论的是香山寿夫的《建筑形态的结构——亨利·H·理查德森与美国现代建筑》（东京大学出版社，1988 年）。香山寿夫将关于建筑形态的分析称之为"形态论"，其立足点如下所述：

"属于作品研究、作家研究的许多建筑意匠或建筑史研究与这个研究相同，是将建筑形态本身作为研究对象。在这一点上，形态论和这些研究具有共性，与这些相近领域的研究成果没有关系是无法成立的。

但是，这种研究与形态论之间，还是存在着根本的不同。通过它们之间的不同点的说明，大概能明确形态论的基本状态。

（1）形态论不是论述形态的外在的产生条件，而是内在的产生条件；

（2）形态论不仅讨论形态要素的特质，更要讨论要素统一关系的特质；

（3）形态论不只是单纯说明业已存在形态的存在形式，更应该通过这些推断出可能存在的其他形态的存在形式。"

另外，关于其分析方法的顺序，明确解释整理如下。稍有些冗长，但因为是关于形态论方法的重要论述，所以要加以引用：

### 第一阶段——形态要素分析

第一阶段，选取出作品形态辨别的特征（distinctive feature）。一个作品在观察者面前出现并展示其与众不同的特征。或者，观察者从眼前出现的作品中掌握一些显著的特征，将这称之为辨别的特征。

### 第二阶段——形态构成分析

接下来的阶段，选取出作品形态的构成形式特征。一个作品独立于周围环境，形成一个整体，但是，它是由多个部分组成的，其部分与整体关系的形式被称之为形态构成。即在一个形态中，其部分被统一，可以组成更大的整体，整体间存在关联；若部分被分解，可分解为更小的整体，部分间存在关联。这个分析分解与统一的关联就是形态构成分析。……在这个中间层次上的形态的统一成为了理解形态构成时的基本线索，所以被称作构成要素。……构成要素作为辨别的特征被理解为部分形态的统一，或者也可被理解为辨别的特征的整体形态的分解。……重要的是选取出这个构成要素的方法在一个作品的形式中不止存在一个而是

许多。

### 第三阶段——形态结构分析

在这一阶段，要找出关于第二阶段分析中被理解为多个的，与形态构成对应的整体的共同中心。为了寻找这个中心，必须仔细思考各自的形态构成中构成要素相对于形态整体所具有的意义。其结果是，假如发现这些中心构成一个相互关联的关系，则表示这个关系结成一个多个形态构成的结构，即结构概念表现为一种统一性，而不同的形态构成表现为一种与统一性相异的表现方法。

形态要素、形态构成、形态结构这些对象的规定方式及研究视点在香山寿夫的研究中被作为适用于研究亨利·H·理查德森以及由此发展的美国现代建筑的权威的方法，但是，这种方法本身也具有适用于其他建筑师或作品研究的普遍性。尽管这么说，根据分析对象，作为辨别的特征，形态要素的判断、形态构成的分析、形态结构的解释当然也是不同的，因此，积累许多个案研究是必要的。

作为这种个案研究的实例，有本人的拙作《装饰主义风格的摩天楼》（鹿岛出版社，1990），不运用形态论这种表达，而着眼于形态来加深对近现代建筑理解的实证研究。这是详细分析、思考20世纪20年代高层建筑形态以纽约区划法为契机而产生的一般性说明，是对区划法规定了形态什么？什么由建筑师的造型感觉所决定的研究。换句话说，它表达的是没有对形态的着眼，就无法理解这个时代的高层建筑的形式。

其他的个案研究，不好意思，都与笔者本人的研究有关，如藤井伸介、小林克弘、中原MARI的《密斯·凡·德·罗的砖砌田园住宅方案中的几何学构成》（《日本建筑学会规划论文集》第493号，231～238）（1997年3月），三田村哲哉、小林克弘的《收藏

家馆与里昂市展馆的建筑造型——关于1925年巴黎现代装饰工业艺术国际博览会的展览馆研究之二》（《日本建筑学会规划论文集》第588号，223～228）（2005年2月），椎桥武史、小林克弘的《路易·沙利文建筑造型所见的"动态平衡"之一——由立面构成手法与装饰主题带来的竖向性》（《日本建筑学会规划论文集》第619号，223～230）（2007年9月）等，是以各种各样的建筑为对象进行平面形态、立面形态的分析，试图解释清楚各种各样的造型原则的部分尝试。

这里，虽然没有充分概括多位研究者有关建筑形态的个人研究，但是，即使没有在前面写上"形态"这一字样，关于以形态分析为基础的研究也确实有所增加，也可以说注重形态已成为很普通的事了吧。

## ◇ 结束语

最后，还想再来确认一下形态研究的意义。形态虽由各种各样的要素决定，但构成形态内在的、自律的逻辑性的东西确实存在。于是，探求形态的内在逻辑和自律发展成为了研究建筑造型上极为重要的，而且不能回避的一点。没有这样的研究就无法知道建筑形态世界的丰富多彩，而且，它们是通过对建筑造型的整体分析来研究决定形态的各种外在要素是如何相互关联的。

(小林克弘)

■参考文献
· 香山壽夫『建築形態の構造－ヘンリー・H・リチャードソンとアメリカ近代建築』東京大学出版会、1988
· 香山壽夫、湯澤正信ほか『新建築学体系6 建築造形論』彰国社、1985
· 小林克弘『アール・デコの摩天楼』鹿島出版会、1990

# 意匠 design

## ◇ 建筑意匠的基本概念

所谓建筑意匠，是指思考、创作建筑形式的过程，或者是探讨已建成建筑的形式。"意匠"的原意是动脑思考和构思，但最后似乎被作为"设计"一词翻译使用了。Design（英语）、dessin、dossain（法语）、disegno（意大利语）等是基于拉丁语 designare，即"表明"、"指示"这个词的，似乎可以说，日语将其翻译成"意匠"，即采用有思考、打算（意）以及制造（匠）含义的词来表达是再适合不过的选择了。这类词语在日文中并非自古就被一般性地使用，所以，可以说，关于建筑形式的特质或意义以及创作方法的自觉的或是反省的态度是它存在的基础。

形式的第一层含义是被创造出来的物体。创造出来的物体的固有形式将固定的意义和作用带给人们。这种情况下，所谓建筑意匠，指的就是建筑形式的存在形式，形式的另一层含义也就是理解、思考、判断的手段。人的思考结果不光有形式，还有通过形式而来的想法。形式在人的思考方面是和语言并重的另外一个不可或缺的手段。在这种情况下，建筑意匠则表示为建筑形式的创作方法。

形式作为原本的、整体的、综合的东西而存在。人通过语言来分析领会其意义，根据形式进行综合的理解。例如，圆在数学语言中定义的话，是指从一个点出发那些保持同一距离的平面上点的集合，而作为一种形状在纸上画出的圆可以意味着封闭的房间单位，也可以意味着旋转、连续，进而还可以表示为一个宇宙。人就是这样根据形式来理解事物的整体性或者本质的。因此，建筑意匠理论成为了站在人所使用的建筑的形式层

面上，经常不得不与整体的人类思考相关联，将空间理论、风土理论、场所理论，或者风格理论、作者和作品理论包含在其中的学说。

## ◇ 作为存在形式的建筑意匠

建筑，是空间的艺术，也是创造空间的技术。作为空间艺术的建筑的特色因与其他造型艺术的比较而更加明确。绘画是二维的平面造型艺术，而雕刻和建筑是三维的立体造型艺术。然而，建筑因为是空间的造型艺术而与雕刻也有着区别。

所谓建筑空间，是指按照构思给予包围人的空间以一定物质性限定的东西。空间，一般来说，可能在哲学或数学等的理论框架上有各种各样的定义。但是，在与人体的关系方面加以论述的空间理论之外，得不出建筑意匠理论的有效性。

因此，人在自己身体存在的延伸方面需要什么样的空间限定呢？在什么样的意图上实现这种限定呢？这种意图大致可以分成建筑存在的三个层面来理解：第一是宇宙存在的层面；第二是集体存在的层面；第三是实用存在的层面。

第一个层面，所谓作为宇宙存在的建筑，将自己定位为与周围无限扩展的空间相关联，并形成赋予一定秩序的框架。宇宙（cosmos）的本意是自己与周围相关联的本质的、根源性的秩序，而不是仅指单纯的物理的宇宙。人与单纯依照生理需求、本能的欲望采取行动的动物不同，没有宇宙秩序的自觉和限定是无法生存的。

从母亲胎中这个完整的宇宙降生出来的婴儿，因为恐惧空间的没有限定而哭泣。幼儿在包裹的毯子里或者钻进桌子下面才能找到一个宇宙的限定，原始人为举行祈祷或仪

式建设以实用为目的、不可思议的建筑物。祈祷也好，仪式也好，不外乎是定位自己的宇宙的行为。即便在现代，人也需要宗教，建设宗教空间的理由毋庸置疑也在于此。但是，重要之处在于，宇宙的秩序不仅存在于宗教建筑，还以某种形式存在于所有的建筑中。例如，住宅通常就是一个宇宙，与人存在的根本相关联，家庭成为其中的一个，孩子就是在这样一个宇宙中成长的。如果不是这样的话，长大后离开家的年轻人就不会歌唱"想念远方的故乡"和"难忘的老家"了吧。

第二个层面的所谓集体存在的建筑，也可以说是建筑的共同性（commonalty）或社会性。建筑以及作为建筑集合体的城市是在人共同生活所必需的社会性框架上创造的物质形态。在建筑空间内，人不是单独居住，而是和某人一同居住，将这个特别的某人与其他相区别的，是限定围合建筑空间。其围合由外向内，进而招来某人或是拒绝某人。区别招来的人和不被招来的人的就是围合。这就是动物巢穴和人的家的不同之处。动物的巢穴是不会招待客人的，而建筑空间规定了如此的居住者的社会关系，且必须以其他人能够理解的方式向外界展示，这就衍生出了建筑的象征。

内部空间规定了在这里居住的人的关系，规定了集体居住所必需的形式、约束、习惯或礼仪。人类的集体生活是先于以语言确定的道德和规则，以空间形式确定的规则为基础来进行的。孩子，先通过家中的空间，然后在街道或公共空间中学习社会生活的规则，成年后成为城市空间中的社会一员生存下去。集体之内的无数约束或习惯在成为法律之前已首先作为城市空间的形式而存在，关于这一点，看一下城市集体的历史就可以明白。

第三个层面的所谓实用存在的建筑，是为实现安全、便捷等各种各样的意义上的舒适性（commodity）而作为工具的建筑。建筑，像避难所（shelter）一样将人包围，并保护人不受风、雨、雪或强烈的太阳照射的侵害，创造出舒适的室内环境，而且这个避难所必须具有抵抗外力的建筑强度。那么，其空间如果按照符合人的行为效率那样来构成的话，人的生活就会变得很方便。鸟巢也好，蜂巢也好，蚁穴也好，在高度实现各自的舒适性这一点上，可以说是实用存在型的建筑。

建筑存在形式的这三个层面被统一在同一个建筑空间的内部，而且建筑还必须向外界表达出其中的内部空间被统一成什么样的整体了。这就是建筑的表现，或者说是象征的问题。为什么要追求这些呢？对于这个问题的回答，只能说是人追求其存在，建筑也回应其作为愿望的存在。那么，应该如何实现这些呢？这就成为建筑意匠应该思考的对象。

## ◇ 作为创作行为的建筑意匠

形式不仅指创作出来的东西，也指探求和实现形式的行为。这就是作为创作行为的建筑意匠。人不仅要思考画图，也要为了思考，即为了探求思考而画图。依据形式的思考或探索在创作行为的所有阶段都有作用。从最初设计阶段场地上建筑布局的意象草图到屋顶檐口或窗框细部的研究草图，形式被在各个阶段为追求一个整体而不断地反复推敲，而且这个推敲不到工程结束是不会停止的。

对形式的探索，即所谓形态思考常常与保持着整体性，或者面向新的整体性保留重新组织的可能性进行探索这一点上的分析、思考，即与一般被称作逻辑的、科学的思考作比较。建筑意匠这一行为，也需要部分地进行科学的思考，总体来说，只有通过形式的思考，才能够实现。

这是因为，应该实现的建筑形式必须通过某种精密的语言或数学公式才能定义。在建筑设计初期，要提出建筑师必须实现的目标。各个房间的种类、功能、面积以及相互关系、与外部的联系，甚至城市规划中的条件或工程费用等，这里所罗列的条件，如果按照文字规定正确地、必要充分地实现了，那么谁都能得到满足吗？不用说建筑师，提出目标的业主也绝不会满足。理由很明显，因为最初提出的目标只不过是大概的轮廓和大致的方向而已。如果是住宅，和家人一起居住是什么样？或者是教堂，人们怎样聚在一起进行祈祷？通过建筑应实现的本质的目标，绝不是用语言或者数学公式能解决的，只能通过建筑的形式来理解。

因此，建筑师是通过形式来探求它、通过形式提出自己的思考、向人们询问的，而且，用语言不能表达出自己对形式的希望的业主，在知道形式被人理解了的时候，就会得到满足。建筑意匠就是这样通过形式进行的思考，同时也可以说是由形式产生的对话。

科学的思考，只有在主题事先限定的情况下才是有效的。由此推导出来的结果，用同样的方法，任何人都能可靠地实现，也就是其设计方法要成为能够被切实地客观操作的东西。

前面所说的有关存在形式第三个层面的实用存在的建筑有很多问题，通过科学的方法来对待是可能的。一个结构体必需的力学强度如何能获得？一个室内必要的温度或者照度如何能获得等能够明确限定问题范围和内容的情况，是可以对一个现象的原因进行科学分析的，因此，可以通过工程学的方法实现预期的结果。现代建筑惊人的发展，不用说，就是通过这种工程技术的力量加以实现的。

然而，在科学的思考和工程学的方法之前，必须限定问题的范围和内容，即价值的判断及共存的众多价值相互重叠的判断存在于科学的思考、工程学的方法之外。价值判断本质上是通过习惯、传统等来规定的，但具体来说是由个人的主观判断而决定。为了进行结构分析，必须先决定结构形式，也就是要进行结构设计。为了实现舒适的室内温度环境，就必须先去感觉什么样的温度舒适，主体的价值判断是必需的，这就是原因。

逻辑的思考是人的本性之一，尤其在现代，在有限的范围内将其作为严谨方法的科学思考被作为理性思考的理想之一来看待。于是，在理想之下，前文所提到的建筑存在形式第一个层面中美和世界认知的问题，或在第二个层面中关于社会认识和社会观的各种问题也是作为"科学性"地对待在不断地进行着尝试。如果存在创造美的形式的原则，按科学法则操作的话，任何人都能容易地按照操作法则创造出美的形式。那时，美就已经不再是少数天才或经过长期训练的人才能拥有的特权，而应该成为任何人都能创造的东西了。这种想法的确很有魅力，古希腊人也对此进行了各种各样的思考，在文艺复兴的建筑理论中也成为被主要关注的部分，尤其是18世纪的合理主义、启蒙主义之后的现代主义理论中的很多思考、主张或研究，不断地被重复。例如，关于"比例"（proportionz）的讨论是其代表性的例子之一。对于美的建筑来说，在构成它的各个部分的尺寸中是否能够找出一定的比例关系呢？古希腊的古典美能够说明有简单的整数比，或者叫黄金比例这样特别的比例关系。如果这是正确的，那么，按照这个尺寸比例建造建筑，建成的所有建筑都应该是美的吧！显而易见，事实并非如此，拥有黄金比例的丑陋建筑比比皆是。那么，帕提农神庙为何如此美丽呢？尺寸的比例关系也可以说是其中的一个条件，但除此之外，同时还存在着无数个条件，如适当的尺度（例如以人体尺寸为基本的尺度）、被限定的细部形状（例如多立克柱式）、材料（例如大理石）等，这些是不胜枚举的，而且，所具备的条件越多，就越说明它是个特殊的形式。然而，如果不明确其具备的条件，而只详述其比例关系这个条件的话，就会引发一般性的错误。

作为创作行为的建筑意匠，只能说明追求建筑形式的秩序是永无止境的追求。这种追求是在社会规则和科学法则这些创作者之外的外在条件中无法得到的，只能从自身的内在秩序中来探求而别无他法。在这个意义上，创作者在完全自由的环境下才能工作。然而，这种自由在不明确的秩序内部才能存在，常常以此为目标才能觉察到其具有的意义。曾经，在建筑的社会训练，或者技术的、材料的限制很大的时代里，那些限制把共同秩序的具体化作为一个工作来承担。今天，建筑师被从那些众多的桎梏中解救出来了，应该说建筑的"创作自由"也出现了"创作放纵"的状况。建筑意匠如今必须研究作为"创作自由"根本的"创作诚实"问题。

（香山寿夫）

■参考文献
· 森田慶一『建築論』東海大学出版会、1978
· ロバート・ヴェンチューリ『建築の多様性と対立性』伊藤公文訳、鹿島出版会、1982
· 香山壽夫『建築意匠講義』東京大学出版会、1996

# 住宅 dwelling

**1**：和辻哲郎说："'家'不只是木材和土地的聚集，还是'住宅'，并且作为'住宅'表示着人的业已存在。"即"'家'表示家族共同存在的方式"，是做为一定社会的历史、风土制约的表现，是与其他人关系的表现。我们在"住宅"中"居住"这件事，要以对这种表现的理解为基础才能够得以开展。因此，"家"不仅是木材和土地的聚集，只要把人居住的"住宅"当做一个问题，就必须尝试理解将"家"作为人存在的表现，即"显现于外的我们自身（可以将它作为实存的场所）"。对人在"住宅"中"居住"这件事的意义的理解，可以通过人存在表现的解释，如通过解释学的方法追溯表现理解的基础来实现。

另一方面，这个解释学的方法在其开始之初就已经铺垫好了那种人存在表现的理解基础，因而，离开这一基础就无法找到其他的立足点。这里所说的解释学的方法虽然比较泛泛，但立足于表现理解的基础，就只有以比之更根本的基础为目标，可以说这是一个环形的认识路径，是自我反省的一种状态。阐明"居住"的意义将我们引入到自觉的状态。

**2**：有一种观点是将住宅作为与人的生存状态分离开，经由物质构成的建造物来理解，然后再将两者之间的关系作为问题；而另一种观点则是人在生存（居住）这件事上将构成住宅这件事本身当做问题。从后者的观点来论述的，在建筑领域中当以舒尔茨的研究为代表。舒尔茨将"居住"的概念不是定量而是定性、不是物质而是实存地加以定义，他说："居住，意味着向一个所给予的场所的归属，另外，还意味着拥有'住宅'。"这个场所与"住宅"相互依存。我们在进入自

己的"住宅"时，也带入了外面的世界，形成了定居（identity）。"住宅"是在歌颂人与所给予的环境努力相互协调，即"住宅"就是表现人在归属于某一个场所时获得自己的定居。从这里可以窥见到舒尔茨围绕人的"住宅"，并将其作为场所归属问题的探询。

舒尔茨认为，自觉是"居住"的基础，即定居意味着"把整体环境作为有意义的东西来体验"。然而，这时，整体性内部特定的一种有特别意义的东西，在地面上以图形表现出来。于是，"人为了能在其中行动而进行自我定位"。就这样，定位与定居一起，作为"居住"的两种局面决定着"住宅"的一般结构，但是，这两者是促成"居住"这一状态的两个方面，形成整体的表与里。舒尔茨是这样来论述两者的区别的：定居关系到具体的形态，定位则可以理解为空间秩序。

关于人的定居，指的是关于它和"物质"（thing）世界密切相关的方面。"物质"的世界不以感觉、感动、推测为中介，可以说是从一开始就作为构成结构关系的整体被直接给予。而且，"物质"的意义存在于"物质"自身中，我们从"物质"的整体形状可以一目了然地看出其意义。还有，"物质"与世界的基本结构相关联，通过表现世界而规定人的存在。另一方面，定居意味着通过理解"物质"而获得一个世界，"居住"则被认为是占有"物质"世界的行为，是"物质随同一个世界一起造访人"，所以，由这个"物质"解释的聚集的意义成为了我们实存的基础，即获得了"住宅"。显然，"物质"世界接受人的解释，并通过它成为人"居住"的世界，这个解释也通过原本彰显"物质"本性的艺术作品而成为可能。就这样，舒尔茨在继承海德格尔思想的同时，又

围绕"居住"进行了系列的思考，最终回归到海德格尔的名言"诗是使我们真实居住的东西"、"诗，首先将人置于大地之上，使其归属于大地，并通过它获得居住"。这就是"建筑作品属于使我们居住下来这种诗意表现的东西"。

**3**：不过，这里我们必须仔细地解读舒尔茨的观点。乍一看，似乎是原原本本引用了海德格尔原文的文脉关系，但实际上某些说法被更换了，它们明显地表现在"'物质'的世界接受人的理解并由此成为人'居住'的世界"之处。海德格尔继承了荷尔德林的思想，说"诗人必须理解诸神的眼色，诗人被诸神的雷电所击"。"物质"存在这个事态还是"述说语言"的事态，通过被诸神雷电所击而得到明示。舒尔茨没有提及"人解释'物质'"这种从人的方面引起的事态。这里指出两者的不同点，是因为这种不同变成了与根本立场相关的重要观点。对于海德格尔来说，必须从根本上反省现代的主观主义美学，这是与上述观点直接相关的事情，它因而成为了海德格尔思想的根本动机。因此，舒尔茨的论述变成了含有与海德格尔思想根本不同的东西。在此基础上，甚至在围绕"住宅"思考的舒尔茨的观点上，我们看到了与定居一起形成"居住"的两个方面中的另外一个方面——定位。

关于日常活动中的行为，舒尔茨用目标（goal）、路径（path）、领域（domain）这些用语来理解，展开了实存空间的现象学（舒尔茨所言的实存或者现象学是否符合哲学中所说的实存或者现象学的概念，姑且不谈）。这时，受到重视的是作为实存空间基本要素的目标（或中心 center）。舒尔茨针对"一般来说中心是未知的，因而对于可怕的周边世界用已知的东西来表示"，引用了布鲁诺的话，说"这是人在作为精神存在的空间中获

得位置的节点"，即舒尔茨认为，以人定位的最重要的要素为中心（或目标）是已知的，并且作为受到庇护的场所观点被人关注。

相反地，路径或者轴线是补充中心的。中心是包含了到达那里或是从那里出发的东西，因此，通过路径或轴线的补充而形成。"路径表示为与一般称做'迷路'的体验形成对照的那种能够获得行进的可能性。"因此，路径、轴线在未知的周边土地上，作为图，中心被定位、被结构化是可能的，人的定位是可能的。人由这种中心、路径来定位，但是，它们叫做在领域的内部按照与领域的关联进行定位，表明了中心是这种定位的最重要的要素，中心是已知的。这个中心与主体性成为一个整体是显然的吧。这与在定居方面强调解释世界的人的主体性大概是同源的。但是，定位，因将未知领域当做底而开始变得有可能，只不过这个领域与中心相同，是在世界内部存在的，与海德格尔所说的与世界对立（抗争）的大地存在根本性的差异。

另外，相对于以中心和领域的图底结构为基础来理解这种定位的舒尔茨来说，日本的玉腰芳夫则依从于胡塞尔，将着眼点放在成为各个场所位置基础的绝对场所上。身体跟随着地平面时，可能每次都要超出于地平面。然而，更加接近地平面的话，就无法超越身体跟随地平面的关系本身。作为每次都能超出于地平面的东西，成为了在那里确定位置的基础地平，即地平的地平，胡塞尔将其称之为大地。大地作为绝对的静止，不能被对象化，而且各个场所是在大地的基础上得到定位的。若是效仿胡塞尔的见解来认识舒尔茨所说的定位的话，大概就能理解没有提及确定中心、领域这些图底结构自身位置的大地，也可以称之为大地的大地的立场了吧。

**4**：舒尔茨围绕定居和定位的观点，与上述那种海德格尔的思想之间存在着根本的差异。考虑到这一点，舒尔茨在参照海德格尔的同时也参照凯文·林奇就变得引人注目了。舒尔茨说的定居（identity）、定位（orientation）就像他自己说的那样，与构成凯文·林奇城市理论基本原则的特征（identity）和结构（structure）如出一辙。但是，林奇所说的特征是建筑空间或城市空间的各个要素（标志、边界、节点、区域、路径）作为特征明确地与其他有着区别，与舒尔茨所说的定居不同。对于舒尔茨来说，特征无非是将形态作为其本身来理解，但自己这里是和定居直接联系在一起的。另外，林奇认为特征（identity）和结构（structure）构成意象（image），而意象归根结底只与城市各个要素的形态相关联。这里，林奇作为问题的意象并非个人的意象，而是公共的意象。为了排除主观性，出于同样的理由，意义的观点也被从分析的对象上排除。与此相反，在舒尔茨的理论中，在定居、定位上并不排除意义的立场，它反而成为了中心课题。显而易见，虽然舒尔茨和林奇之间有着很大的不同，但在基本理论的构成上有着明显的类似性。于是，在林奇方面，确保客观性成为一个问题，所以主客观的对立成为前提是很显然的。而舒尔茨方面，虽然并没有像林奇那样明确指出以主客观的对立为前提，但也不能否定其具有主观主义的一面。

那么，舒尔茨只是展开了不彻底的观点吗？最后想来谈论一下这一点。在舒尔茨这里，定位由中心和路径决定，从上述内容中可以看出，其中心是与主体性相关联的。舒尔茨所说的中心是已知的，与未知的、可怕的周围世界相对立的，而且路径是表示从中心向外或从外向中心行进的可能性的东西。这时，舒尔茨强调路径与水平方向的运动相关联，另一方面，因为中心是这种水平方向

运动的终点，所以叫做体验统一大地和天空的垂直的世界轴（axis mundi）。这个世界轴处于比日常生活或"高"或"低"的位置上，被表现为一个通往现实的"路径"，垂直则被认为是空间的神圣层面。中心作为"路径"被体验，所以这里所论及的作为神圣层面的垂直的"路径"与中心相重合是很明显的。另一方面，日常层面中的水平路径是连接从中心向未知领域的二元对立的各个场所的。这两种存在方式中的路径确实存在于不同层面。但是，同为路径大概没有错。垂直的"路径"作为空间神圣层面体验的中心，与日常层面的水平路径相呼应，大概不能把中心和路径简单地作为二元对立的事物来理解。中心所满足的存在方式呼应于与过程中的存在方式的不相脱离。于是，与主体性相连接的中心和路径不可分离，而并非单纯地以主客体分离为前提。正如上面所说，舒尔茨引用海德格尔的"诗，是使我们真正居住的东西"，但关于创作这首诗的诗人，海德格尔说："诗人存在于人与神的中间，为了这个被开启的中间，首先他们的本质是必须探询发源于其中的本源。……开启这个本源的根本就是圣物。"作为舒尔茨实存空间基本要素的中心（呼应与路径的不可分），可换用上面引用的他的话，那就是"被开启的中间"。

就这样，舒尔茨既继承海德格尔，又着眼于世界的启示性，可以看出在这个方向上要给"住宅"确定应有的位置这一点。但是，他对没能给予存在真理启示的大地并不太关心。因此，即便是关于被海德格尔作为"启示世界的同时引出大地"的艺术作品，舒尔茨也指出那是以世界的启示性为基础的东西，并由此在形态问题的层面上展开讨论。于是，这些方面的思考直接联系到了如上所述的林奇的观点。对于大地关心的淡漠来自于这个思考的开展过程，可以认为是以

纵贯舒尔茨的各本著作对整体造型理论的关心为轴形成的。

　　舒尔茨追随海德格尔，认为"作诗本身就是本源的'居住'"，诗是理解场所的，它们依据于"物质"的形式。舒尔茨在这里阐明了各种场所的秩序，同时，构想了他的造型理论，即以海德格尔思想为基础展开的场所理论连接了以往的建筑造型理论。因此，着眼于世界被启示这个事态，以"物质"为中心而展开，对大地关心的淡漠，从展开讨论的理由来看，大概也可以说是自然而然形成的吧。

　　但是，我们也可以看到与舒尔茨不同的，以着眼于不被启示的大地与世界的抗争为核心的研究，实现了面向去俗（Gelassen-heit）的回归。取得了这样成就的例子可以列举出日本的大桥良介有关包含建筑在内的各种艺术的研究等成果。在日本，这也导致了增田友也之后的很多建筑理论也受到同样的关心。

（西垣安比古）

■参考文献

・クリスチャン・ノルベルグ゠シュルツ『住まいのコンセプト』川向正人訳、鹿島出版会、1988 年
・マルティン・ハイデッガー「物」茅野良男訳、『ハイデッガー』人類の知的遺産 75、講談社、1984 年所載
・玉腰芳夫「場所と形式」『理想』第 558 号（空間論特集）1979-11、理想社

第二部分
# 建筑师的思想

# 阿道夫·路斯 Adolf Loos (1870~1933)

## "装饰与罪恶"

阿道夫·路斯 1870 年生于捷克斯洛伐克的布尔诺，父亲是一位雕刻家兼石匠。他在德国的德累斯顿工学院学习建筑，1893 年到 1896 年之间旅美，回国后到维也纳开始建筑师的工作，同时也广泛进行了关于文化、艺术和建筑的著书立说活动。虽然在 1895 年，奥托·瓦格纳所著的《现代建筑》促进了功能主义建筑的现代建筑理论的形成，但是，路斯以 1908 年所作演讲为蓝本的论文"装饰与罪恶"（以下没有特别标记的引用为参考文献 1）和其后 1910 年的论文"关于建筑"（以下简称"建筑"）与将他的建筑思想具体化的作品"斯坦纳住宅"（1910）和"建于米开勒广场的建筑"（1910）一起，提出了现代建筑的伦理美学，特别是关于放弃装饰的观点，形成了广泛的影响。

路斯的思想是以他从 19 世纪末开展的关于维也纳的现状进行的论文化、论文明的批判为先导的。1897 年，约瑟夫·霍夫曼和约瑟夫·欧尔布利希等成立了维也纳分离派，他们试图将与建筑有关的从家具到餐具的所有东西作为"综合艺术"来展开。路斯将这种状况看作是充满着虚伪的，由此会断绝文明、文化的"波坦京城市"。从这个背景出发，形成了他的"装饰与罪恶"和"关于建筑"的观点。

"装饰与罪恶"就像它那有争议的题目一样，路斯也数度重复了为了呼应现代文化而放弃装饰的必要性。他说："巴布亚人刺青，自己的身体周遭全部纹身，即使这样，也不能说是犯罪者。但是，纹了身的现代人就是犯罪之人或者变态之人。对于巴布亚人来说是自然的东西，但对于现代人来说是一

种不正常的行为。所谓文化的进化，是与从日常使用的东西中去除掉装饰这件事有相同意义的。"进而言及"建筑"中的由霍夫曼等人提出的艺术与建筑的差异："建筑物要满足必要性。艺术作品对谁都不承担责任，但建筑对每一个人都承担责任。还有，艺术作品好像要将人从舒适的状态中拉开，但建筑物是在努力创造出舒适性。艺术是革新的，而建筑是保守的。"路斯表示，为适应时代发展的对"革新"的要求是产生"装饰"的根源，由此，街道和建筑、家具原来应有的经过充分时间考验的舒适性和实用性被轻视。还有，在实用品上实施"装饰"使人失去了对劳动的自豪感，是材料和资金的浪费。因为走向"装饰"的意思产生出了文化的堕落、灭绝状态，所以把它界定为"犯罪"。对于路斯来说，建筑，特别是居住建筑，是比什么都重要的社会存在，是应该符合实用的东西。他认为，实用品就是实用品，在那里追求符合实用的完整性，达到这种完整性需要跨时代的诚实眼光，因此，要保持各自文化的固有性质。路斯说："现代精神特别希望的是实用品就是实用品，对于现代精神来说，美意味着最高的完整性。"（参考文献 2）

路斯的虽真诚但被理解为破坏主义的数次言论招致了维也纳市民反对"建于米开勒广场的建筑"的规划。针对这个反对，路斯用"建筑"来反驳。"建于米开勒广场的建筑"采用三段结构，商店的底层部分使用了大理石，而且入口处运用了托斯卡纳柱式的石柱，居住部分的墙身的白色粉刷墙面上，方正的敞开部分没有任何装饰，而且左侧墙稍微退后，创造出整体上强烈的对称性，这段墙身通过顶部的屋顶明确地划分了出来。

以在断言"装饰"就是罪恶的路斯的作

品上表现的三段式构成为代表，基座部分为运用大理石和石柱等的古典的语言与构成，与其上部被揶揄为"出入口的盖子"的没有装饰的墙身形成对比。在这里可以看出路斯的独特个性。他比较了古希腊与古罗马，他说："我们的思想方法、感受方式是从古罗马人那里继承的，而且从古罗马人那里，我们还继承了社会意识和精神的规律。古罗马人在新的柱式上不想创造装饰绝不是偶然的，这是罗马人进步的原因。古希腊人是个人主义者，每当建造新建筑时，如果不下功夫做新的比例和装饰的话就过意不去。与此相反，古罗马人是社会性思考的人。"作为社会的存在，在完全应该实用的建筑上是不需要没有实用价值的"装饰"的，与此同时，假如有社会性，具有实用价值，那会超越时代而被使用。路斯不是在断层下，而是在文化和文明的连续性下理解现代的独特性的。

"建于米开勒广场的建筑"的外观上所体现的古典主义手法，在以斯坦纳住宅为首的住宅设计上，其古典性在渐渐减少，呈现出没有装饰的恬淡寡欲的外观。看重适应生活与习惯的舒适性和实用性的路斯，更加深入地对内部空间构成进行了探讨。关于他的空间构成原理，可以举出"拉乌姆方案"。"这是建筑上的伟大革命，在哲学家康德之前，人类还不能像这样考虑立体的事物，因

此，建筑师没有办法，将厕所的顶棚作成了与大空间一样的不合理高度。仅仅将这个顶棚高度降低一半，在其上半部就能创造出另一个顶棚高度略低的房间，但那时不会有这样的想法。建筑师将来会在三维空间中规划房屋的布局吧。"在"米勒住宅"（1930）等作品中得到承认的装饰有红木和大理石等的丰富空间，一边保持着各自的独特性，一边达到了三维的互相关联。这是从思考建筑本质中，在重视实用性与舒适性的同时，面对放弃装饰，获取泛时代性的路斯的目标。

（末包伸吾）

建于米开勒广场的建筑

■参考文献
1. アドルフ・ロース『装飾と罪悪　建築・文化論集』伊藤哲夫訳、中央公論美術出版、1987
2. 川向正人『アドルフ・ロース　世紀末の建築言語ルール』住まいの図書館出版局、1987
3. アドルフ・ロース研究会『ヘテロ　アドルフ・ロース』大龍堂書店、1986

# 阿尔多·凡·艾克 Aldo van Eyck (1918~1999)

1918 年生于荷兰的德里贝亨，1919~1935 年在作为新闻记者的父亲的工作地伦敦生活，1938～1942 年，在瑞士联邦技术学院（ETH）学习建筑，客居苏黎世直到 1946 年，1946~1951 年，在建筑师 C·凡·埃斯特伦的建议下，就职于阿姆斯特丹市公共事业局开发科，从 1951 年起在同一城市中开始自己的设计活动，1971~1982 年与迪奥·鲍斯，1983 年开始与妻子哈尼·凡·艾克合作进行设计。设计活动开始的同时期，1947 年，他首次加入了 CIAM（第 6 次会议）。从 1954 年开始，与英国的史密森夫妇等同代人创建 TEAM 10，在第 10 次会议（1956）上主导了 CIAM 的解体。1959 年，最后的 CI-AM 在新的体制下开幕。20 世纪 60～70 年代，在欧洲各地召开 TEAM10 的会议，1959~1963 年以及 1967 年，任荷兰建筑杂志《论坛》编委。1966~1984 年，任代尔夫特技术大学教授，1950 年获得 RIBA 皇家金奖，1999 年在荷兰逝世。

他的主要作品有阿姆斯特丹孤儿院（1960）、阿纳姆的雕塑展亭（1966，2006 年重修）、海牙的罗马天主教堂（1969）、阿姆斯特丹为未婚母亲使用的住宅（1981）以及从在阿姆斯特丹市公共事业局工作开始到 1978 年在同一地方持续进行的约 700 个地区规划。

**方法概念**：第二次世界大战后，以 29 岁的年龄初次参加 CIAM 的凡·艾克，批判当时走向合理主义、功能主义的形式主义的 CI-AM，主张应该回归到现代艺术的本质。他从现代艺术中发现了曾经在苏黎世交流的艺术家们通行的方法概念——"想象力"，直截了当地说，"想象力"就是"观察现实的眼光"。他所志向的"现实性"与仅为物的现实有严格的区别，具有和心的作用相关的"改观"这一动态性质。在通过艺术展开的"现实性"领域中，我们以向鸟儿、鱼类、石头、星星自由自在地"转变"来融合世界上的事物，直接接触。所谓依据艺术的"转变"是自然与人交融的契机，通过二者真正的结合，艺术作品开始变得令人惊奇。另外，以这种"经验维度"为基础，"现实性"也从概念的"幻想"中区分出来，即他不属于现实主义，也不属于抽象主义。就像绘画、雕刻、诗歌中真正的抽象化，能够经由具体的经验的转移一样，还有就像他所敬仰的 P·蒙德里安将自己的立场解释成"抽象主义艺术·写实派"一样，他将"想象力"作为方法概念，在现代艺术所开拓的"经验维度"上，可以说是发现了第三个立足点。

**对建筑、城市的思考**：凡·艾克将通过"想象力"所描绘的"意象"用图示表达出来。其一是"叶子—树、住宅—城市"的图示（参见图）。图示上部的圆内写的是"树是叶子，叶子是树——住宅是城市，城市是住宅"，右边的小圆圈里描绘了叶子和树的相似性。图示中展示了交叉的两个问题，一个是树木（自然物）和建筑、城市（人工物）的相互关系，一个是各自之中的部分与整体的关系。但是，就像"即便将相同的东西同样看待，也是没有意义的，我关心的不是同等性，而是两义性"那样，相关的各自部分要加以严格区分，在两义性的基础必须同等看待，即自然物和人工物不是通过表面的形态相似性进行交融，也并不应该是部分相加直接形成整体。成为这样同等看待的基础的是图示下部的圆，圆内的文本通过对树木上时间的变化和记忆以及在那里产生的生命的赞美，将视点转向城市中居住的人们。面向生命的目光，使自然与人的交汇成为可能，使两者归结为一个整体进行把握成为可能。这样一来，建筑和城市就与有生命的自然物一样，超越了数学性的分析概念。对他来说，城市虽不是"树形"，但也不是"半放射状"，原本由"树木"导出"树形"的概念是与建筑相混淆的，是根本错误的。

在这样的探索下，凡·艾克从建筑、城市中解读出的是成为"形状"的结构，这是各个部分形成阶段的归并，同时形成一个整体的构成。另外，一个整体的同一性是各自部分上的多重投影。这种结构不是他凭空臆断出来的，从他将各自的要素群表现为"场所群"就能理解。他将"场所"定义为"为了理解空间的，可以触摸的结点"，根据身体的经验感觉它。另外，在场所的经验上，他认清了作为"场合"的时间的契机所潜在的东西，即所谓"场所"不是抽象的概念，作为"为了场合的场所"，是在现在、在这里具备有意义的特质的。

**思考的基础**：作为凡·艾克思考的背景，特别要提到的是对无数原始社会聚落的探访，对西非多哥部落的探访（1960）构成了他思考的基础。他对聚落的赞扬是其拟人化的居住，模拟双手相双脚，成对构成的多哥居住形态，在他看来，是将对立的诸价值作为"成对现象"平稳融合成"居中领域"的具体化，通过横卧的身体这一共同图式的反复重合，住宅、聚落、世界（宇宙）保证了他的"叶子—树、住宅—城市"图式的准确性。

通过对多哥的探访，凡·艾克逐渐关注到作为居住的，充满"舒适"的"内部"的问题。"内部"带来"心的温暖"，并且架起通往"心的内部"的桥梁。这样，物质的东西与心灵的东西相结合，"内部"所有的事物，超越抽象的对立概念，"与赋予它们的

僵硬的意味脱离开来，突破自我的限界，融合在一起"。"内部"是他的方法概念——"想象力"起动的领域，是实现多义性的"成对现象"的"居中领域"。"内部化"被动词化意味着这样一个领域的实现是建筑的重要契机，所以说"所谓建筑，只要能有助于人的家蒸蒸日上就是好的"。他的意图可以归纳为在"内部化"中探索"像在家中一样"。

（朽木顺纲）

"叶子—树、住宅—城市"的图示

■参考文献
· Eyck, A. van "Writings", SUN Publishers, 2008
· Ligtelijn, V.(ed.), "Aldo van Eyck Works", Birkhäuser, 1999
· Strauven, F., "ALDO VAN EYCK The Shape of Relativity", Architectura & Natura, 1998
· 朽木順綱「アルド・ファン・アイクの建築思想における「対現象」の概念について——ドゴン集落に関する論考を通して」『日本建築学会計画系論文集』第596号、2005-10

# 阿尔多·罗西 Aldo Rossi (1931~1997)

阿尔多·罗西（1931~1997）的活动经历极为独特。20世纪80年代之后，他作为世界上著名的建筑师，包括福冈的伊尔宫饭店（1989）在内，在世界各地留下了很多方案和实施作品，但好像在35岁之前几乎没有像样的作品。着手有名的加拉拉特西公寓是在35岁之后，在摩迪那公墓的设计竞赛（1971）中获得优胜奖，一跃成为世界知名建筑师时已将近40岁了。35岁之前，他的主要工作是作为建筑批评家、建筑理论家。为了理解罗西的建筑思想，有必要注意到这样一个活动经历上的独特特征。

生于米兰的罗西在米兰工学院学习建筑，1959年毕业，从学生时代起，受埃内斯托·罗杰斯担任总编的《Casabella》杂志邀请，加入其编辑行列，通过阿道夫·路斯特集对其进行的再评价而出名。从1963年起在威尼斯建筑大学执教，1969年起在米兰工学院执教，这期间出版了后面将要说到的《城市建筑学》（L'architettura della Città）（1966），为埃蒂安—路易·部雷的作品作意大利语翻译及写序（1967）。罗西对路斯和部雷的几何学形态以及静寂的意象的喜好，在建筑师成为他的主要工作之后，被强烈地表现在作品之中。20世纪60年代末大学运动时期，他因为支持学生的过激举动而被学校驱逐，但由于已经在摩迪那公墓的设计竞赛中有了名气，遂被位于苏黎世的瑞士联邦工学院招聘任教直到1975年被威尼斯建筑大学召回。在确立了建筑师的地位之后，也是作为建筑批评家的热情所致，于1973年作为米兰双年展国际建筑展部分的主持人，策划了"合理主义建筑"展，进行了战前意大利合理主义建筑的再评价，引发了新民族主义的流行。在那之后，从20世纪80年代开始在哈佛大学任教，活跃于世界各地。

年轻时的罗西的重要理论著作是《城市建筑学》（1965），这部著作被翻译成德语（1973）、葡萄牙语（1977）、法语（1981）、英语（1982）、希腊语（1986）、日语（1991），受到广泛阅读，可以说是具有象征着向现代主义方向转变开始的影响力的一本书。但是，要理解这本书中想要说的事情绝不容易。罗西本身关于方法的态度是："其一是为了思考城市，作为建筑的，进而是城市空间的、产生功能的系统产物来领会，另一个是将其思考为一个空间结构。在前者的视点里，城市显现的形态是从政治、社会、经济来分析，因而应当成为以各种各样的观点加以对待的东西。后者观点所属的领域当然就是建筑学和地理学。我当然是从后者的观点出发。"（《城市建筑学》日语版8~9页）像这样的描述一样，在分析复杂的综合体式的城市时，不是采取像前者那样的现代主义的城市分析方法，而是采取应当注意构成城市的建筑这样一个立场，同时论及类型、时间、场所、集体记忆、制度等各种各样的概念，但与其将它们作为一个体系来讨论，不如伴随着理论的表现，像为了思考城市而写的长篇诗作那样进行叙述。

看一看意大利语第二版前言中的那句描写，就能明白罗西是将城市与建筑作为连续体来理解的。"打算为城市建筑注入更明确的意义，想在这里再次将它尽可能简洁地加以说明。将城市作为建筑来思考，意味着作为标准的建筑构成具有其固有的自律性（因此是得不到抽象的自律性的），意味着认识到其重要性，这个构成才是城市中显著的城市创造物，还有像本书中分析的那种在所有过程中连接过去和现在的东西。"（《城市建筑学》日语版277页）

对于将城市和建筑作如此紧密关系理解

的人来说，作为建筑师在城市中插入新建筑的时候，应当采取的基本态度和现代主义建筑师那样的像完成目标一样完成建筑的态度有着很大的差异。但是，也容易想象出，在现有的城市里创造完全被同化的、被埋没的建筑这种态度，作为建筑师，是难以采用的。作为建筑师取得成功后的罗西反复说的"类似性建筑"（analogical architecture）这个概念作为努力消除这样的特殊困境的结果必须理解。这句话也没有说明，所以很难理解，幸好罗西自己作了如下的说明：

在弗洛伊德和荣格的文集中，荣格是这样来定义类似性作用的概念的。

我说过"逻辑的"思考是采用叙述方法在面向外界的语言中表现"类似性"，思考是被感知的，还存在于静寂之中。那不是叙述方法，不过是关于过去的主题的假想，即一种内在的独白。逻辑的思考是"用语言思考"。类似性思考不能明示，而且也不能用实际语言来表现。

在思考时，我从这个定义中发现，它不是作为简单的事实被构想的历史，是利用记忆，或者作为在一个设计中加以利用的一连串事物和一连串情绪的对象物而构想的历史。……我将自己的建筑置于联想作用、交感作用以及类似性作用这样广泛的文脉之中，而且在这个范围内来看待它们。（"类似性建筑"，《a＋u》65号，1976年5月，69页）

也就是说，罗西设计的建筑不迎合周围实际存在的城市，而是基于在罗西内心中想起的城市的记忆和历史进行构想，这是即便对其他人来说，也伴随着联想、交感、类似性思考起作用的事情。罗西作品的静寂的表现、空虚的氛围、非现实但是思乡的意象，是这种类似性建筑主张具体化的结果。

不过，晚年的罗西从纯粹的几何学形态向多用古典主义要素转变，从静默、空寂的建筑表现向喋喋不休的建筑表现转变，似乎可以认作是罗西自己离开了类似性思考，向更加面向现实的、事实的思考转变。换句话说，罗西初期所具有的遍寻城市和建筑的思考，从部雷的建筑那里学习到的形态等长处，在晚年的罗西身上消失了。其结果，在晚年罗西的建筑理论中，应当学习的东西少了，但罗西的活动经历，作为20世纪后半段的建筑师、作为理论和作品关系的方法，已成为宝贵的实例，这一点是不可否定的事实。

(小林克弘)

■参考文献
・アルド・ロッシ『都市の建築』大島哲蔵・福田晴虔訳、大龍堂書店、1991
・アルド・ロッシ『アルド・ロッシ自伝』三宅理一訳、鹿島出版会、1984
・「特集　アルド・ロッシの構想と現実」『a+u』65号、1976-5

# 阿尔瓦·阿尔托 Alvar Aalto (1898~1976)

阿尔瓦·阿尔托于 1898 年生于芬兰中西部的小镇库奥尔塔内。1921 年毕业于赫尔辛基工业专科学校建筑学专业，1923 年在于韦斯屈莱开设建筑事务所，1927 年将事务所迁移至图尔库。1927 年参加第二次 CIAM 大会。1933 年又将事务所迁至赫尔辛基，1938 年在纽约现代美术馆举办"阿尔托：建筑与家具展"。1940 年担任 MIT 的客座教授。1957 年获英国皇家建筑师学会金质奖章。1972 年获法国建筑学会颁发的金质奖章。

1923 年在于韦斯屈莱市开始工作的阿尔托，经历过北欧新古典主义时代后，接受了勒·柯布西耶、格罗皮乌斯等现代主义者的理念和方法，之后，和现代主义保持距离，是一位从芬兰的气候、风土中，基于对自然和人类的深刻洞察开创建筑世界的建筑师。

主要作品：新古典时代的作品有塞伊奈约基民团之家（1925）、于韦斯屈莱工人俱乐部（1925）以及两三个教堂。功能主义时代的作品有图尔库市的图仓·圣诺马特报社（1930）、帕米欧结核病疗养院（1928~33）、维普里市图书馆（1930~35）。阿尔托探索自己独特的空间是在维普里市图书馆设计之后，有阿尔托私宅（1934~46）、巴黎世界博览会芬兰馆（1935~37）、纽约世界博览会芬兰馆（1937~39）、玛利亚别墅（1937~39）、麻省理工学院学生宿舍（1947~48）、芬兰珊纳特赛罗市政厅（1950~52）、芬兰年金协会大楼（1952~56）、拉塔塔罗商业中心大楼（1952~55）、避暑别墅（1953）、阿尔托事务所（1955）、赫尔辛基文化宫（1955~58）、学术书店（1962）、奥坦尼米理工学院主楼（1955~64）、伏克塞涅斯卡教堂（1956~58）、卡雷别墅（1956~59）、塞伊奈约基中心区规划（1956~60）、芬兰大会堂（1962~71）、罗瓦涅米市公共图书馆（1965~68）等。除此之外，阿尔托还为后人留下了大量的方案。

**方法论的态度**：阿尔托虽被称为"不争论的建筑师"（约兰·希尔特），但在大量的演讲和杂志上持续地表明着自己的观点，在论文《建筑的人情化》（1940）、演讲稿《为建筑而奋斗》（1957）中，提出功能主义要面向"人类的领域"，将建筑看做是更大的功能主义，说明了"人类主题"的重要性。希尔特将其命名为"第三方之路"的态度就表明了阿尔托不是单纯的合理主义者，或者是反合理主义者，而是企图整合这样对立的两者的建筑师。

在论文《鳟鱼与溪流》（1947，登载于《Domus》杂志）中，阿尔托表明了对于面对"建筑诸问题"的建筑师的方法性态度，被称为面向难以克服的困难工作时的"早晨 3 小时的勇气"，提出停止关于复杂问题的判断，通过"抽象的基础"，即"普遍性本质"的"抽象绘画方法"来还原的方法。在同一篇论文中，关于自然的产生有这样的描写："鲑鱼和鳟鱼并不是出生在平常居住的海洋中，而是河流并且只是小河流这样的场所，在山间的一条水带、冰河溶化最初的水流这样的地方出生。鲑鱼和鳟鱼在与通常的环境有别的场所中出生，这和人类的精神生活与日常的工作相分离是一样的。"阿尔托巧妙地描写了自然的现象（鳟鱼和溪流的产生）和人类的现象之间的类比。阿尔托是反省和强调作品产生过程的建筑师。他后期思考的重要词语"游戏"、"实验"等均是作品产生过程的两种形态。他企图使"游戏"和"实验"相交错，在论文《莫拉特塞罗的实验》（1953）中写道："我们应该在实验性工作中融入游戏精神，在游戏精神中结合实验性工作。"游戏精神"意味着创作的问题,"实验性工作"意味着实践的问题。他认为借助"游戏精神"中作为"抽象的基础"的"普遍性本质"的帮助,可以带来部分问题(设计)的"协调"。抽象绘画和实验性雕塑的作品成为解析阿尔托建筑作品的钥匙。

阿尔托在论文《E·G·阿斯泼伦德的回忆》的结尾处这样写道:"在阿斯泼伦德的全部作品中,可以清晰地读出包括人类的接触……新建筑将社会科学作为手段应用,但是也包含作为精神性问题整体的'未知人类'的研究。后者指出,建筑艺术(art of architecture)持续保持着从自然中直接获取的无穷尽的资源、手段和不能完全明了的人类情感的反应。阿斯泼伦德的场所就在这后者之中。"那里也有阿尔托的场所。阿尔托告诉我们,所谓建筑艺术,要包含艺术的语源希腊语和技术这两层意思,即具有自然的探索和人类的探索结合的东西。

**建筑整合的方法**:阿尔托的空间构成方法是多姿多彩的,从他的两篇早期论文《从门厅到起居室》(1926)、《作为问题的居住》(1930)中可以解开他的空间构成的秘密。在前一篇论文中,划分出了门口、宽大的房间、作为家庭中心的大厅,总之,可以读出将"作为家庭中心的大厅"主题化以及对连接内外部的元素的关心。在后一篇论文中,阐述了客厅的功能、居住的最小限度、生物学的功能(自然、方位、隔离)。总之,可以读出对住宅起源和原型的关心,并且关注自然的条件和周围环境。前期的代表作——玛利亚别墅就是能读出这些手法的范例。针叶树林中开辟静谧的中庭,主居室在四个角落布置的四元素以多样的方式相连接,向中庭拓展,作为餐厅延伸的门廊、作为冬季庭院延伸的门廊、以针叶树林为背景的桑拿和游泳池周边,还有土地的起伏和植载,这些

都是具体地紧密整合内部和中庭的元素。

纵观阿尔托的全部作品,以下列出了可以判断出来的空间分列与整合的独特方法。①利用有天窗的客厅形成类似外部空间的内部(维普里市图书馆、拉塔塔罗商业中心大楼、学术书店等);②由"L"形、"U"形平面构成的中庭和由庭院实现的向心性(阿尔托私宅、玛利亚别墅、珊纳特塞罗市政厅、芬兰年金协会大楼、避暑别墅等);③利用地坪高度的变化(巴黎世界博览会芬兰馆等多数都是)形成空间的连续和差异化,利用扇形平面实现向心性(赫尔辛基文化宫、塞伊奈约基图书馆等多数都是);④波浪状墙面(纽约世界博览会芬兰馆、麻省理工学院学生宿舍);⑤波浪状顶棚(维普里市图书馆、伏克塞涅斯卡教堂);⑥利用多种多样的材料和色彩构成空间的特殊化等。如果简单地总结阿尔托的这些尝试,可以说在持续保持现代建筑被看作是自由设计的空间扩展的同时,在各个空间要素上,运用上述的各种方法给予其自律性,形成宽松的整合。对于阿尔托来说,所谓创作就是将自然的条件(地形、自然光、方位等)人情化(建筑化)的过程。

(前田忠直)

■参考文献
· ヨーラン・シルツ編『アルヴァ・アアルト エッセイとスケッチ』武藤章・坂井玲子監訳、吉崎恵子訳,鹿島出版会、1981
· ヨーラン・シルツ『白い机』全3巻、田中雅美ほか訳、鹿島出版会、1989

# 阿基格拉姆学派 Archigram

## ◇ 概况

### 1）所谓阿基格拉姆学派

阿基格拉姆学派是活跃于 1961 年到 1974 年间的英国建筑师小组。另外，这个称谓除了是小组的名称外，还是《建筑电讯》杂志的标题，并且也有作为阿基格拉姆设计事务所的意思。

### 2）成员与存在时期

阿基格拉姆学派以 1961 年彼得·库克（Peter Cook，1936～）、戴维·格林（David Greene，1937～）、迈克尔·韦伯（Michael Webb，1937～）将在一页纸上所做的提案以"建筑电讯"来命名为开端。第二年，在做第 2 期的时候，新成员华伦·查克（Warren Chalk，1927～1988）、丹尼斯·克朗普顿（Dennis Crompton，1935～）、罗恩·赫隆（Ron Herron，1930～1994）加入其中。之后，活动主要通过这六个人来展开。

当时，据赫隆说，虽说是杂志，但并没有出版社等的帮助，是靠成员们自己复印、制作，还处于按照预订用邮政寄送的原始状态。

不过，把阿基格拉姆学派的活动当做是共同设计事务所活动的印象是不正确的。在其 10 多年的活动期间，他们每个人都有各自的工作场所，六个人并不是经常在一个场合工作。另外，由于信念的不同，也有参加杂志活动，但不参与具体设计活动的成员。松散的结合是阿基格拉姆学派的常态。在这种状态下，很难明确判断其活动的结束时期，但一般是把 1974 年阿基格拉姆事务所的关闭视为其结束。

## ◇ 活动的意义

这里尝试以阿基格拉姆学派的对外关系和态度为视点来考察其活动的意义。

### 1）与时代、社会的密切关联性

要理解阿基格拉姆学派的主张，有效的办法是考虑其对时代、社会的态度，即从 20 世纪 40 年代后期到 50 年代出现的对建筑的讨论、城市社会性问题、科学技术上的进步等中间提出的消极方面与积极方面，应该能发现其与阿基格拉姆学派作品的关联。

这是因为，比起追求建筑物的洗练与精致来说，阿基格拉姆学派更想尝试通过建筑进行对于社会的创作活动。比起建筑物本身来，在把对建筑作为媒介的关心放在第一位这一点上，可以说是美术评论家 C·格林伯格所说的典型的现代主义的一个例子。

### 2）对英国建筑界的态度

以下，进行关于关系性的具体讨论。

（1）对现实城市环境的态度

在 20 世纪 60 年代，当时的英国居民在城市中居住的是 18、19 世纪红砖建造的集合住宅。这样的建筑群已经不能完全适应现代的功能要求。对于阿基格拉姆学派来说，认为英国的一般的城市建筑群都是应该克服的消极对象。关于这一点，它们采取了与勒·柯布西耶等早期现代主义者相同的立场。

（2）对当时处于领导地位的建筑师的态度

阿基格拉姆学派上一代的主要建筑师，有詹姆斯·斯特林（James Stirling，1924～1992）和彼得·史密森（Peter Smithson，1923～2003）。即使对于像他们这样处于 20 世纪 50 年代英国建筑界核心地位的人以及由伦敦市政府建设的集合住宅，阿基格拉姆学派都没有持肯定的态度。

（3）关于对科学技术的态度

阿基格拉姆学派对于同时代的建筑师好像视而不见一样的态度是意味深长的。不但如此，阿基格拉姆学派与具有相似方向性的诺曼·福斯特（Norman Foster，1935～）、理查德·罗杰斯（Richard Rogers，1933～）通过四个小组实施设计，与现有的建筑界的态度也形成了对照。

与之相对，阿基格拉姆学派也表现出了对包含建筑以外领域的科学技术具有的极大关心，特别是对"可动性"表现出极强的关心，在作品中积极地采用。但是，直接引用的对象只有巴克敏斯特·富勒（Buckminster Fuller，1895～1983）的空间与穹顶，引用的方法根据自己的设计加以变形。应当注意的是，科学技术本不是一根完备的线，应采取可能存在的概念方案形式。

## ◇关于代表性作品

### 1）插入城市（1964）

在阿基格拉姆学派中，"城市"占据了其关心点的中心地位，这是其代表作之一。

其主要概念在于以巨大的超级框架作为骨架，将单元化的构件通过常设的起重机等设施安装或是拆除。这个概念与黑川纪章设计的"中银舱体大楼"（1972）、皮亚诺和罗杰斯设计的蓬皮杜中心（1972～1976）之间的关系常常被提及。这里也重视"可变性"。只要看过设计图的笔法，就能推定这是彼得·库克自己的作品。

### 2）行走城市（1964）

这是个具有城市行走这种科幻印象的作品。虽有点玩笑的感觉，但移动的建筑却意外地由于宫崎骏的动画片《哈尔的移动城堡》给了我们以更加具体的印象。在《建筑电讯》杂志中，移动住宅的印象常常出现，是作为"可动性"的表象来使用的，"行走城市"是其极端的视觉性表现。这个作品与其说是阿基格拉姆学派的作品，更应评价为是罗思·赫隆的个人作品。设计也是赫隆自己通过不同方案的推敲和反复修改而绘制的。

### 3）瞬时城市（1968～1971）

在英国，可移动儿童乐园现在还存在。以这个情景为例，赫隆向笔者讲了以下的话："长满青草的原野上，一夜之间就成为因孩童聚集而热闹非凡的游乐场，而又在某一天，就像从梦中醒来一样恢复为草坪的原野。不让人觉得这很了不起吗？"这个作品的主张就是与这段话相关联的。"可变性"与"可动性"的概念在这个作品中得以充分体现。从设计图的笔法和画面构成技法的引用方法上，可以推断库克与赫隆是主创者。

## ◇对日本建筑界的影响

关于阿基格拉姆学派，一般被认为是与菊竹清训、黑川纪章为代表的新陈代谢运动以及矶崎新等是同时代的。从前面提到过的黑川纪章设计的中银舱体大楼（1972）和矶崎新等设计的大阪世界博览会的节日广场（1970）中很容易读出和阿基格拉姆学派相类似的构思。

笔者只是听当事者说过，但没有同时代的交流，知道后来在日本也有过类似的活动。在这个意义上可以确认，阿基格拉姆学派是在世界各地出现的同时代的现象之一。

（滨田邦裕）

■参考文献
· アーキグラム編『アーキグラム』浜田邦裕訳、鹿島出版会、1999
· 浜田邦裕『ロンドン·アヴァンギャルド』鹿島出版会、1997

# 埃蒂安-路易·部雷 Étienne-Louis Boullée (1728~1799)

18世纪法国被称为梦幻建筑师的部雷遗留于草稿上的主要著作《建筑：关于艺术》（Architecture. Essai sur l'art），从绪论开始就舞起了反对维特鲁威的大旗。

建筑是什么？是效仿维特鲁威将其定义为建造术吗？否，这个定义有着极大的失误。维特鲁威搞错了结果和原因。实施之前反复推敲和构思是必要的，很久以前的先人们只需在头脑中描绘出意象后便建设自己的小屋，构成建筑的确是这个精神作用，也就是这个创造行为。……所谓建造术，只是二次技术，称为建筑的学术面是相称的。狭义的术（art）和学（science）必须在建筑上做出明确的区别。……写过这方面论著的作者们大半是专心于论述它的学的一面，没有进行深入思考，得出这样的东西是理所当然的。试图漂亮地建造之前，必须要学会坚固地建造的各种手法（Boullée：Architecture Essai sur l'art，Paris 1968：49-50）。

说维特鲁威搞错了结果和原因，是对其不追求原因，即没有构思（concevoir）直接求结果，也即只关心实施的批判，这也是对比较理论而言更重视实践的批判。就像部雷手稿的校订者佩尔兹说的那样，部雷效仿阿尔伯蒂等早期的文艺复兴建筑理论家，严格区分构思与施工，深深赞同"建筑是在图面上画出的理想"（L'architecture est une idée projietée dans un dessin.）这种想法。

狭义的术（art）和学（science），导致了所谓原因（cause）和结果（effet），进而是构思（conception）和实施（exécution），极端意义上是理想（idée）和图面（dessin）这种两分法。但是，这里重要的是，部雷所言的狭义的术也始终是第一个术，而不是被

称为学这一面的第二个术。术与学是有严格区分的，也许可以使我们想起米兰大教堂的建造中，法国理论家与意大利实践派之间的著名争论"Ars sine scientia nihil est.（没有学的术没有意义）"中所看到的术（技巧）与学（知识）的对立。但是，部雷将这个术列入学的一边，对部雷来说，第一位的术或者狭义的术，不是技术，也不是学识，而是构思的方法，因此是与思想观念或者理念（idée）有同样价值的东西，这即归结为建筑是由构思之术与建造之术形成的重要命题。维特鲁威只论及了这其中的后者，这是部雷是难以论述的，而且，对部雷而言，连同时代的建筑理论家们都抱有相同的想法。对佩尔兹来说，部雷把当时具有代表性的建筑理论家布隆代尔提倡的建筑三原理看成是建筑的学的部分，即柱式的理论装饰，建筑的实际布局和建造，均是被包含在同为建筑的学的方面，也就是建造艺术的东西。关于这些，佩尔兹得出如下结论："努力学习自身的艺术本质，结果，部雷抓住了与自己很近的前辈们几乎没有显示过关心的主题。"就这样，部雷从自我命名的狭义的术的建筑部分，即构思之术，加以特有的各种各样的视点来考察建筑，到目前为止，深入探索这种学术的理论作者几乎不曾有过。

仅仅以上这些，就极其彰显了部雷的革新性，但我想通过以下内容来论述它更为新锐的一面。这就是频繁出现在《建筑：关于艺术》一书中，从"mettre la nature en œuvre"这句话中提炼出来的部雷的"自然哲学"。这句话具有"利用……使其为……实现……"这种多层的意义，但部雷巧妙地运用这句话，将其作为建筑艺术创造的词根，尝试着建筑与自然的统一或者是作为原理的建筑向自然的同化。部雷通过利用（这

是研究、观察自然时的自然的利用），首先将自然引向建筑，其次将这个建筑导入艺术的生产原理的那个大的自然之中，可以推断出部雷将这个作为自身的最终目标。特别是在主张建筑必须是诗，由此写下的"L'Architecte doit être le metteur en œuvre de la nature."（建筑师必须是自然的利用者、运转者、实现者）（Boullée；Architecture, p. 73）中的语言，表明了部雷作为建筑师的最终目标。这句话也可以读作"建筑师必须将自然融贯于作品之中"。这时我们会发现，20世纪最伟大的哲学家马丁·海德格尔在其《艺术作品的起源》（1936）中讨论艺术作品和真理问题的一句话"Ins-Werk-Setzen der Wahrheit"（将真理放在、置于、立于作品之中），与部雷的"mettre la nature en œuvre"是相呼应的。

实际上，部雷这本著作的德译本之一将这句话写为"die Natur in diesem Werk zum Ausdruck zu bringen"，动词部分也表达为"verwirklichen"（使其实现）。部雷的研究者冯格特自己使用"ins Werk setzen"。更重要的是，在海德格尔的这本著作的法语版（*Chemins qui mènent nulle part*, Gallimard, Paris 1986）中，将"das Ins-Werk-Setzen der Wahrheit"译为"la mise en œuvre de la vérité"（mise是mettre的名词），与部雷的"le metteur en œuvre de la nature"几乎是相同的表达方法。尤其是海德格尔的"艺术，是将真理立于作品之中的诗"（En tant que mise en œuvre de le vérité, l'art est Poème.）（Heidegger, p. 84）这一段，与部雷的"建筑这首诗，是实现自然之术"（la poésie de l'architecture, l'art de mettre la nature en oeuvre）（Boullée, p. 33）这一段完全是对应的。即使自然与真理有差别，在某种意义上，部雷抢在将真理表达作为主题的海德格尔的艺术理论之前进行了思考，而

且部雷在"mettre la nature en œuvre"这句话中表现出在作为对象的自然的深处发现了作为源泉的，或者是作为构成原理的自然。高声讴歌作为德米乌尔高斯（造物神）的建筑师部雷，由于发现了具有生动创造力的、作为原理的自然，诞生了他的"自然哲学"。这样来看的话，部雷设计的方案之一"葬礼建筑"，在自然（眼前的大地）中呈现了吸收、融合艺术（被实现的自然/建筑）的形象，并且在其深处不是也将创造这种形象起源的、作为原理的自然（或者实现自然/表达）的看不见的影子和没有形象的形象完全暗示给我们了吗？

（白井秀和）

"葬礼建筑"

■参考文献
・E.カウフマン『三人の革命的建築家—ブレー、ルドゥー、ルクー』白井秀和訳、中央公論美術出版、1994

# 安德烈·帕拉第奥 Andrea Palladio (1508~1580)

生于帕多瓦的帕拉第奥，与这个时期几乎所有的建筑师都具有作为画家、雕刻家等艺术家的素养不同，是一个从石匠转行为建筑师的人物，是与理论家阿尔伯蒂形成对照的、风格主义时期的实践建筑师。给予帕拉第奥古典教育的是维琴察的人文主义者詹乔治·特里西诺伯爵（1478~1550），带他到罗马旅行，给他起了帕拉第奥这样一个古代风格的名字，将他从石匠安德烈培养成为建筑师帕拉第奥。

帕拉第奥对古代建筑的理解多承蒙于出版了注释书《维特鲁威的建筑十书》（1556）的威尼斯贵族、人文主义者达尼埃·巴尔巴罗（1513~1570）。巴尔巴罗版的《维特鲁威》的好几张插图都是帕拉第奥创作的。帕拉第奥的"建筑理论"就是通过石匠和人文主义者的交流形成的作品。

帕拉第奥作为人文主义者的一个侧面表现为他的主要著作《建筑四书》。17~19世纪的古典主义确认了帕拉第奥正统的古典地位，不过，作品大半未能完成的他主要通过《建筑四书》给后世以影响，依靠简明扼要的文章和众多平面图、立面图、剖面图这些一贯的图解表达，赋予了这本书以极大的影响力。

## ◇ 圆厅别墅

E·H·冈布里奇的《艺术的传说》（1950）只用圆厅别墅（1569）来谈帕拉第奥。冈布里奇评价圆厅别墅有与古代神殿万神庙相媲美的"美"的构思，但在作为住宅的"实用性"这一点上，完全从人为图形的对称性创造出来的这个别墅是一种奇思妙想。"美观"和"实用性"这两个视角实际上是帕拉第奥自己在《建筑四书》中随处都会提及的概念。

圆厅别墅将圆形建在正方形平面中央，正方形的四个边的中间带有具有比例纯正的爱奥尼柱式的古代神庙式的敞廊。如果包含楼梯部分，敞廊也是正方形平面，这个别墅平面全部具有只由圆和正方形构成的几何学性质。中央大厅之上的穹顶，矗立在建筑物主体正方形平面的方形屋顶中央。在《建筑四书》中，帕拉第奥说这个建筑位于"从所有的侧面眺望都能享受到美"（桐敷译，以下同）的山坡上，四个正立面上配有敞廊，向中央穹顶渐渐高起的布置和构成是与建筑用途"相适应"的思考结果。

R·威特克维尔的《人文主义建筑的起源》将"几何学"、"古代"、"比例"作为帕拉第奥建筑的中心问题，在圆厅别墅上能够明确读出这三个问题，如果再加上冈布里奇作为"实用性"关注的、《建筑四书》中自己所言的"相称度"的话，圆厅别墅可以说是能够见到的集中了帕拉第奥建筑意味的建筑，并且这四个问题成为了西欧的建筑文化中贯穿古典主义流派的建筑观的中心主题。

## ◇《建筑四书》

《建筑四书》是归纳总结了20年以上的构思，于1570年在威尼斯出版的。全书共分四篇：第一篇讲述建筑的原理、原则，建筑的结构和施工方法以及以柱式的比例为中心的设计方法；第二篇通过没有实现的自己所做的理想住宅规划方案和古代住宅的复原图来论述住宅；第三篇是交叉着空想的复原来图解古代的道路、桥梁、广场、巴西利卡；第四篇通过复原图来图解古代神殿，论述其来历、形式、装饰、柱式、比例。纪念性拱门、浴场、运动场等古代公共建筑的复原图集计划在第四篇之后接续出版，插图也准备完毕，但却没能出版。

作者说《建筑四书》是为了"将建造建筑物时需要遵守，现在也要遵守执行的法则简明扼要地记述下来"，是为了"禁止奇怪的错误使用，粗野的独出心裁，浪费的投资"，"学习避免各种各样的不断的致命损害"而写的。在窥见到以维尼奥拉为代表的所谓古代手法公式化的、当时的风格主义建筑观的同时，可以说表明了对朱利奥·罗马诺等的古代建筑语言的新奇用法这另一种风格主义方法的明确的厌恶。

## ◇ 帕拉第奥的建筑观

古代：《建筑四书》是关于古代建筑的一本书。帕拉第奥在序言中宣布，关于建筑的"惟一的古代著书者，维特鲁威作为我们的先师，确定为我们这一行当的领路人"，通篇文章，他只倾情于维特鲁威、古代人、阿尔伯蒂三人，阿尔伯蒂对于他来说是和古代人同等存在的。

帕拉第奥将维特鲁威所言的三原则"坚固、实用、美观"沿袭为"实用度，或者便利程度、耐久力以及美誉度"。被称为是他自己所做的住宅作品集的第二篇，实际上也是为了举例证明古代的住宅"相称度"而写的书，因为古代住宅没有遗留下来的例子，所以就绘制了自己所做住宅的平面。《建筑四书》与阿尔伯蒂的《论建筑》一样，没有考虑古代建筑与当时的建筑的意境，古代建筑就是他那个时代新的应有的建筑形式。

实用度、便利程度：在《建筑四书》中，"便利程度"是从合乎适当的度的"场所"、"位置"、"大小"和"房间的布局"中得来的。"大小"和"房间的布局"通过正确的比例求得。我们在圆厅别墅中看到的那种"相称度"，尤其是在住宅设计中的主要原理，虽然是帕拉第奥的，但实际上是通过古代建筑的参照与比例的理论而具体化的。

比例：帕拉第奥说给建筑物带来"美誉度"的重要要素是"整体与各个部分的对应，各个部分之间的对应以及各个部分与整体的对应"，是维特鲁威称为均衡法则，阿尔伯蒂谋求抽象的数的理论构筑、作为实现美的数的比例关系的"比例"论。

除了柱式的已有比例之外，帕拉第奥在《建筑四书》中展示了阿尔伯蒂理论化了的"数学比例"、"几何学比例"、"协调比例"适用于房间长度、宽度、高度的情形。威特克维尔认为，在《建筑四书》插图的比例上，验证了音乐中发出和谐音的弦长比，即音乐的和谐比例，将音乐的比例看作是帕拉第奥的比例特征。

帕拉第奥说："建筑（其他所有技术也是同样）也是自然的模仿。"这里所说的模仿当然不是指对自然形象的模仿，而是对自然来说去掉那种形式的，对内在、抽象的结构理论的模仿，这就是数的"比例"。

(西田雅嗣)

■参考文献
· 桐敷真次郎編著『パラーディオ「建築四書」注解』中央公論美術出版、1986
· ルドルフ・ウィットコウワー『ヒューマニズム建築の源流』中森義宗訳、彰国社、1971（原書初版 1947）
· ジェームズ・S・アッカーマン『パッラーディオの建築』中森義宗訳、彰国社、1979（原書初版 1960）

# 安东尼·高迪 Antonio Gaudí (1852~1926)

安东尼·高迪·伊·格尔内特是西班牙加泰罗尼亚地区从 19 世纪末到 20 世纪初的 1/4 世纪中活跃的建筑师，创造出了高迪式的建筑群——圣家族教堂、科洛尼亚居埃尔礼拜堂（地下教堂）、米拉公寓、巴特罗公寓、居埃尔公园等作品，被认为脱离了依从于各个时代历史风格的具有自然的各种形象的有机形式。以"论达利"著名的 R·杜夏尔内说，高迪将以往人们想象不到的那种自然的各种形象合并进建筑，融入其周边的环境和风景中，给予建筑与风景的协调。杜夏尔内效仿现代建筑合理主义的思考来理解高迪，不是在支撑高迪造型的力学的合理性关联中去理解，而是在原封不动地接受高迪的作品之中看透他的建筑的意义。就像使湖面激起柔和波浪的螺钿一样，也使人想起正面顶部像恐龙脊背的巴特罗公寓、像缠上海草被波浪冲刷的岩礁一样的米拉公寓、如同自然与人工融合的大地的翻砂模型一般的居埃尔公园、让人想起加泰罗尼亚人的信仰圣地梦塞拉特山的体块建筑科洛尼亚居埃尔教堂，更有上部缭绕着云、烟、冰粒的圣家族教堂，它们的表现显示了以推动建筑的现代化进程的思考方法为基石的这个建筑群的不同之处。

那么，支撑高迪创作态度的思想是什么呢？与高迪同时代的加泰罗尼亚的哲学学者 F·波乔尔斯评价米拉公寓的话是这样的："在正面紧靠墙壁的地方，从生命的海洋中提炼出这种激动。"这种表达在将杜夏尔内的解释深深归结为"生命感"的同时，暗示着高迪建筑创作的思想路径。

高迪没有以书的形式记录下建筑观点，只有开始作为建筑师的 1878 年的日记体的论装饰等手稿和晚年留下的会话体的记录是以他的言论形式留下来的。因此，这些一手资料是重要的，希望以它们为根据，梳理出高迪的建筑思想。

日记体的论装饰是以装饰为主题的。但是，高迪对于装饰不是一般论述性的浏览。在开始建筑师活动之时，追求装饰的意义的过程，似乎是在安排，自己的志向在于表明所有建筑的视觉想象力。高迪怎样理解装饰呢？有一个解开其思考条理的关键。装饰一般理解为与建筑分开的随意的附加物，但对于他来说，装饰在决定建筑的必然形态的范围内是给予建筑以性格的本质的要素。"巨大的体量是提升自身的装饰要素之一，就像帕提农神庙柱列的鼓状的部位那样。"从谈及到帕提农和伊瑞克提翁等开始，展开了对巨大体量与细微精致的细部关系的叙述，提升建筑的这个过程本身就是装饰，进而，它们作为提升建筑的综合过程中活生生的要素被包含在其中，与建筑成为一体。为使其满足"艺术的概念"，必须面向"被简单化的形态"。对这个"被简洁表现的形态"、"被简单化的形态"的热情，通过新的建筑风格的实现不是简单地添加装饰的造型思想向"简洁的风格"的意向的过渡，形成对几何学形态和出色的结构理解的引导。在这里，"所谓装饰，下个什么定义，似乎要体会"，对于高迪来说，装饰的问题就是关于建筑造型本身的那个问题，具有几何学的形态和出色的结构，能够被提升到完整的形态。通过提及"近代的雕刻艺术"，装饰是导向"被简单化的形态"，即"有生命"的综合形态的综合。"为了追求完美，不仅是形态，也还必须赋予色彩，即便它们在起作用，那还有运动，感受力和生命更是不能缺少的。"对于高迪来说，装饰意味着建筑的整体化，从"一个观念的整体化构成装饰的基础"这个广度来理解，面向装饰不是建筑物的附加物的整体化过程，从这个过程中产生出有生命的"被简单化的形态"，即必须是整体的形态。日记体的论装饰以装饰作为主题，不过，他希望为了他自己的建筑设想的实现，通过语言记录下的建筑理念的明确表达能够被理解。在青年时期，以装饰作为媒介的综合，还有生命的建筑理念的萌芽，是与其作品的创作经验一同加深，通过其晚年的语言继承下来的。

"有生命的造型的想象力——我们必须将这个生命的感觉赋予作品。从这个观点出发，必须要反思我们的方法。"正如我们所看到的高迪的这段话一样，贯穿他不多的言论的是如何赋予建筑生命感，或者是依从于自然的有生命的综合这种思考方法。"高知卓见（Sabiduría）比科学卓越。这句话就是欣赏、体味这个意义的回归。高知卓见是综合，科学是分析。通过分析的综合不是高知卓见的综合，它只不过是分析的东西之一，不是全部。高知卓见是综合，是有生命的东西。"高迪在这里进一步直接地感悟生命和有生命的东西，煞费苦心地对照比较综合与分析，或者直观地把握与科学性、分析性地把握。我们可以理解高迪是如何从对象、从自然中引导出生命感的，如何将提取出的东西赋予建筑作为自己的主题。虽然了解了自然的形式是遵守法则性的东西，但不是将这个事实在抽象化中停止，在能不能使其作为有生命的具象的想象力表达在作品上是倾尽了全力的。

巴塞罗那建筑学校的时代，给予高迪强烈影响的教授是巴塞罗那大学的美学学者米拉·伊·冯特纳尔斯。例如，将自然的各种形象作主动自然的、不被束缚的、赋予想象力的原样的理解，来领悟导向概括的观察方法，追求有生命的、综合的、具体的美。艺术家通过与普通人一样的眼光来看待对象，"不会看不见个别的、具体的、情感以及感觉有生命的表现"。进而，艺术家在创作的瞬间就被唤起了刻印在他精神上的对象联想起来的美的外观，表现出了所具有的顽强、统一性。他对高迪是这样说的。由于高迪受到了这样的教导，于是，在日记体的论装饰中，形态的美作为"对象的联想"在我们的心里完成，它成为"观念的诗"被继续书写着。高迪在青年时期刻印下的"观念的诗"的思想没有改变过，在晚年的言论中，虽然向"有生命的造型的想象力"和"高知卓见"的思想深化，但必然是有关联的。关于建筑综合的问题，与赋予生命感成为一体，是驱动高迪作品创作的思想，作品群必然具有闪现着它的光辉。　　　（入江正之）

■参考文献
・入江正之『アントニオ・ガウディ論』早稲田大学出版部、1997
・入江正之編訳『ガウディの言葉』彰国社、1991
・鳥居徳敏『建築家ガウディ全語録』中央公論美術出版社、2007

# 奥古斯特·舒瓦西 Auguste Choisy (1841~1909)

作为最有价值的建筑论述著作的作者，被勒·柯布西耶称赞的舒瓦西，出生于尚巴尼地区的维多利·勒·弗朗索瓦，是建筑师的独生子。具有数学天赋的他于 1861 年以优秀的成绩考入巴黎皇家工艺学院（理工科学校）学习，两年后转入巴黎桥梁公路工程学院（土木学校），1866 年以第 2 名的成绩在这里毕业。在学期间，他被派往希腊，第一次发现了在希腊建筑上能看到的台阶和圆柱的弯曲度是为了修正从远处看时的视觉偏差，在那时的笔记上记录了"像希腊人的建筑一样的艺术，以不考虑气候、光亮和知识这些条件，一言蔽之，就是以不考虑这项艺术开始时的环境（milieu）的抽象的做法进行研究大概是不可能的"，先于后来的伊波利特·特努的思想。

他毕业后得到奖学金，原定要去中欧，但因为普鲁士与奥地利的战争而去了意大利，1873 年出版了处女作《罗马人的建造术》。当时，得到罗马大奖逗留于罗马的建筑师，表现出了对研究院要求的古代遗址修复这一设计课题的一种倦怠感，连后来成为美术学院理论课教授的朱利安·加代也是如此，对于在 1867 年留学时期的图拉真皇帝广场的修复这一课题，记载了这样一段话："研究院的规则对于我们的要求是古代纪念物的修复。这虽是小事一件，但是很不情愿。修复完古代纪念物一切就结束了，但是新的发现几乎没有。"

但是，舒瓦西因为工程师和古典学者的立场和自身的修养、进取精神，摒弃了与他同时代的罗马大奖获奖者们对于古代建筑的思考，这本著作就显示了这一点。舒瓦西的这本著作不是对现场的精致的技术研究的模仿，维特鲁威的《建筑十书》的分析也作为了依据。另外，极为重要的是舒瓦西作为设计师

（绘图匠）的力量。以与斜投影法的一种——骑士投影法相近的绘图方法——轴测投影法（la perspective axonométrique）绘制的各种各样的建筑插图，不是目前为止维奥莱·勒·迪克等的由上而下俯视的图，表现的建筑平面是从下向上看的天井画一样的插图。关于这些，舒瓦西有如下的论述："假如以这种方法进行的话，就像建筑物本身一样，变化中充满生气的一幅插图，取代了由平面图、剖面图和立面图分开的缺少具体性的插图，读者能同时将建筑物的平面和外观、剖面以及内部布局一目了然地看到。"让这个插图充得到发挥的是舒瓦西的代表作《建筑的历史》（Histoire de l'architecture），只有 1899 年以 2 卷本出版的这本著作，让勒·柯布西耶为学建筑的学生写下了"请读舒瓦西的书"。对于这本书，说它是"最高扬，最强有力的文体"的勒·柯布西耶还说"奥古斯特·舒瓦西书写了建筑的历史，这并不是什么人都能做到的"，可以说是最高的赞美之词了。

这本著名的《建筑的历史》是以如下的文章开始的：

我们看到的最简单的形式，是处于黎明期的众多的某种建筑的纪念物，将建造方式与人类进化的各个阶段相结合、将社会的历史通过建筑艺术的历史加以概括，这一不可分割的众多联系使我们得到感悟。我们看居住形式的创造，适应气候与其影响的生活方式的变迁这些居住的变化状态，就是看各种各样的居住方式与其土地上固有的资源一起，还有与工具类的进步一起变化的状态。看上去体量非凡的形式是作为最初的表现手段使用的。陵墓建筑和宗教建筑是实用艺术之前的东西，图像艺术也比建筑存在得早。

我们使创造出来时彼此毫无关系的各种各样的形式存续下去，因一个奇怪的习惯产生的影响，连眼睛也感受到了。在所有民族中，这个建筑艺术大概经历了同样的选择，遵从同样的规则，即史前时代的建筑艺术可以被认为包含了其他所有建筑艺术的萌芽。

最后一部分的第21章是法兰西的17、18世纪。在这里，以"建筑最近的变化，现代艺术的各个要素"为题，法国大革命后的巴黎建筑，那个巴尔塔的"中央市场"和拉布鲁斯特的"国家图书馆"等19世纪的建筑，被勉强记载在最后。虽说这样，然而评价在这些建筑物上看到铁的使用的舒瓦西，在第2卷的764页，即最后一页的最后倾注了希望，他这样写道："建筑的历史在通过我们这些同时代的人创造出来的作品中终结是没有道理的，所以，这样的新举措明显是更受期待的吧"。

这里，借助于这个《建筑的历史》1996年复制版（现为绝版。日本的大学图书馆里没有收藏）的卷首语，将阿尼·查克女士的序言作为主要的写作导引，如她所说，对于舒瓦西来说，建筑不是个人表现的东西，而是表现环境、时代和社会的东西。"这本著作的作用，对于20世纪初的一代建筑师们来说是非常重要的。它们有着无与伦比的正确度，不但说明所有的建造方式……是提示了现代建筑源泉的合理主义理论的最清晰的表现。"另外，舒瓦西发现在哥特建筑中维奥莱·勒·迪克的想法得到了普及，进而在希腊建筑上能够看到的"如画风格的布局"即"虽然每个建筑的主题作为其本身是对称的，但群体是只用几个体量保持均衡像一个景观那样来对待"（这也是班海姆提出的有名的观点）。

晚年的舒瓦西埋头于维特鲁威的研究，1904年得到英国皇家建筑师协会（RIBA）

的金质奖章，1909年逝世。写了舒瓦西的短传记，以《粗糙的石头》而闻名的建筑师普伊约恩这样写道："从结合艺术、技术与修养的综合精神这一点来说，我不知道有能和奥古斯都·舒瓦西比肩的人物。"另外，查克女士这样写道："热衷于古代建筑，绝不是什么也不建。梦想做考古学者的工程师，这个传奇人物留下了《建筑的历史》这一非常重要的著作。"

(白井秀和)

(*Histoire de l'architecture*, Paris 1899, tome I, p. 465)

■参考文献
· R. バンハム『第一機械時代の理論とデザイン』石原・増成訳、鹿島出版会、1976
· A. ショワジー『建築史』桐敷真次郎訳、中央公論美術出版、2008

# 奥托·瓦格纳 Otto Wagner (1841~1918)

奥托·瓦格纳 1841 年 7 月出生于维也纳的彭森，这一年的 10 月，卡尔·F·辛克尔去世。他在维也纳工学院、柏林皇家学会、维也纳美术研究所学习建筑，从 1894 年到 1912 年担任美术学院的教授。他在就任第二年的 1895 年，以在学院的讲义为蓝本，出版了《现代建筑》（Moderne Architektur），提出了自己的建筑观点。

其中，他将自己主张的建筑状态称之为实用风格（Nutzstil），明确了"不合实际的东西无法得到美"这一现代合理主义的立场。"新的目的必须用新的结构，由此产生出新的形态"，他在《我们时代的建筑艺术》（Baukunst unserer Zeit，1915，《现代建筑》第 4 版）中展开其内容，就像下面摘录的那样："精确地把握目的，完整充分到细部。适宜地选择材料，即选择容易获得、容易加工、有耐久性、便宜的材料。采用简单、经济的结构。以这些为前提来生成建筑的形态。"艺术的惟一出发点是当时的生活，即现代的生活，在这个意义上他是在暗示要切断历史。

另一方面，他不同意不对称的解决。表现在因与由辛克尔和戈特弗里德·森佩尔展开的，洗练的、去掉了过分复杂的德国新古典主义传统的连接而对古典主义秩序毫不动摇的信任。瓦格纳接受的是辛克尔的学生卡尔·F·布塞的教育，另外，他从晚年在维也纳度过的森佩尔那里继承了唯物论的一面。掌握基本构思，明确地列出对应于计划的要求事项，创造出作品的骨架，于是，就产生了具有明确轴线关系的学院派的平面。如此创作出来的简单封闭的平面常常带来好的结果。特别是为在纽约开幕的"为了城市艺术的国际会议"所作的《大都市》（Die Großstadt，1911）中承袭的主张，强烈地显示了作为具体手法的纪念性、轴线性、层次构成等古典主义的倾向。

关于瓦格纳的特征，可以举出植根于新生活的现代思考和历史的连续这个两面性。所有都与不依赖于过去的近代兴盛期的思考方法不同，是从以前的风格中渐渐形成新的风格。问题是，相对于缓慢建立的艺术，现代生活、现代社会的变化有些过急。技术的快速发展引起了技术人员与建筑师之间的分裂，建筑师落在了后面。城市的创造物被委托到技术人员的手中，建筑师相对于技术的解决，就只有后面的附加装饰了，他们对这种技术优越感有非常强烈的危机感，需要赶快有意识地从复杂的历史的造型原理上脱离开与技术的关系。于是，建筑师开始回归能够统治包含技术在内的整个行业的斗争。"任何一个建筑形态都是由结构产生的，渐渐才形成艺术形态"这一主张，是从建筑师和城市人造物双重危机中产生的。

他自己积极地使用铁这种新材料，追求其技术的可能性。1894 年，他作为维也纳城市交通问题委员会和多瑙河整修事业委员会的艺术顾问，经手市营铁路和运河设施、桥梁，在那里采用新的堤堰组织等，直接地表现了工程学的形态。但是，在有内部和外部问题的建筑上，铁就是技术，而并不将其作为设计对象。

相对于砌石成墙的文艺复兴的建筑方法，创造本身没有装饰的铁骨架，再贴上石板材，这是现代的建筑方法。这个方法产生出了如露出铝和青铜等金属制铆钉的新艺术样式。接着，它直接与结构和表面分离、覆膜化这些现代的问题相关联。但是，覆膜的外部形态不是内部空间的表露体现，与自律的外部有紧密的关系。建筑的各种要素，要能从一个视点被正确地强调、看到，调整就是不可缺少的。外观的目的强调的是在近景与远景两方面中的作用，与此同时，可以说内部也得到了同样的覆膜化的轻松表现，保持了个性。外部要考虑到城市的尺度以及近景中的效果，还有内部与人的相适应。即在这个方法上，内部与外部是必然不同的，仅仅通过半透明的材料预示了内部和外部新的关系。

在构成上，建筑平面、城市规划也都依从于古典的规律，即内部和外部具有构成原理上的连续性。构成的标准上，内部和外部连续，但形态的标准上，其连续被截断。这里也表现了瓦格纳内含的两义性的特性，于是，表现出了逐渐建立起来的新风格产生过程的一个片段。瓦格纳的作品被指出有复合性和不纯粹性的方面，大概能说明在各种各样的状态中连续、不连续的共存，即由各种还算是过渡的多样倾向的并置。

建筑表面覆膜化带来的一个问题是装饰。瓦格纳自己经手了众多的租赁住宅，但是其功能的要求与之前的城市住宅是不同的。通过电梯的利用，各层的价值均质化了，所以，除了一层，其他各层没有了特殊性。同样的单元，因为是叠层的，所以，同样价值的窗户适合连续平滑的墙面。干是，城市中，数量上占压倒性多数的集合住宅为了保持与城市的良好关系，产生了装饰的必要性。从城市方面说，由于空气环境的恶化威胁到建筑艺术的状况，为了从污染中保护它们，简单的形体、光滑的表面是有效的，具体的材料，推荐使用陶瓷、花饰陶器、马赛克。借助明暗和阴影的古典造型方法在这里被否定，而趋向于平面的装饰。由线条作体量划分这一 19 世纪末的倾向在瓦格纳的作品中也得到了表现。

接下来，邮政储蓄银行（1904～1906，1910～1912）的大理石和花岗石板用砂浆固定，铝制铆钉在技术上属于临时的东西，但是它作为原本该有的东西被设计出来，所以成为了视觉上具有固定平板的意义的装饰。从对称的古典平面与现代的要求和方法中产生的造型，在这里也被并置了。明确标示出不承担结构作用的石材这种新的方法被积极地加以选择。

需要、目的、结构、理想才是艺术生命的最初的萌芽，因此，"支配艺术的东西只有需要"，与此同时，"艺术支配必要性"。这一点艺术地解决了需要所提出的问题，并通过将其视觉化而达到。由于技术的不幸的关系而引发的各种问题，在 1898 年的《现代建筑》第 2 版的序言中业已成为胜利的宣言。

(市原出)

■参考文献
· 岸田日出刀『オットー・ワグナー』岩波書店、1927
· オットー・ヴァーグナー『近代建築』樋口清・佐久間博訳、中央公論美術出版、1985
· H. ゲレーツェッガーほか『オットー・ワーグナー』伊藤哲夫・衛藤信一訳、鹿島出版会、1984

# 包豪斯 Bauhaus

作为艺术教育机构的包豪斯，1919 年在魏玛市成立，第一任校长是沃尔特·格罗皮乌斯。第一次世界大战结束后，战败国德国的帝政体制消亡，转变为所谓的魏玛共和制，社会的动荡中混杂着快速向民主主义的过渡以及社会主义、共产主义的运动。在这样的社会背景中，包括建筑师在内的艺术家们表现出了强烈的改革意图，展开了前卫的、乌托邦的运动。包豪斯就像是它的结晶一般登上了舞台，在国际上受人瞩目，也留下了成果。

受到来自于保守势力的压力，1925 年，包豪斯迁到了德骚市，那时新建的教学楼和教师住宅保留至今。实验性的建筑走在时代的前列，被认为是现代主义及国际式的最优秀作品之一。在第二任校长汉斯·梅耶任下，以往的抽象艺术倾向开始转变，表现出更强烈的现实主义的倾向。在德国社会保守化倾向的增强中，第三任校长密斯·凡·德·罗就任，但不久，德骚的包豪斯也被迫关闭，虽然于 1932 年勉强迁到柏林，但 1933 年终于全面关闭学校。与包豪斯有关系的艺术家、建筑师们四散于世界各地，格罗皮乌斯、密斯、L·蒙荷里·纳吉等在美国各自发展着包豪斯的艺术教育精神，其影响波及到第二次世界大战后的世界各地。

第一任校长格罗皮乌斯所主张的包豪斯的理论特征，体现在如何打破古老的建筑理论，向新的切合实际的建筑观转变这一点上，并制定出了将它们具体化的独特的改革计划。初期的包豪斯将自由造型确立为目标，允许前卫的艺术家们的多样化造型。在那里，似乎无视被认为是高级的现有艺术的体系，形成了追求自由开放的表现主义等的造型。乍一看造型，似乎也有些幼儿化，但它们是为了解救人类感性的巧妙的战术。

1923 年左右，开始尝试从自由感性的手工制作向机械的工业生产方式转变。这样一来，最初志向于未来的改革派建筑师格罗皮乌斯的建筑革命，通过一种迂回作战取得了重大的成果，通过艺术教育的改革，完全改变了建筑乃至生活空间的创造方法。

将包豪斯尝试的运动作为建筑理论来看时，最重要的是不以任何形式化的形态为目标，是一种长期革命的理论。新的建筑形态即便诞生，它也会被以后的阶段所否定，进而向更新的建筑形态迈进。德骚的包豪斯教学楼和教师住宅使人看到了基于三维坐标的系统化形态，通过玻璃使空间相互渗透，在形态上显示出流动的外形。尽管人们将所领会的包豪斯风格作为其后 20 世纪建筑的模式，但风格化本身并不是包豪斯的目标。

被视为包豪斯风格的抽象化的高度透明的形态观，可以说是作为否定的辩证法产生出来的结果，是去除了装饰等所有媒介后的骨架一样的东西。否定的辩证法这个概念虽然是后来法兰克福学派的社会哲学家们提出的，但其现实的运动应该是在 20 世纪 20 年代的德国开始实践的。前面所说的长期革命的理论是俄国革命中托洛茨基提出的，20 世纪 20 年代活跃于德国的社会哲学家艾伦斯特·布洛夫和沃尔特·本雅明的理论也与包豪斯的艺术实践相通。

格罗皮乌斯、H·梅耶、密斯几任校长虽然持有各种各样的造型艺术观，但可以说它们不是以语言做媒介的建筑理论，而是以艺术的形态做媒介的建筑理论。在格罗皮乌斯这里，有通过集体创作的独特的民主主义的创作理论，还有围绕建筑社会性的大众民主主义的理论。梅耶表现的是普通社会的建筑要从以往的艺术建筑向科学建筑转变。密斯虽然在语言上是沉默的，但却思考了保证人的自由的空间开敞的建筑图像，表现出了物质的、自然科学的思考方法。虽然有这样的不同，但三人都以抽象艺术的形态表现为媒介，同场竞技，将构筑 20 世纪的建筑理论作为目标，以直角立体坐标为基础，给予空间数学的秩序与自由的包豪斯校舍、以功能关系与周边环境之间的有机平衡为目标的梅耶的德国工会总部联合学校、通过自由展开的柱子和墙壁实验灵活空间的密斯的巴塞罗那世界博览会德国馆等都是其具体的成果。

在这里，以钢铁、玻璃和混凝土这些新材料与构造方法为背景，围绕新的建筑形象、空间关系的讨论确实存在，但它们可以说是对应于 20 世纪初期这个时代特性的特有的建筑理论的探论，这就是在 S·吉迪翁所著的《空间、时间、建筑》中出色整理的现代主义的建筑理论。通过抽象艺术，开拓将建筑和空间作为一种形态系统的综合手法，通过在其中引用数学、物理学的新设想，时空观念被作为建筑师的设计手法引入进来。

假如 19 世纪的新古典主义是将静态的建筑结构系统理论化，那么，20 世纪的建筑就是加入了时间概念，将动态的建筑系统理论化，也就是建筑应该像机器那样运动、工作。R·班海姆的"机器时代"这个概念倡导了 20 世纪的动态的建筑图像，但是，与其说建筑物变不成机器，不如说它意味着建筑物变得更加功能化。在包豪斯，分析活动的人与固定建筑物之间的关系，寻求新的建筑形象。在那里诞生的所谓国际式，只不过是有活动的建筑空间的静态化骨架。

1996 年，与魏玛、德骚的包豪斯有关联的设施被登载进世界遗产名录，不过，它们是有着包豪斯活动痕迹的有价值的文化财产，而不是仅因为其遗存的建筑作品是珍贵的艺术作品。在十几年这样一个短时期的、时刻都在变化的时间段中，为适应更新的人类，在实验将建筑形态解体、重构的计划这一点上，可以说有着包豪斯建筑理论的真谛。

（杉本俊多）

■参考文献
· 杉本俊多『バウハウス－その建築造形理念』鹿島出版会、1979
· ワルター・グロピウス『デモクラシーのアポロン－建築家の文化的責任』桐敷真次郎訳、彰国社、1972
· 利光 功『バウハウス－歴史と理念』美術出版社、1988
· 『バウハウス叢書』全 14 巻、中央公論美術出版、1991-5（原本 1925-30）（1 巻：ヴァルター・グロピウス『国際建築』、12 巻：同『デッサウのバウハウス建築』、13 巻：アドルフ・マイアー『バウハウスの実験住宅』、14 巻：ラーンロー・モホリ・ナジ『材料から建築へ』など）

# 保罗·弗兰克 Paul Frankl (1878~1962)

## ◇ 其业绩及其对于今天的意义

保罗·弗兰克,处于 19 世纪后半叶到 20 世纪初辉煌的德国美术史学流派的最后阶段。虽然是站在雅各布·布克哈特和阿洛伊斯·里格尔等人建立的伟大成果之上,但他明确地将与绘画、雕刻这些其他美术领域不同的建筑艺术的独特性作为主题进行挑战。在相信历史学必须建立在立足于哲学考察的严格的理论框架之上这一点上,弗兰克是正统的德国美术史的继承者。但是,另一方面,在直觉不能脱离开"目的要求",即维特鲁威说的"实用"(commoditas)来讨论建筑这一点上,他继承了自古以来的建筑学的传统。同时,在将"空间"理解为建筑的本质,将格式塔心理学组织到其方法中这一点上,他也是正在兴起的现代主义流派中的一员。

弗兰克目标所在的建筑艺术领域的确是正统而实际的东西。但是,也可以说,正因为如此,这是谁都想回避直接切入的困难的场所。显然,他的理论包括许多不完全成熟的部分。

不仅如此,从喜欢主观性、印象性言论的当今的建筑批评的潮流来看,从表述几何学的形态出发的这个理论大概会被认为是过于烦琐、令人厌倦的东西。或者与之相反,对于只根据严密的资料考证来考虑价值的研究者来说,也许认为其说明过于牵强,缺乏客观性。但是,对于希望克服这种两极分化、恢复建筑健全的整体性的人来说,他的理论的确是经常持续地给予人们一丝光明的东西。

## ◇ "基础概念"的确立——前半期

保罗·弗兰克,1878 年生于布拉格,

1910 年在慕尼黑取得学位,由于当时的论文是以 15 世纪南德意志的彩绘玻璃而展开的,所以从这时起,他已经被建筑艺术强烈地吸引住了。另一方面,在学生时代的初期,他就已经阅读了海因里希·沃尔夫林的名著《文艺复兴与巴洛克》(Renaissance und Barock, 1888),引起了强烈的心动,产生了想以这个基本概念为基础来进行建筑形式研究的愿望。给予他决定性影响的是 1912 年在慕尼黑举行的沃尔夫林的演讲,这个研究被汇入"大学教授资格论文",1914 年由沃尔夫林发表,它成为了称得上是建筑史、建筑意匠论的古典名著《建筑史的基本概念》(德文原书名为 "Die Entwicklungsphasen der neueren Baukunst")的基础。

## ◇ "基础概念"与其方法

弗兰克在这本书上论及到的主题是"研究建筑上风格的变化",于是,为了进行研究而选取的素材是文艺复兴和巴洛克,接续它们的洛可可和新古典主义的时代,从年代上说,是从 15 世纪 20 年代到 19 世纪这段时期。

为了研究变化,必须有不变化的观察点,即要说明变化的事物,同时也要说明没有变化的事物。优秀艺术家的"独创性"的确存在,但是其独创性常常成立在"与传统的相互作用"之上,"完全只靠自己内在的东西进行创造的艺术家等是不存在的"。简而言之,弗兰克所追求的是"连续地展开""建筑自身内部的逻辑"。

面对这个主题的弗兰克的理论,具有极其明确的构成。

为了比较各个时代建筑风格的特质,弗兰克首先拟定了建筑的基本要素。所谓要素,是在任何场合下都必须存在的,如果没有它，其自身就无法存在的东西。弗兰克设定的建筑的基本要素有以下四项：

    (1) 空 间 形 态 （Spatial Form，Raum-form）

    (2) 体 形 形 态 （Corporeal Form，Köper-form）

    (3) 可 见 形 态 （Visible Form，Bild-form）

    (4) 目 的 要 求 （Purposive Intention，Zweck-gesinnung）

运用这四个要素，弗兰克选择的作为比较分析的考虑对象是近代西欧的建筑，为了分析它的连续性和变化，弗兰克使用了四组成对的概念，它们是：

    (1) 空间的添加——空间的分割

    (2) 力的中心——力的运动

    (3) 单一意象——多个意象

    (4) 自由——抑制

它们各自与之前提到的空间形态、体形形态、可见形态、目的要求这些要素相对应，成为说明其不同状态的概念。

这个成对概念的思考方法是沃尔夫林在《文艺复兴与巴洛克》中提出的。沃尔夫林在绘画的分析中提出了"线性的——绘画的"、"平面——进深"、"封闭——开放"、"多样性——单一性"这四个成对概念，而弗兰克将它们发展成为了能够适用于建筑的分析。

◇"基础概念"的展开——后半期

从 1921 年取得哈雷大学的任教工作之后，弗兰克研究的主题转移到了罗马风以及哥特这些中世纪建筑上，1926 年所写的《中世纪初期及罗马风建筑》（Die frühmittelalterliche und ro-manische Baukunst）是其中的一个成果。但是，1934 年，他被纳粹党逐出大学，于 1938 年移居美国，1940 年成为普林斯顿高级研究所的研究员。移居美国后，他出版了《哥特建筑》（Gothic Architecture，1962），但他一生最下工夫、多次修订的是在被纳粹党逐出大学后倾注力量的大作《艺术学系统》（Das System der Kunstwissenschaft，1938）。这是将在《建筑史的基本概念》中确立的研究方法和概念更加广阔地展开的一部巨著，但是，这个宏大的理论研究的修订工作还没有完成和接受评价，弗兰克就于 1962 年在普林斯顿逝世了。　　　　　　（香山寿夫）

■参考文献

· パウル・フランクル『建築史の基礎概念―ルネサンスから新古典主義まで』香山壽夫ほか訳、鹿島出版会、2005

· ハインリッヒ・ヴェルフリン『美術史の基礎概念』守屋謙二訳、岩波書店、1936

# 保罗 · 瓦莱利 Paul Valéry (1871～1945)

瓦莱利的"自画像"

法国诗人、思想家，法兰西学会会员，出生于法国南部的小渔港塞特，拜象征派诗人马拉美为师，其活动从诗歌到访谈，遍及文学、艺术、文化的全面的评论，还留有显示其思考过程的庞大的手记——《随笔》，从 1937 年到 1945 年去世前，在法兰西学院讲授"诗学"。

在建筑理论中，诗人瓦莱利被关注，是因为他的文学对话《尤帕里诺斯亦是建筑师》(1921) [尤帕里诺斯《Eupalinos》是公元前 6 世纪的古希腊工程师，被认为是历史上第一位水利工程师——译者注] 一面通过围绕具体的建筑创作的辩证对话探索了建筑的根源性，一面启示了更为一般的人类希望达到的根源性。森田庆一将这篇对话看作是建筑理论作品（参考文献 3）。

善感的青年瓦莱利体会到自我的危机（被称为赫诺瓦之夜），1892 年通过严谨的方法自己开始研究精神的行为性。那之后，他完成了"莱昂纳多·达·芬奇方法绪论"(1895)、"泰斯特的一夜"(1896，"泰斯特"在法语中意味着只有头脑存在)，前者是作为探明创造的精神行为的艺术论，后者拟人化地描写出了纯粹精神的行为。这些通过其后瓦莱利的主题与其他反题错综复杂的开始与结束的戏剧性，暗示着已描绘出的整体性的矛盾体。

1900 年左右，他离开了除每天要做的思考和写"随笔"之外的著书工作，虽然经过了近 20 年的沉寂，但通过好朋友安德烈·纪德的斡旋实现的长诗"年轻的命运女神"(1917) 的出版成为了完成其后众多著作的一个契机。这部诗作通过在夜晚的睡眠和拂晓的醒来之间展开的精神和身体的分离与交错，吟唱了现状的意识与无意识的戏剧性。

诗集中有《迷惑》、《旧诗集》，对话篇中有《尤帕里诺斯亦是建筑师》、《灵魂与舞蹈》、《固定观念或者海边的两个人》到晚年的剧作《我是浮士德》等，还有政治、文明、艺术评论。第二次世界大战中，他不参加当时的政权，坚持有理智的诗人的立场。1945 年瓦莱利去世后享受到了国葬的待遇。

瓦莱利思考和创作的真谛，可以说都在其每天必写的私人的"随笔"上。存留下来的庞大的随笔由 C. N. R. S 出版了复印版 (1957～61)，还有一部分，在伽利玛出版社的文学丛书"Bibliothèque de la Pléiade"中出版了 2 卷 (1973～74)，但至今尚未涉及到其全部的注释。

瓦莱利在笛卡尔的"我思故我在"中，站在了更根源性的、与其"我们存在"不如行为"思考"的立场上。作为自己的反题产生的作品，无非还是反题的作者（新的自己）的完成，这个周期是精神思考的运动，在这个过程中，认清身体的世界（存在）和各种各样的形态的幻想（非在）的交错，最初产生的就是长诗《年轻的命运女神》的觉醒的主题，只有它发现了最终整体的东西。

对于瓦莱利来说，"写作"是精神运动的轨迹，这个运动就是创作出作品，是具有之上被比做有强烈的迷惑感受性和战斗不止的古罗马角斗士格拉迪特尔的智慧的作用，是作品通过物理事物的制约产生的固定的虚幻形态，是最大程度震撼作品新的接受者精神觉醒的东西，因此，被评价为现代思想中"作者消失"、"中间文本性"的先驱（参考文献 6）。

对于瓦莱利来说，如同建筑作品一样，业主要求别人参与创作的作品和记录其一生精神锤炼轨迹的"随笔"有着相互补充的完整的照应关系，作品是在缜密思考的基础上按规则建立起来的成果，"随笔"的表象为"无秩序和秩序"的整体。

《尤帕里诺斯亦是建筑师》的意图，可以认为是"显而易见，纯粹思考和探究真理，除了发现某些形式或者思考形式的构成之外，别无他法"，即达不到有形的哲学家和以合理的意识研究为目标构成形体的艺术家被置于对立的位置。他在 1921 年发表的这个对话篇（作为图集《建筑》的卷首语，由 Editions de la Nouvelle Revue Française 出版），于 1923 年，由前面所说的同一出版社将其与"灵魂与舞蹈"对话篇合为一册出版。这两个对话篇可以说是天平的两端，承载着"平衡绝对艺术的情形"，"在前者（尤帕里诺斯亦是建筑师），是石柱将身体风格化，在后者（灵魂与舞蹈），是身体将石柱风格化"（阿尔贝尔·梯伯德），还有，这个作品（尤帕里诺斯亦是建筑师）也被解释为是"将代表了柏拉图中期理念论的《斐德罗篇》的艺术哲学，通过柏拉图后期的《蒂迈欧篇》否定的构成思想展开并行为化的东西"（田边元）。

在《尤帕里诺斯亦是建筑师》中，在自己分裂的两极中充当出场人物的是斐德罗和苏格拉底，斐德罗被沉浸在记忆犹新的身体行为的记忆里，苏格拉底代表不知晓身体不断产生如烟般空泛的各种观念的精神。苏格拉底通过斐德罗知道了尤帕里诺斯的身体行为（构筑）的回忆，察觉到自己内心深处想产生行为，渴求拥有身体的欲望。在那里，苏格拉底通过变换身体的行为，梦想着实现尚未到来的作品世界，斐德罗则跟随着苏格拉底的身体变换。全篇的构成由伫立在象征着生的伊利索斯河流前的岸边（死者的领域）进行对话的场面开始，斐德罗的理性赞礼、尤帕里诺斯的训话、关于美的讨论、尤帕里诺斯的建筑学、置于各艺术之上的建筑和音乐、哲学家苏格拉底世界的建筑师、自然的作用和人类的构筑行为、哲学家苏格拉底向后悔迈进，最终结束于怀疑性的结尾上。以上的对话是自由精神"从冥府自然产生的玩笑"，这个玩笑不外乎成为作品本质上的构成，作者的本意在于启示。结论在于人类需求不灭的整体，只建立在精神和肉体觉醒之后的竞争这个"自然的玩笑"上。

瓦莱利的建筑观，占据着基于被分解的原则（美观、实用、坚固）通过几何学方法构筑的建筑学的中心位置，用明快的文学作品构成指出了建筑学的起因及最终结果的"歌颂建筑"的作品效果，进而展示了希望建筑行为主体完整统一而努力的典型代表——建筑师和他所进行探索的道路与方法。

（加藤邦男）

■参考文献

1.『ヴァレリー全集（増補版）』全 12 巻・補 2 巻、鈴木信太郎ほか訳、筑摩書房、1977-792

2.『カイエ篇』全 9 巻、寺田透ほか訳、筑摩書房、1980-83

3.「エウパリノスまたは建築家」森田慶一訳、森田慶一『建築論』東海大学出版会、1978 所収

4.加藤邦男『ヴァレリーの建築論』鹿島出版会、1979

5.加藤邦男「建築論素描―ヴァレリーの対話篇『エウパリノスまたは建築家』を巡って」『新建築学大系 6 建築造形論』彰国社、1985 所収

6.小林康夫ほか編『フランス哲学・思想事典』弘文堂、1999

# 彼得・埃森曼 Peter Eisenman (1932～)

彼得・埃森曼 1932 年出生于美国，在康奈尔大学、哥伦比亚大学学习建筑，之后留学英国的剑桥大学获得博士学位。作为建筑师的经历可以追溯到其归国后的教育活动地——普林斯顿大学时代，但其发挥真正价值却是在与同事迈克尔・格雷夫斯竞争教授地位失败后去纽约开办 IAUS（建筑与城市研究所）时开始的。

（暂且不管在美国这些流行词是否通用）在 "68 年之后" 的文化状况下，将埃森曼推为时代宠儿的契机是 1972 年在纽约 MoMA（现代美术馆）举办的 "五人组"（Five Architects）展以及由此蓬勃开展的可称为美国建筑的 "风格争论" 的 "白与灰" 会议（1974）。前者的 "白色派" 包括迈克尔・格雷夫斯、查尔斯・格瓦斯梅、理查德・迈耶、约翰・海杜克以及埃森曼等五人，与之相对的 "灰色派" 包括 R・斯特恩、J・罗伯逊等，也是由耶鲁大学校友构成的。这场争论是在路易・康之后对于美国没有形成统一的城市、建筑思潮，或者对于城市与建筑本身的大众化、郊区化的文化状况从建筑 "内部" 发起的自觉抵抗，在大的方面，是 "作为现代风格的勒・柯布西耶" 与 "作为程式化外表的学院风格" 在能够形成纯粹化风格上的霸权之争。之后，朝向两者背后隐约可见的美国的 "精英主义" 和费城学院（文丘里）的 "大众主义" 的对立转化。在此延长线上，"后现代主义" 的建筑运动登场了，不过 20 世纪 60 年代的美国开始觉悟到 "建筑" 或者 "现代主义" 不存在了，担当 "启蒙" 的旗手角色而奔走的——在担当经济支援的 P・约翰逊和担当理论支援的 C・罗和 A・克洪的基础上一往无前的——正是彼得・埃森曼。

当然，"勒・柯布西耶" vs "学院派" 或者 "精英" vs "大众" 这样的表层化对立图式成为应该向 "形式" vs "程序" 这样的美学难题，或者 "自己" vs "他人" 这样的存在论的难题转变的意义——这些 20 世纪 80 年代以来建筑论坛的中心课题——也许没有将埃森曼在 20 世纪 70 年代的动作纳入美国传统（不存在）的必然性。实际上，IAUS 出版的理论性杂志《对立派》（Opposition）在世界范围内是有影响力的。另外，在 20 世纪 90 年代，由于实现了 "ANY 会议" 的召开，形成了建筑师的国际性网络，为建筑和其他领域（特别是哲学）的交流作出了努力。对这些意义或者结果分别解说，篇幅无论如何也不够吧，相反，因为很有可能出现对旗手来说属于细枝末节的不负责任的结果，所以就不多涉及了。下面是对这样一位战略家——埃森曼的建筑作品按照时代顺序所作的整理（由于是仍在世的建筑师，所以是暂时的全部作品）。

**20 世纪 70 年代前半期**：将形式的、古典的变形操作作为主题的一系列实验住宅（住宅 1～6 号）——将乔姆斯基等的符号学应用到建筑上。

**20 世纪 70 年代后半期**：解构和片段化的类型学（住宅 10～11 号、坎那尔乔规划）——向福柯、列维-施特劳斯等的结构主义靠近。

**20 世纪 80 年代前半期**：不在和发掘（现在）的建筑 "现场"（柏林集合住宅、俄亥俄州立大学的韦克斯纳视觉艺术中心）——向后现代结构主义理论发展的建筑性探索。

**20 世纪 80 年代后半期**：缩放和建筑的修辞（威尼斯建筑双年展的 "罗密欧与朱丽叶" 规划、东京第二国立剧场竞赛方案、巴黎拉・维莱特公园的 Choral Work）——德里达解构主义的建筑应用。

**20 世纪 90 年代前半期**：折叠和变形（柏林莱茵哈特大厦规划）——向吉尔·德勒兹哲学接近。

**20 世纪 90 年代后半期**：潜在性和建筑的煽情（罗马 2000 年巡礼教堂竞赛方案）——以德勒兹哲学探索莱布尼茨与柏格森理论的建筑意义。

在某种意义上，埃森曼建筑方案的轨迹，即后现代思想（和建筑的后现代主义不同）的建筑性描绘的历史，我不认为解释其详情（或者哲学的背景）是具有意义的。拥有显露出眼高手低的作品，完全拒绝接受他的建筑的"启蒙"是已经用过了的说法，不过那只会远离"可能性的中心"吧，因此，为了接近构成这个中心的核，我想更加细致地言及他的建筑思想。

埃森曼的早期实验住宅系列作为比时代建筑更加前卫化的"纯粹建筑"，或者作为将应用符号学的观念主义倾向表面化的"概念建筑"（展板建筑）被评价（面向美学自律性的贵公子—槙文彦）、被挪揄（塔夫里称为精英主义）。但是，就如他自身多次表明的那样，他关心的是对于现代主义本身的"建筑的"意识形态的批评，现代主义的意识形态不能移入到建筑之中，即表明不关心将抽象或观念作为类型在建筑上的体现。对他来说，从某个时期开始，建筑的辩证法被决定为"个体"与"整体"、"历史"与"现实"或者是"形式"与"内容"这样的对立物。但是，作为调停或者扬弃的概念，在建筑历史中登场的有"类型"、"计划"、"性格"、"建筑的、结构的合理性"、"柏拉图立方体"以及被视为与现代主义相同的"功能主义"，所有这些在"同一性"概念的基础上不是仅仅能消解它们的对立吗？并且，不是只可把最终保证其同一性的中心性存在看作"人"吗？这就是围绕建筑的埃森曼疑问的核心吧？如果认为他所关心的事不是抛弃、无视面向那种"同一性"的辩证法，而是根据从建筑（物体）"内部"所构成的"别样的"辩证法进行批判，将其批判的过程本身建筑化，那么他大概过多地接受了观念主义了吧？……

对于埃森曼来说的"现代感性"是将我们人从"创造者"的立场（也可称为主体）中清除的认识，不单单是将相对于"实体"的"观念"的、相对于"具体"的"抽象"的以及相对于"主体"的"客体"的优势在现代美学的基础上进行实践，他企图一边扫清作为人的理想或者道德规范的形式论，一边开始建筑上独自的全新的辩证法。但是，像他这样的"启蒙"多大程度上渗透到建筑（理论）之中还是个疑问。　　　　(丸山洋志)

**■参考文献**

· Peter Eisenman,"Post-Functionalism "Opposition 6, Fall 1976
· Peter Eisenman, Giuseppe Terragni Transformations Decompositions Critiques, 2003

# 表现主义 Expressionism

艺术，自古以来有两个来源，一个是感觉的外部世界，另一个是内在的想象力。印象派通过对感觉性的外部世界的归依，来刻画外部世界的印象。表现派则超越感觉的东西，刻印下眼睛看不见的想象力。在那里，经常有两个极端在等待，一个是模仿自然的自然主义艺术，另一个是观念艺术，就像社会主义的现实主义那样连意识形态都表达出来。一面回避这两种极端，一面取得感觉的和超越感觉的东西的平衡，就产生了优秀的印象派艺术和优秀的表现派艺术。

因为建筑是格外不属于自然主义的艺术，所以它具有偏于表现派的倾向。但是，建筑由于带有很多的现实条件，抑制了它的内在想象力的表达，因此，产生众多优秀建筑想象力的表现派建筑的大多数是作为未完成的建筑表现在图留下的。不过，只要是建筑就必然要实施。20世纪20年代以德国为中心兴起的艺术运动，在建筑界中就诞生了布鲁诺·陶特、埃里希·门德尔松、汉斯·波尔齐希、赫尔曼·芬斯特林等名家。另一方面，它是现代主义诞生的时代，在第一次世界大战后纳粹德国将要到来之前的魏玛时代这段幸运时光中，它是第一次世界大战被压抑的建筑运动从内向外兴起的艺术能源。

在汉斯·波尔齐希（1869～1936）的作品中，"萨尔茨堡音乐节剧场"（1920～1922）是其典型。实现的作品，有柏林的"格罗瑟斯剧场"（1918～1919）。受名导演莱因哈特委托进行的"舒曼马戏场"固定大棚的改造设计，创造出了自由奔放的钟乳石构思的内部空间。这是推举汉斯·波尔齐希为德国第一位的表现派建筑师的理由。

布鲁诺·陶特（1880～1938）的情况是，在现实建成的作品中，可被称为表现主义建筑的作品几乎没有。作为方案的作品可以举出"阿尔卑斯建筑"（1917～1920）。布鲁诺·陶特通过这个"阿尔卑斯建筑"展开他的内在想象力，甚至设计到了阿尔卑斯、地球、行星。在"城市之冠"（1919）里，将效仿所罗门神殿的新的"城市之冠"的神殿脱离其功能，作为纯粹的建筑来建造，可以认为建筑师是发掘寄藏于人类情感深处的东西灵魂的艺术家。这是将布鲁诺·陶特作为表现主义建筑思想代表的理由。实现的建筑，可以举出的例子是与保罗·谢尔巴特的"玻璃建筑"对应的德意志制造联盟展览会的"玻璃之家"（1914）。

埃里希·门德尔松（1877～1953）是不管在方案上还是在实施了的建筑上都属于表现主义的作者，其图纸上的方案，就像我们能从"生产建筑"（1917）、"光学机器工厂"（1917）等中看到的那样，倾向于采用大量曲线、曲面，由铁和混凝土构成新的造型美。在第一次世界大战开始的1914年所勾画的许多草图，均在追求内在想象力的表达。其中，实现了的是波茨坦的"爱因斯坦天文台"（1920）。1913年，他与爱因斯坦相遇，怀着对他的相对论理论的关注，为了证明它而建筑了这个"爱因斯坦天文台"。这是一个整体充满了动感表现，将门德尔松的情感作为内在想象力的表现实施的建筑作品。

赫尔曼·芬斯特林（1887～1973）的作品是以模型和图纸被人们了解的，没有实际建成的建筑。在这个意义上，他不是表现主义的建筑师，而是具有表现主义思想的作者。芬斯特林的有机建筑，建筑自身具有生物有机体的特征。芬斯特林的内在想象力，就如同建筑是爱、是战争、是运动、是神圣的东西一样，是人间事物的表现。从其"施塔恩贝格湖边别墅"和"教堂"、"红色之家"（1922）等图纸方案上，都能够看出芬斯特林对有机建筑的内在想象力的表达。芬斯特林还通过"建筑积木"来表现自己的思想，创造出很多幻想的建筑。它们作为"风格游戏"，具有教育的功效。

将鲁道夫·史代纳（1868～1925）列为德国表现派作者，与将安东尼·高迪列为新艺术运动以及表现派作者一样，都有一个问题。但是，如果只限于理解不依附于自然的外界，通过人类内在的想象力来表现的建筑，鲁道夫·史代纳就是超越至今为止的表现主义建筑师的建筑师。为什么？就像沃尔夫冈·佩恩特在《表现主义建筑》（1973）中指出的那样，史代纳的建筑是作为人类自身，作为思想、感情、意志的表现而构筑的。将它们和只留下模型、草图的众多表现派作者加以比较的话，第一歌德馆（毁于大火）（1920）、第二歌德馆（1928）和饭堂（1915）、高台屋（1914）、玻璃之家（1914）、练习房（1920）等，全都是实现了的、作为作品保存下来的。尤其是歌德馆，是宇宙的建筑，是表现出地球和人类发展的建筑。

假如将以内在想象力来表现建筑并且实践它们的作者称之为表现主义建筑师的话，在20世纪20年代，表现主义建筑师还包括彼得·贝伦斯、本哈特·霍特格尔、米歇尔·德·克莱克等，其后的年代里也涌现出汉斯·夏隆、戈特弗里德·贝姆、弗兰克·O·盖里和达尼埃尔·李勃斯金德等众多建筑师。日本的例子是：1926年，当时逗留在柏林的今井兼次（1895～1987）与以霍华德·沃尔顿为首的表现主义运动的代表人物布鲁诺·陶特、埃里希·门德尔松、汉斯·波尔齐希、弗里兹·赫格尔等有个人交往，并且向日本介绍了鲁道夫·史代纳、安东尼·高迪的建筑作品，其作品"日本26圣人殉教纪念馆"（1962）、"大隈纪念馆"（1966）、"桃华乐堂"（1966）等均表达出内在的想象力，是公认的表现主义建筑师。

（上松佑二）

鲁道夫·史代纳　第二歌德馆外观

■参考文献
· 山口廣『ドイツ表現主義—近代建築の異端と正統』井上書院、1972
· ヴォルフガング・ペーント『表現主義の建築』（1973）長谷川章訳、鹿島出版会、1988
· 上松祐二『シュタイナー・建築—そして、建築が人間になる』筑摩書房、1998

# 伯纳德·屈米 Bernard Tschumi (1944～)

1944 年生于瑞士的洛桑。在瑞士联邦工科大学、AA 学院接受建筑教育。在执教伦敦 AA 学院的同时，在纽约的 IAUS 开展理论活动。另外，在执教普林斯顿大学、库珀联合学院的同时，担任哥伦比亚大学建筑系的系主任。

1983 年，获得了由弗朗索瓦·密特朗总统主持的巴黎改造规划宏大项目之一的德·拉·维莱特公园设计竞赛的一等奖，引起了世界的关注。在这项竞赛中，他最后战胜了同代人雷姆·库哈斯，屈米的方案最终得以实现，但当时的他还是个在世界上没有名气的建筑师。

他在早期活动的 20 世纪 70 年代里，出版了《建筑宣言》（Architectural Manifest）、《曼哈顿手稿》（Manhattan Transcripts）等传达屈米设计思想的建筑理论书籍。这些虽然是不做建筑设计的建筑师的活动，但可以说，在对建筑的重新定义和建筑空间的重新定义作理论尝试的 20 世纪后半期，这些书是最理智且前卫的建筑思考。在《建筑宣言》中，建筑宣言被定义为是与社会交往的合约，将建筑师和社会的被虐和施虐的相辅相成说成是绳子和尺子（ropes and rules）。在这个言辞激烈的（fireworks）宣言中。激烈的言辞纯粹是作为快乐的建筑，尝试把建筑从功能的束缚向纯粹快乐的建筑解放，将建筑的领域扩大。可以说，因在乔伊斯的庭院上，把将建筑设计图看作 20 世纪最难读懂的文学作品的詹姆斯·乔伊斯的小说作为文本，理论性地探索尝试消解使建筑得以产生的设计行为的概念等伴随激进的将现有概念的理智性消解，来扩展建筑的领域是其早期活动的主题。

理论性计划的《曼哈顿手稿》作为 20 世纪后半期建筑空间的探索，进一步提出了意味深长的问题。一边展开在曼哈顿的杀人者逃走和追踪这个情节，一边说明在公园的杀人和在大教堂的杀人，在公园的爱情行为和在大教堂的爱情行为，空间是不一样的。在《曼哈顿手稿》中，将 20 世纪的空间性与 20 世纪发明艺术理论的俄罗斯电影导演、电影理论家塞尔吉·爱森斯坦的蒙太奇理论相联系，把作为行为和场所的蒙太奇空间一边用像电影胶片的那种标注法的画面重叠，一边分析、描绘。在德·拉·维莱特公园中进一步使这个蒙太奇的空间问题得到发展，作为计算机时代的空间程序设计，提出了未来城市程序实验的方案。

在德·拉·维莱特公园中，将公园的要素分解为点、线、面三个部分。点的要素为癫狂物（设置在公园里的小型建筑）；线的要素是围绕公园的散步道和廊道、林荫道；面的要素是广场和水池。将它们以各自的一定规律系统地布置在公园的用地上。例如，癫狂物位于约 55 公顷的整个公园中 110 米大小的网格状交叉点上；廊道是东西、南北向的直线形，散步道是自由的曲线形，林荫道是几何学的线状；广场和水池以各种需要的场合和形式来布置。将这些点、线、面的系统在德·拉·维莱特公园的用地上相重叠（蒙太奇），各自成规律的点、线、面的系统的重叠就是产生预料之外空间变化的程序设计。水池（面）上漂浮着钢琴吧（点），散步道（线）好像穿过其间一样，在德·拉·维莱特公园的设计上，在各种各样的场合里，预料之外的冲突创造出预料之外的空间变化。

产生于 20 世纪前半叶机器时代的规划思想，被屈米通过这种计算机时代的程序设计思想完全埋葬。德·拉·维莱特公园不是通过规划使城市向着作为目标的最终形态收敛，而是通过系统的冲突和造访这里的人们的体会展示正在被更新的未来城市的实验，以此来宣告 20 世纪城市规划的无效性，展示了未来城市的实验场。

在 20 世纪 90 年代，曼哈顿手稿和德·拉·维莱特公园上探索的系统的重叠（蒙太奇），定义了更加细致的性质并将其开展下去。

程序被整理成三个策略，提示出建筑计划。

**1）交叉程序设计**

将给定的空间轮廓，使用在不是原意图方向的设计计划上，例如教堂建筑作为保龄球馆的情况、市政厅位于监狱的空间排列中、美术馆被纳入立体停车场之中。这与类型学的转换相类似。

**2）横断程序设计**

这是将两个程序的设计结合布置在一起，希望并存，不是考虑各自的性质，而是将各自的空间排列完全混淆在一起，例如让天象仪和滚装船组合、步道穿过热带植物温室中的钢琴酒吧什么的这样的程序设计。

**3）解析程序设计**

这是把两个设计结合起来，使这里应该要求的计划 A 的空间布置和计划 B 及其可能的布置相混合，新的设计 B 也许就从设计 A 固有的内在矛盾中产生出来，而且，设计 B 的必要空间布置适用于设计 A。

在关西新机场的设计项目中，为了把线性的机场扩展成拥有商业空间、游泳池和高尔夫场地的线性城市，就利用了存在于线性机场内的固有矛盾，而探索了解析程序设计。

屈米的建筑思考，相对于 20 世纪 70 年代被称为后现代主义的历史、记忆和传统的伪装的流行，通过为了 20 世纪后半段空间的重新定义而以层次上包括时间要素的剪辑为基础布置空间的程序提示，将建筑从静态

的空间形态的形式解放出来，在这个意义上，在建筑空间的定义上，具有可与物理学上从牛顿力学到爱因斯坦相对论的展开相媲美的革命性智慧。

可以认为，屈米的活动是对 20 世纪后半叶的在哲学、语言学和经济学领域上探询的原因和结果、功能和形态、话语和意义的关系的一概否定，即在对于现象的相对性或不确定性的追求相连动的建筑空间上作理性探索的实验性思考和实践这个意义上，激进且理论性地开创了作为理性形式的建筑的最前卫的试验。 （冈河贯）

■参考文献
· Bernard Tschumi, Architectural Manifestoes, Architectural Association, 1979
· Bernard Tschumi, The Manhattann Transcripts, Architectural Design, 1981/New edition ; Academy Editions, 1994
· バーナード・チュミ『建築と断絶』山形浩生訳、鹿島出版会、1996
· Bernard Tschumi, Event-Cities, Musium of Modern Art, 1994/Event-Cities 2, The MIT Press, 2000/Event-Cities 3, The MIT Press, 2004

# 布鲁诺·陶特 Bruno Taut (1880～1938)

布鲁诺·陶特，1880 年出生在原东普鲁士的首都柯尼斯堡。1902 年毕业于当地的建筑学校，从第二年——1903 年开始在布鲁诺·美林格，接下来在迪奥多·费希尔的事务所工作。1909 年开始与弗兰兹·霍夫曼合作，在柏林成立了设计事务所。1921～1924 年担任马格德堡市的建筑顾问。1924 年开始在柏林担任建筑供应公司 GEHAG 的主任建筑师。1930～1932 年期间在夏尔罗腾堡工学院任教授。1932 年接到参加莫斯科城市规划的邀请，就到莫斯科居住了，由于前苏联文化政策的改变，第二年回国，紧接着应曾经有过邀请的日本国际建筑会的请求来到日本。1933～1936 年旅居日本，担任国立仙台工艺教导所顾问等职务。1936 年，作为伊斯坦布尔艺术大学教授前往土耳其，成为土耳其政府最高建筑技术顾问。1938 年，在土耳其逝世。在他的一生中，我们可以看到三个有特征的时代。

首先，是到第一次世界大战的表现主义时代。在陶土、水泥、石灰产业博览会上展示的亭子（1910），经过国际建筑博览会上的"铁的纪念物"（1913），1914 年在德意志制造联盟科隆博览会上设计了代表作"玻璃之家"。在"玻璃之家"中，由菱形玻璃实现了多面体穹顶内部的光与色彩的空间。通过这些博览会建筑的一系列实验性的作品，他抓住了通过工业技术带来的混凝土、铁、玻璃的表现这个现代建筑上的固有课题的机会。陶特的探索，不是简单地揭示了技术的、物理的可能性，而是对材料本性内在创造主题探索的深化。关于"玻璃之家"，有"除了美之外没有任何目的"这样总结性的说法。所谓表现主义的本意，可以说是希望通过形态的新奇性，达到这种表现的自律性。况且，由于陶特有志于玻璃的背景，能够完成与著有《玻璃建筑》（1914）的幻想

诗人保罗·谢巴尔陶特的亲密交往和与建筑师萨克尔在"玻璃链条"上的交流。在这样的活动中，他对怀抱幻想的理想世界的憧憬，通过自己富有"乌托邦"性格的三部著作，即《城市之冠》（1919）、《阿尔卑斯建筑》（1919）、《城市的解体》（1920）明确地表达了出来。三部著作上收录的色彩鲜明的众多草图似乎可以说是陶特追求的理想城市、理想乡村、理想社会的景象。

其次，是集合住宅建筑师时代的延续。陶特在第一次世界大战后，在柏林参与了众多集合住宅的规划，1913 年就已经参加了德国的某个田园城市的规划，还在上述的《城市的解体》中屡屡参照社会主义思想家的语言等。陶特关心可能作为新城市共有主体的集体的实现，就像《城市的解体》的副标题"或者大地适宜居住，或者还走向阿尔卑斯建筑之路"暗示的那样，所谓陶特想象、描绘的对乌托邦的憧憬，不是简单的梦想，可以说始终是现实社会中应该被具体化的"适宜的居住"的意向，由此得到作为实践者的职业，成为探索其具体解决的机会。在马格德堡时期，通过对现有建筑外墙的色彩规划，实现了新的城市景观。这个时期的言论，就像"房屋尽管是私有财产，但街道的外观却是公共的问题"表明的那样，从这以后，他在集合住宅里形成了抓住个体与组合的问题，即在柏林以围绕有水池的中庭以马蹄形布置的布里茨集合住宅区（1925～1933）和建在白桦林间的翁克尔·托姆斯·许特集合住宅区（1926～1931）等大规模居住区为代表，设计了大约 12000 户的集合住宅。在这些作品中，向街区和自然环境扩展的"外部居住空间"成为主题，进行了住宅的内部（个体、私人、居室）和外部（集体、公共、自然）相互关联的住宅实验。

自莫斯科归来后，通过从日本到土耳其的游历，陶特确信，各个地方的古典主义和现代主义之间贯穿着一种普遍性。特别是《日本》（1934）、《日本文化之我见》（1936）等，在许多文章中论及到日本的体会，成为被认为是在土耳其的遗作《建筑艺术论》（1938）中的主题即"建筑是均衡的艺术"的导因。以下来看一下这本著作的内容吧。

通过著作的各个章节，论述了所谓"均衡"不只是尺寸的协调，而且是"技术"、"结构"和"功能"等广泛关联中的协调。然而，"反而完全忘掉了技术、结构还有功能"这种"美的协调"，将"作为艺术的建筑"作为"惟一一种完备的形式"来产生。所谓均衡，不是要素的分析，而是将整体的明显把握变成可能的契机。在所给予的合理的各项条件中也更能断定触发情感的"余地"的存在依据是"暗含均衡的住宅"。他关注着从设计过程中的潜在思维向情感的过渡，即"情感可以说是过滤器，确保对于目前的新课题来说只有有用的经验和知识。……头脑已经停止思考，只用手在纸上描绘纵横驰骋的抽象线条。"（加重号为原文）以此来保留"均衡"基础上的判断，断定思维和情感交叉的层次，也可以称为"艺术之花开放在理性对感性允许的自由上，岂止是它，自由的情感不能不希望得到有宽广视野的理性"。他在日本建筑上找到的就是这种艺术之花的开放。

尤其"壁龛"，被认为是"在整个艺术中无法与之相比的光辉成绩"。在日常生活空间的正当中设置的"壁龛"，通过花和挂轴使室内的气氛产生多种变化，陶特看到了"虚"或者"无"的"均衡"，"依靠其自身完成的纯粹、中正的均衡"成为经验。他在别的论著中也将"壁龛"描述为"其自身就是一个建筑"，在这里，是看到实用性和艺术性、日常性与非日常性、思维与感性的"均衡"的缘由。

在生命最后阶段的土耳其的演讲中，陶特追述了自己内在一直具有的"两个相反的倾向"的感想。所谓"两个"，他在演讲中列举的大概不只是"传统"和"现代"吧，大概既是贯穿于表现主义时代和集合住宅时代探索的理想和现实这"两个"，又是在遗著中以"均衡"为基础的多层面的成对的概念。他自己很自负地将重新发现桂离宫的著作《桂离宫速写》（1934）置于如同"新的《阿尔卑斯建筑》"一样的高度，他的问题常常导向过去的《阿尔卑斯建筑》，面向"适宜的居住"的实现。于是，他看到日本建筑上的"虚"，发现了那里生活中的"平静"。它是包含在《阿尔卑斯建筑》最后一页描述的"无名特质"中的"无"的情景，也可以认为是陶特一生追求的建筑产生的场所。

（朽木顺纲）

■参考文献
· B. タウト『タウト全集』、全6巻（第4巻欠巻）篠田英夫ほか訳、育生社弘道閣、1942-44
· B. タウト『建築芸術論』篠田英雄訳、岩波書店、1948
· 土肥美雄『タウト 芸術の旅』、岩波書店、1986
· Junghanns K., Bruno Taut 1880-1938, Henschelverlag, 1971

# 查尔斯·埃姆斯 Charles Eames (1907~1978)

## ◇ 开放系统

因为建筑是在各种不同的基地上建造、建设量大，复合程度也高的事业，所以其生产的工业化，特别是工厂生产化不是针对整个建筑物，而是拆分它，以单位构件的形式进行。例如现代日本的预制住宅就是这样，以大部分的构件在工厂生产，但在各个施工现场进行装配的方式来进行。

但是，对于这种现代日本的预制住宅的多数构件，每个企业具有各自不同的体系。A公司构成预制住宅的多数构件在B公司的预制住宅上不能使用，反之也同样。这种工厂生产化的构件只能在特定的封闭体系范围内使用的体系称为"封闭系统"。

与之相反，多数的构件种类在A公司的预制住宅上，B公司的预制住宅上以及根据一般的传统构造方法建造的木构造住宅上均能使用时，这种体系则被称为"开放系统"。

对于选择构件进行建筑设计的人来说，其选择的范围扩大了，即便对于构件的生产者来说也能够有更大的市场，因此，比起封闭系统，开放系统被认为具有更理想的工业化状态。

埃姆斯夫妇的代表性建筑作品——埃姆斯住宅是将这种开放系统可视化的最早的作品。钢制的柱子和格子梁、大型的钢窗框、在地板和屋顶上使用的梯形板，看起来好像只是为了建造这个建筑而生产的这些构件是在一般市场上公开销售的建筑用构件（off-the-shelf parts）。这句话不论愿意与否，都被抬高到了神话的地位，因为在日本还处于战后忙乱时期的1949年，与已经存在这种工业制品市场的工业国家之间彼此差距巨大，且据说这个住宅比起当时利用美国传统构造方法建造的住宅在单价上便宜很多。

然而，这之后它却从建筑界退出，虽然作为世界级的设计师是专注于家具、影像、展览会造型的人，但为什么关于建筑构件，只从成品目录中选择就可以完成作品呢？

## ◇ 整体与部分

例如，在查尔斯·埃姆斯崇敬的巴克敏斯特·富勒所设计的精悍高效住宅（1947）中，构成它的构件是根据只能在这个住宅上使用的想法而新开发的，可以说是典型的封闭系统。另一方面，埃姆斯所做的可视化开放系统意味着建筑设计者完全可以从设计构件的工作中脱离出来。

就建筑整体进行思考和就作为部分的构件进行思考这两者谁应优先的问题，富勒的情况是很明确地进行完整体—建筑的设计之后，再将其分割为部分—构件，即"整体→部分"型的工业化。与之相对，埃姆斯的情况是先做完整体—建筑的设计，因为应该已经存在于设计、生产出的部分—构件，所以是"部分→整体"型的工业化。

"整体→部分"型的工业化不一定将关于设计行为的社会化分工作为前提，而在"部分→整体"型的工业化中，构件的设计行为必然地从建筑的设计行为中分离，建筑设计的意义及相关的职能也发生了根本性改变。在认同建筑设计的整体性和与之相关的专业人士之间的协作价值方面，应该不希望是埃姆斯式的"部分→整体"型的工业化。

建筑生产的工业化已经发展，在从目录中选择构件的建筑设计业已日常化的现代，能够感觉到大约60年前埃姆斯所明确表示的"部分→整体"型的工业化没有未来。

## ◇ 居住环境的设计

对于从建筑生产论出发的埃姆斯的思

想，在现阶段看来，不得不感到对其的否定性，但我自己是以迄今为止不同的文脉关系开始关注埃姆斯的。

现在是建筑业界的大转换期。尽管相关人全体抱成一团一边倒地建设新建筑，但可以预想，今后新建筑市场会年年萎缩。日本也已经进入不得不将管理现有空间资源放在重要位置的时代。那么，只是像迄今一样围绕建筑来构想工作就变得不够用的。

即使已经确保有居住的场所，也有想建住宅的人，也有想换置家具改变氛围的人，也有想对宅前的道路和行道树做些什么的人，也有只是想修修漏雨屋顶的人。

对于已经有居住场所的人来说，只是将住宅从自己的居住环境中特别地拿出来进行思考、感受的行为不太自然吧！家具、道路、电视、庭院树木都是居住环境的一部分，谁也不能只给建筑的构件以特权。

一看到在那个时代里埃姆斯夫妇以自家住宅为题材所做的影像作品"House"，就为其设计意图的先进性而震惊。

这部影像作品虽是用数百张照片表现竣工 5 年后的埃姆斯住宅，但绝不是拍摄建筑作品，当然，拍摄了窗框、柱子、台阶等建筑的构件，但是，织物、餐具、小物件、家具、庭院树木等他们认为应作为自己居住环境的物品都同样登场了，即以相同的距离感将这些物品作为居住环境的一部分加以理解，再作为设计师表现它们。

过去，查尔斯·埃姆斯将埃姆斯住宅说成是"Unselfconsious"式建筑，我想可以意译成"作为居住环境一部分的、不主张自己的"建筑。如果从这个主旨来看，不特殊设计建筑构件，从成品中选择样式的意图很明确。埃姆斯夫妇原本也许是以与所谓开放系统、"部分→整体"型的建筑生产论观点完全不同的观点来构想埃姆斯住宅的。至少对于现代的我们来说，将埃姆斯住宅作为那样

一种事物重新看待具有深远的意义。

"最初不是'住宅'，也不是'建筑'。问题是居住环境的设计。"

我想这是查尔斯·埃姆斯通过这个影像作品想对我们表达的。　　　　（松村秀一）

■参考文献

· John Neuhart, Marilyn Neuhart & Ray Eames, "Eames Design / The Work of the Office of Charles & Ray Eames", Harry N. Abrams, 1989
· Esther McCoy, "Blue Prints for Modern Living", MOCA, 1989
· 松村秀一「『住宅ができる世界』のしくみ」彰国社、1998 年

# 大江宏 Ohe Hiroshi (1913～1989)

## ◇从"向建筑发问"走向"历史意匠"

对大江宏来说，对"建筑"的思考，始于考入东京帝国大学建筑学科（1935）之时。与兴盛期的现代（主义）建筑（国际式）不期而遇，尤其是目击了以 CIAM 成立（1928）为契机完成的现代（主义）建筑巩固了工业化社会的建筑的地位，其影响力波及到大学的设计教室中。因而，这是在双重意义上逼迫大江宏进行自我变革。

父亲是负责神社和寺庙土木工程所的内务省工程师大江新太郎（1875～1935），家庭环境和幼时去父亲工作的场所日光东照宫修建工地看热闹后在寺内安养院体验过的工匠的生活等相比，是大相径庭的。

另外，对于能在东京山手地区的文教区内建住宅，进入以校风自由闻名的成蹊学校的城市中产阶级青年来说，考上大学的建筑学科，似乎也觉得"建筑"有些过于特殊化。

大江宏所理解的从大正到昭和初期的近代生活文化，应当追求的近代建筑和现代（主义）建筑之间的差异是明显可见的。

另一方面，已经成为名誉教授的伊东忠太、关野贞、塚本靖的课程，特别是伊东忠太的撒拉逊（伊斯兰）建筑，是大江宏非常认可的课程。在这些课程中，教授了后来成为他建筑基本立场的对"历史意匠"的感觉。所谓"历史意匠"，不是历史和意匠的合成词，很明显，历史就是意匠，历史与意匠是不可分离的一个整体。"历史意匠是建筑的根本"，建筑就是它。硬冠以"建筑"这两个字的理由中有已经不存在的解放感。

## ◇"圣保罗日本馆"——堀口捨己与体验

毕业后经历了文部省宗教局保管科、三菱土地设计部的工作，战后开设了继承其父业大江国风建筑学校的大江建筑事务所（1946），在法政工业专科学校担任教授（1948），建筑设计自不必说，他还讲授过建筑史、建筑结构和庭园学，得到能乐学者野上丰一郎的继任者大内兵卫校长的信任，着手建筑学科的充实和校园的复兴。经受了现代（主义）建筑洗礼的大江宏，像是要填补上战争期间的空白点一样，1953 年在模仿勒·柯布西耶"瑞士学生会馆"（1930）的"法政大学研究院"上完成了作为建筑师的战后的初演，不过在其后的第二年，也就是 1954 年迎来了应该说是决定性的转机。

机会就是在由堀口捨己设计的"圣保罗日本馆"（1955）的施工现场被委派为监理，这是在日本组装一次再拆掉，再将其在现场重组这样一件工作。但是，竣工后的建筑物与这个时期前后的堀口捨己的作品有着不同的味道，毋庸说，潜藏着一种使人预感到后来大江宏作风的殖民主义风格（美国开拓时代的建筑风格）的感觉。回国后的大江宏写了一篇叫做"古典创造的升华"（1956）的短文，但结果是将堀口捨己的原设计看作是古典的，这不就是将堀口捨己的世界作解构的模仿吗？进而从第二年发表的以"堀口捨己其人与其建筑"（1957）为题的论堀口捨己的这篇著名的长篇论文中也能推测出其通过再现这一具体的创作，在遥远的异乡土地上完成了堀口捨己的再创造以及洞察老师所面对的课题本质的工作。

## ◇变形语言——"混合共存"与"离见之见"

1960 年前后，已经自觉进行现代（主义）建筑批判和历史观重构的大江宏，将到那时为止的建筑观的革新作为自己的课题，支撑他的是素养主义、文化主义、世界主义时代青春期的思想形成过程。在以《古寺巡礼》为代表的和辻哲郎的一系列著作、高等学校时代三枝博音的黑格尔哲学、板泽武雄的西洋进口史等上面"为何心醉"，而且还深深受到伯父泽木四方吉（私立庆应大学西洋美术史教授）的影响。建筑观的改变与变形语言的邂逅，都是通过回忆而进行的。

如果用图解来说的话，一面共聚于被评价为"发现理念之眼"（谷川徹三）的和辻哲郎的视线上，一面得出作为日本文化本质的"混合共存"的见解（《日本古代文化》——《日本精神史研究续》）。三枝博音的黑格尔哲学课程开辟了面向世阿弥"离见之见"（《花镜》第6段）的现代解释的道路，扩大到"以第一次的自我否定作为前提的个性想法"。板泽武雄的西洋进口史如同前面的"论堀口捨己"表明的那样，命名西欧与日本惟一共同拥有历史的时代为桃山时代，来理解自由城市与堺之茶匠的活动，这大概是从伯父泽木四方吉那里受到的关于"城市国家"佛罗伦萨的文艺复兴"民族"的感化吧。

作为建筑学，"所谓设计，无非就是将自己的原体验或者原风景具象化为明确形体的过程"。

通过"圣保罗日本馆"体会到的解构的模仿这一体验，以现场的完全人性化的思维为杠杆被记起，依从同化为已有的生活实感、精神世界的身心感觉，一边将一切历史现象同置为面向建筑的思索，一边在有志于再构成和现实化时，将与历史观融为一体的构思转化为变形语言就是必然的。经过十余年的思考和实践，"香川县立文化会馆"（1965）在方法上达到了应有的水平。

大江宏说，在建筑的创造上"神秘连一丝一毫也不存在"。变形语言是基于大江宏的身心感受，非常民族化地贯穿其一生展开

的。作品和语言、存在的东西，是得以向失去纯真已久的现代（主义）建筑进行本质批判的原因。

## ◇"闲暇和心情"与"潇洒流利"——走向建筑的极致

不能将大江宏的建筑世界与"后现代主义"还有"追赶超过现代"同等对待，他已经具有"所谓现代是我们自身"（下村寅次郎）的冷静且清醒的实际认识，大江宏建筑思考之前的事情，在最初开始时，是允许从这样的思考结构和精神咒语出发的。

大江宏依照自己的历史观关心着建筑的原型，在两次世界旅行（1954、1965）中确认了西欧的前浪漫主义、朝鲜海峡文化圈的类比，憧憬远方的异乡之地，创作完成怀念遥远过去变迁的作品群，以集大成的"国立能乐堂"（1983）为机会，探求曾经受堀口捨己启发的葛城山——产生修炼世界的场所，是作为大江宏的历史意识和美学意识在云游的路途上的挑战，它被称为"潇洒流利"，也是一个新的境界。

在能够觉悟到的意识深处，想起了日光山内的木屑之香，想起了被父亲带去帝国饭店的夜宴会、观能剧以及大正平和博览会等幼年时代，似乎要将两次世界大战中间的时髦城市东京、艺术装饰主义时期的氛围、隐藏在绅士贵族集中的场合里的"闲暇与心情"作为终生与幻视。

没料到正值花节那一天，他好像梦幻能剧里的"老翁"一样，在将一切托于后世之后，于圣路加国际医院驾鹤西去。　　（崔康勋）

### ■参考文献
· 大江宏『建築作法　混在併存の思想から』思潮社、1989
· 大江宏ほか『別冊新建築　日本現代建築家シリーズ8　大江宏』、新建築社、1984
· 大江宏ほか『大江宏＝歴史意匠論』南洋堂、1984
· 大江宏ほか『日本の建築家4　大江宏　間あいの創造』丸善、1985

# 丹下健三 Tange Kenzo (1913~2005)

丹下健三战前就开始从事建筑师工作,自始至终在加深对日本现实中存在的西方逻辑的思考,通过广岛和平纪念资料馆、纪念公园(1955)和代代木国立室内综合体育馆(1964)等实际的作品,显示出其使建筑与城市融为一体的想象力和将日本式感性与现代建筑相融合的卓越的造型能力,被评价为代表日本的世界级建筑师。

丹下健三的建筑观,紧紧围绕建筑师的创作来进行,成为其出发点的是《米开朗琪罗颂》(1939)。在论柯布西耶的绪论和占有一定位置的"颂"里,丹下健三称赞,相对于已逝的通过几何学进行创作的伯鲁乃列斯基,只有米开朗琪罗是站在阿波罗的可见的表象世界之外,前面没有任何界限的黑暗中,控制对狄奥尼索斯的形成涌现出渴望的真正的创造者,然后,表达了勒·柯布西耶是其在现代中的转世,自己也要走米开朗琪罗之路的决心。这是他在表明作为建筑师的态度,将狄奥尼索斯的渴望理解为面向存在于建筑师内部的创造的力。就像后来看到的那样,集中了建筑师应该直面的"现实"和"传统",还有应该具有的"态度"和"方法",在建筑师中植入被内在化之后才初具意义的强烈信念。

广岛和平纪念馆和公园建设时,丹下健三深刻分析了在这前后的创作问题,形成了自己的建筑观和创作理性,那也是战后不久的时期内在寻求与"民主主义的新日本"相称的建筑的同时,构建建筑应当依从的普遍的框架(丹下健三,1970)。

建筑,因为有来自社会与人的需求而存在。在社会与人现在所控制的建筑和城市中存在各种各样的矛盾和问题,但是,不可能社会与人自身希望得到什么样的东西,建筑就为它描绘出什么样的东西。所谓建筑师,就是给那个民众和社会中"潜在的东西"以具体形象的创造者。建筑必须是适应社会以及时代的东西(参考文献2)。

在创作的时候,建筑要被问及到"态度",建筑师不可能直接从"原生的现实性"产生出建筑的具体形象,批判地理解"原生的现实性"(丹下健三、坂仓准三等,1956),需要综合性地修正问题。因为这被称为"内在的现实性",例如"民众的生活"是问题的话,必须在与建筑的密切相关中盯住它,必须在建筑师的内部把握被修正的问题关键。这样做之后,才能得到体现建筑师的世界观、价值观的"态度"。

建筑师还必须具有给予具体的建筑以形象的"方法"。"态度"来自于对概念的认识,"建筑的实体,不是创造出形体和空间的那个东西"。丹下健三的"方法"相当于现实的分析阶段之后继续综合化、系统化的阶段,也是为了通过形象的意向或者形式的认识理解现实的方法。

作为"方法"的形象在现实中是多种多样的,另外,也有被固定为"假设的""体系"的。它创造出"型",在成为作品时表现出建筑师的"态度"。"型"接近于路易·康的形式(本质的、创造发明性的秩序形式),另一方面,"态度"能够理解被命名的形象和型修正下去的力(参考文献1)。

在丹下健三的思考中,创作的过程中最重要的过程是统一"态度"和"方法"。态度和方法,或者现实与型不会自动统一,在推进它们时"构思想象力的参与"是不可缺少的。被命名的形象和型放入"现实"的各种条件中,在建筑师态度的基础上反复解答,通过"构思想象力",收获具有具体的形体与空间的建筑,也应该说是建筑师的世界观、价值观的"态度"所表现的建筑,是经过这种动态的过程产生的。

建筑是从"假设的"形象和现实的解答中产生的东西，也有"建筑的创造是现实认识的一种特殊的形态"的说法。说建筑师的"认识是物质—精神—物质这种实践的环节，创造也是精神—物质—精神这种实践的环节，不断反复"（丹下健三，1970），将创造作为通过现实中的"实践"（praxis）进行的"创作"（poiesis）来理解。

丹下健三的卓越之处在于实践这种建筑观。他在二十多岁时参加的大东亚建设纪念营造规划竞赛方案（1942）中，表现了自然之中扩展的神社院落是扎根于日本传统的纪念性这一思想，盖过了其他的应征方案。广岛和平纪念馆与公园竞赛也是，相对于其他方案，只用布置公园的建筑物来完成设计，运用了类似柯布西耶的苏维埃会议宫方案（1932）那样的轴线，使公园的整体范围与城市产生关系，各种各样的建筑物的设计也都兼备了在现代建筑的构成和造型基础上整合日本的传统意匠的力度和细腻。最重要的是，通过贯穿建筑物和纪念物的轴线，以原子弹爆炸穹顶作为视觉焦点的想法是高明的。所给予的"现代建筑"也好，"柯布西耶"也好，日本的传统也好，以他自己的实践证明了重新理解之后才开始联系到创造这一建筑理论、创作理论。

战后"传统争论"中的"成于绳文的东西"（丹下健三，1970）也是重新认识、理解民居等日本传统中狄奥尼索斯式的渴望与生命的力度。它们作为"民众的力量"另一个强有力的传统，成为了破坏尽管露出弥生式的优雅但依靠自然的那种被动的、细致观察的传统的创造力，在旧草月会馆（1958）等作品上结出了果实。

丹下健三的古典主义美学也无非是传统的重组。古典主义以纯粹的几何学和比例的美学为基础。柯布西耶重视几何学的形式，将其作为基本尺度进行人体比例美学的独特的再创造，丹下健三也进行了基本尺度的改良。作为他设计助手的矶崎新所说的"即便是今天，也能画丹下君的比例"（丹下健三、藤森照信，2002）这样的丹下健三还拘泥于比例。即便关于尺度，也主张相对于人的尺度的社会尺度（大众的尺度），广岛和老的东京都市政厅（1957）、香川县市政厅（1958）等作品使我们看到具体化了的东西，让连绵不绝的建筑传统作为使"形成建筑的东西"产生的基础，同时，表现了其不墨守成规的态度。

丹下健三始终在"创造"的立场上来理解建筑。不仅在建立透彻的建筑理论上卓有成就，而且将其带到实践中，通过实践彻底锤炼。可以说，不陷入简单的思辨，不失掉常常体会作为实体的建筑的感觉，认识作为创作者的孤独和观念的分量，也解决内部的自由。的确，丹下健三的观点是 19 世纪的"作家"的东西，但以日本人的身份认识到建筑这一领域特有的方法，表现出了作为艺术家的建筑师的形象。受柯布西耶、海德格尔、姆卡乔夫斯基等人的影响，接受现代建筑和日本的传统，在建筑理论上也将日本带入到世界的高度，给予以矶崎新和黑川纪章为首的后辈们无法估量的影响。　（岸田省吾）

■参考文献
· 丹下健三·藤森照信『丹下健三』新建築社、2002
· 丹下健三『人間と建築』彰国社、1970
· 丹下健三『建築と都市』彰国社、1970

# 俄国构成主义 Constructivism

构成主义（Constructivism）是始自俄国的前卫造型运动。从有意地与过去现代主义造型原理的构图（composition）相对命名来看，它具有强烈的实效性和抽象性，影响波及其他国家。从这一点来看，日语译成"构成主义"是不确切的。但是，作为一个普通运动的副标题，不可否认，很难相当主观、严密地区分这两个原理。构成主义即便在前卫运动中也是社会参与性更强的一派，初期重叠着生产主义和客观派。1920年发表的阿列克谢·甘的宣言被看作是它的起源。最初，这个小组以亚历山大·罗德钦科和留鲍夫·波波娃们这些艺术家为中心，他们都倾向于以实用艺术为中心的主张。作为建筑计划，比宣言还早的弗拉迪米尔·塔特林的第三国际纪念碑是非常著名的，但这件作品也遭到偏重于造型性，没有进行具体功能解决的批评。关于塔特林，始终处于"构成主义之父"的位置大概是恰当的。

尽管在实用艺术中，社会参与性和功能性很强的建筑从风格上参与的比较晚，但与罗德钦科和波波娃关系亲密的、作为塔特林助手（虽然年长1岁）的亚历山大·维斯宁以美术和舞台装饰活动为媒介，开始回归本来的活动领域——建筑领域的运动。其纪念碑式的作品可视为1923年的劳动宫征集方案，其后，维斯宁与另外两个经验丰富的兄弟合作，成为了构成主义建筑师的领导者。这个小组于1925年结成了OSA（现代建筑师同盟），1927年出版了机关杂志"SA"（现代建筑），开展了广泛的集体形式的活动。担任"SA"杂志总编辑，成为构成主义小组理论领头人的是莫塞·金兹堡。

相对于构成主义讲求实效的志向，也有更主张形态自律性的形式主义的小组，尼古拉·拉多夫斯基指导的ASNOVA（合理主

义建筑师联盟）就是这种。它是比OSA更小的组织，虽然有吸取视觉心理学要素等思想的、方法论的不同，但如同construction和composition的争论一样，如果从今天的视角来看，并没有太大的区别。这个小组甚至将康斯坦钦·梅尔尼科夫与埃尔·里西兹基都称为俄国构成主义者，即便是不严密的，也不能说完全不准确。相反地，即使在OSA内部，梅尔尼科夫与同门、同代，同样具有丰富造型能力的伊利亚·戈洛索夫等也被金兹堡认为不是构成主义的，这个关系是微妙的。

20世纪20年代后半段，革命后的社会状况一安定，之前停留在纸上的前卫派的设想便开始实现。这是其他前卫艺术运动因政治状态的关系开始透出光亮的时期（1930年，因诗人马雅可夫斯基的自杀达到顶峰），但是，迟到登场的建筑是直接有助于社会建设的东西，因此被允许长期活动，到1935年左右，前卫派的建筑实现了。它们大多是作为工人闲暇活动空间的工人俱乐部（大一些的称为劳动宫），或者是被称为集体住宅的集合住宅。金兹堡特别把像前者的那种设施称为"社会的容器"。作为代表作，有梅尼尔科夫设计的鲁萨科夫、布雷凡斯特尼克、考丘克，戈洛索夫设计的ZZL，维斯宁兄弟设计的里哈塞夫等各个工人俱乐部，作为集体住宅的纪念碑式的作品，有金兹堡的纳尔科姆芬（财务人民委员会）的集体宿舍。在其他用途上，有格列高里·巴尔辛的《消息报》大楼和伊利亚的哥哥帕特雷蒙·戈洛索夫的《真理报》的各个总部以及拉多夫斯基的库拉斯娜娅·沃洛塔地铁车站等。它们全部位于莫斯科，而在列宁格勒（现圣彼得堡），虽质量上无法与它们匹敌，也有纳尔瓦雅街住宅区及其中心社区设施全都以

构成主义的设计来建造。另外，巴库和新西伯利亚、哈尔科夫、阿拉木图等地区城市中也有少量实现的例子，特别是哈尔科夫的重工业部作为巨大项目而被人知晓。

上述建筑师们几乎都是在革命前接受的教育，但在 20 世纪 20 年代后期，阿列克谢·舒舍夫、伊万·费民等担任教师的老权威们也以前卫的风格来设计，舒舍夫的农业部、费民的迪纳摩（都在莫斯科）等是代表作（也许可以看做是与村野藤吾的宇部市民会馆等类似的例子）。阿纳托尔·高普这样的现代主义历史学家把它看作表层构成主义的模仿而加以排斥，但是稍微有些奇怪的是，在马克思主义思想体系中固执的、反复的真假讨论，没能在建筑风格上严谨地进行，如同前面所说的 construction 和 composition 的争论或者是围绕戈洛索夫作品的讨论一样。在前卫派中最受实际创作机会惠顾的梅尔尼科夫曾经是舒舍夫的手下，也许在负责农业部设计的人中，根据情况也有可能成为梅尔尼科夫第二的人才。

不仅是老权威，接受第一代前卫派教育的第二代的旗手们也在 20 世纪 20 年代后半期登台亮相了。最有才能的是伊万·列昂尼多夫，他的毕业设计"列宁图书馆设计"是在宇宙的范围内以至上主义的纯几何学展开的杰作。另外，他在 1934 年所谓反动色彩浓重时期的重工业部竞赛应征方案真是一个天才的设计，是显示出后结构主义方向性的一个作品。

20 世纪 20 年代后半期，前卫派们加入了社会学家和经济学家行列，展开了要不要完全解体资本主义的城市、要不要缩小规模进行更加合理的布局的争论。维斯宁是后者，金兹堡和列昂尼多夫则采取前者的立场，大概是针对观念性的讨论过热，党中央委员会在 1930 年决定进行干预，令其停止。前卫派的刹车，因 1931～1932 年进行的苏维埃宫的竞赛中鲍里斯·约凡的历史主义的纪念性方案获胜而得以加速，30 年代后期为与所谓社会主义现实主义携手的历史＝古典主义让道。组织形式也在 1937 年成为了苏维埃建筑师同盟，如磐石般地统一起来，构成主义也好，形式主义也好，前卫派的历史命运到此结束，很多成员无奈地度过了很差的晚年。以往，这个过程被我们简单地以由于政治压力而引发的悲剧而接受，但是，本条目的作者推断如同后来的后现代主义一样，不熟悉它的年轻一代必然会有感觉其是历史主义中的新鲜事物这一面。

(八束 HAZIME)

■参考文献
· 八束はじめ『ロシア・アヴァンギャルド建築』INAX出版、1993
· 水野忠夫『ロシア・アヴァンギャルド』パルコ出版、1988
· 五十殿利治ほか編『コンストラクツィアー構成主義の展開』国書刊行会

# 菲利普·约翰逊 Philip Johnson (1906~2005)

菲利普·约翰逊 1906 年生于美国的俄亥俄，在哈佛大学学习哲学。21 岁大学毕业后的欧洲旅行，可以说给后来的约翰逊以决定性的影响。在那里，他所看到的是现在理所当然被称为国际式的建筑。原本在大学学习期间读到过希区考克的现代建筑运动的报告，受到其感动的约翰逊在就任纽约现代美术馆（MoMA）的建筑部部长后，立即与希区考克一起举办了成为 MoMA 第一个建筑展的"现代建筑"展览。那里在介绍勒·柯布西耶、格罗皮乌斯、密斯等人作品的同时，为当时处于古典主义一边倒的美国建筑界展示了新的建筑风格，也是把在欧洲被革新性地开发出来的建筑群作为参照物加以整理、引入美国的时刻。但是，因为关于参展建筑师的选择等没能按照自己的理想来做，所以直接与希区考克一起出版了《国际式——1922 年以来的建筑》，为了让这种"风格"的建筑得到社会的承认而奔走呼吁。另外，后来举办了"非构成派建筑"展（1988 年），定义"非构成"这种建筑风格的也是约翰逊。就这样，他作为馆长，是"编辑"建筑这个领域中工作最认真的人。于是，他作为负责人的建筑编辑工作（建筑的信息化），将建筑遍及到更大的领域。通过"美国 摩天楼 的诞生"展和"机器 艺术"展，使建筑和工业制品闯入了美术界的保守范畴之中，构筑起了建筑与艺术的新的关系。当我们回顾现代建筑的状况时，大概可以说这个功绩是巨大的。

约翰逊虽然是普利茨克奖最早的获奖者，但其代表作却出人意料地少。这虽然也有其作为建筑师的经历开始得比较晚的影响，但更大的理由也许是受他的"馆长的"设计态度的影响。约翰逊早期设计了玻璃之家、西格拉姆大厦（与密斯共同设计）等现代主义的建筑，后来，选取历史的形式等，因 AR&T 大厦成为了后现代主义建筑的旗手，晚年亲自参与世界的高层建筑计划。它们是各种各样的风格混合在一起的、作为信息编辑的建筑群，在时代的潮流中变换着各种各样的作风，通过没有固定风格的借用进行设计，也许是对他的一个评价。即便在当时，也有揶揄他为"密斯·凡·德·约翰逊"以及"密斯·勒斯·约翰逊"的说法。尽管如此，约翰逊一向并不在意，一直借用各种各样的风格创造建筑直到 98 岁去世。然而，当我们回顾他的建筑思想时，是不应该轻易地贴上风向标签的，相对于原有风格这一称呼的价值如果完全不同的话，其批评的立足点就是危险的。前面所列举的著作《国际式》中，他将这个风格通过以下三个原则作了解释。

第一原则：作为体量的建筑

第二原则：关于规则性

第三原则：附加装饰的禁忌（后来改为"构造的分解"）

这里所提示的三个原则与例如所谓形式追随功能这类主动的原则相去甚远，印象论的把握这种说法是正确的。它们是通过对"由线条组成网格的笼子及覆盖它的皮肤"的视觉特征的把握，言及纵贯新的运动的东西，就像暮泽刚已等指出的那样，始终"强调美学的洗练的意义"。对于约翰逊来说，所谓风格不是规则的约束，已经成为"是工作的环境，进而是为了飞跃的跳板"。于是，被勒·柯布西耶轻蔑为"女性帽子上的羽毛那种水平的东西"的国际式，因其定义的模糊和软弱，使得 20 世纪的建筑以一种"风格"统治了很长时期。

让约翰逊出名的经历之一，是自用住宅纽坎南之家（玻璃之家）在杂志上被刊登。

他在那个杂志上说明住宅特点的时候，将勒·柯布西耶的农村规划、密斯的 IIT 校园规划、鲁道夫的农村管理者之家等的特点，以好似美术馆中作品旁附加说明文字那样与记述自身作品的解说一并陈述出来。这是通过建筑作品原作者自己的揭秘，也是建筑靠模仿和原型的混合来完成的宣言。

他所谓的建筑的本质是什么呢？在玻璃之家的解说文字里，谈到希腊建筑的研究者奥古斯特·舒瓦西有关雅典卫城的研究：

我的建筑布局也来自于舒瓦西。停车空间旁小路的端部，砖房（卫城山门入口）是个焦点，不久化为右手边的一片墙壁。最终，一群雕像（雅典女像柱）在中央稍靠右侧展现全貌，进而在角落的地方围绕着一棵松树，玻璃之家第一次（斜向地）进入到视野之中。

也许可以说，他只是形式的作风变化多姿，但是对于建筑抱有一贯的信念。后来，他用"过程"（procession）这句话来表达：

建筑已经不是空间的设计了，既不是堆积空间这个体量，也不是维持组织。建筑只存在于"时间"中。它从属于主要目标的过程的组织确立。

可以说它的某一部分也接近于日本所说的"间"的感觉，但是包含着更加流动的事物之间的关系。以景观来领会将与时间相称的人类行为放在心上的建筑，而且好像发现那里更美，在约翰逊的建筑和批评中随处都能窥见得到。例如关于日本传统建筑，在评价以合理性和明确性为轴的现代主义思想和其类似性上，以陶特为首的西欧建筑师的谈论稍微有些腻了，但是，约翰逊在日光东照宫与桂离宫的对比中，有着从俯瞰整体的焦距之外的山腰风景角度来评价的视野。这也变成了由基于"processional element"的空间把握来形成评价。

假如以自身所处的现代主义废弃历史风格的话，对约翰逊来说，所谓现代主义的风格，也可以毫不犹像地否定掉，那么，无论经过几次否定，风格就在那里产生。从这样的纠结中产生的概念不就是"procession"吗？约翰逊在设计中比起图面来更多地是运用模型来探讨，这大概是表现约翰逊特质的轶事吧。

（盐崎太伸）

**■参考文献**
· ヘンリー゠ラッセル・ヒッチコック、フィリップ・ジョンソン『インターナショナル・スタイル』武澤秀一訳（SD 選書）、鹿島出版会、1978
· デイヴィッド・ホイットニー編『フィリップ・ジョンソン著作集』横山正訳、A. D. A. EDITA Tokyo、1975
· 佐々木宏『「インターナショナル・スタイル」の研究』相模書房、1995
· 暮沢剛巳「インターナショナル・スタイル」『建築文化』2001-2（特集「ル・コルビュジエ百科」）

# 风格派 De Stijl

在荷兰语中意味着"风格"的 De Stijl，是 1917 年 10 月在莱顿由梯奥·范·杜斯堡创建的杂志（1917～1932）的名称，也指以这本杂志为媒介开展的造型艺术运动，或者向其投稿的前卫艺术家、建筑师的小组。

创建期的成员中，有画家皮特·蒙德里安、巴特·范·德·勒克、维尔莫斯·胡萨尔以及建筑师 J·J·P·奥德、杨·韦尔斯、罗伯特·万德·霍夫。盖利特·里特维尔德的参加是杂志创刊的两年后，还是他作为家具设计师开展工作的时期。

虽说是小组，但风格派并没有聚会的地点，成员之间的交流主要是通过杂志上的讨论和书信来进行。运动的主持人范·杜斯堡是杂志的惟一责任编辑及举办人，本身也是诗人、美术批评家、画家、设计师，不久之后，作为建筑师进行工作，是各种媒体运用自如的战略家。

创刊的第二年，风格派在杂志上发表了成立宣言，表明了要寻求废除自然形态的纯粹艺术表现，以生活和艺术的国际化统一为目标这种强烈的意愿。风格派主张在追求超越个人的普遍原理中，形成与他们的时代相称的"风格"。

对于其具体的方法论，范·杜斯堡重视画家与建筑师的互动，把它从杂志上的讨论转移到实践中去，可以看到他通过不同领域的艺术互动，将它们置于对立的关系，对立的自身产生新的理论和造型，在更高维度上实现生活和艺术的统一。

总的来说，1924 年里特维尔德设计的施罗德住宅（乌特勒支）可以看作是风格派理念体现得最明显的建筑。这是因为在其非对称的构成和开放性、色彩的处理上，住宅比其他任何一位风格派建筑师的作品都能满足同年范·杜斯堡提出的风格派的建筑理念

"面向造型的建筑"上揭示的 16 项条件。的确，里特维尔德通过接触成员的作品和思想，使自己的家具得到革新，但是其作为建筑师的处女作，处于比遇到风格派之前进步了的家具实验的延长线上，并非是意在风格派理念的实现而创作的。

可以看到，风格派这个运动的特质比起造型的东西来，主持人范·杜斯堡和每个成员之间展开的如下的合作和对立的过程。

到 1921 年左右，风格派用直角相交的垂直线与水平线，红、黄、蓝三原色和黑、白、灰的对比，非对称的构成这些基本的造型语言获得了普遍性。提供其观念基础的是蒙德里安的"新造型主义"理论。范·杜斯堡与在绘画上追求普遍性与协调的蒙德里安的思想有着共鸣，接受作他作为风格派的理论支撑。但是，在蒙德里安看来，只有绘画是最能纯粹表现普遍关系性的，在相同水平上建筑决不收获于一种艺术。另一方面，范·杜斯堡通过积极地推进与建筑的关系，引入绘画上的动态的时间概念，采用斜线，对此不满意的蒙德里安于 1925 年断绝了与风格派的合作关系。

相对于蒙德里安提供了造型原理形成的基础，奥德则在其向建筑的开展上贡献很大。在向贝尔纳的理论学习，以各种艺术的统一为目标这件事上一致的奥德与范·杜斯堡，在几个室内设计上实践了合作。但是，1921 年，在斯潘格勒的集合住宅设计上，当范·杜斯堡提出会破坏奥德的建筑整体性的那种色彩规划时，奥德的合作理想破灭了。结果对于奥德来说，各种艺术的统一是在建筑主导下进行的，最终不能接受犹如侵犯自己领域一样的画家的方案。

于是，到 20 世纪 20 年代中期，创立时期国内成员的大部分在合作实践或者具体的

方法论的追求过程中离开了风格派。以这个时期为界，范·杜斯堡将活动的范围扩展到魏玛、柏林、巴黎等国际舞台，将新的国外成员作为投稿人带入到风格派中来。但是，和国外成员的接触都很短暂，没有通过合作共同形成风格派的理念。

1922年，访问魏玛包豪斯的范·杜斯堡，与其预期相反，没有得到讲师的工作，便在魏玛开设了风格派的讲堂，这就是众所周知的使其转向包豪斯的契机。这个时期看到的是，通过与俄国构成主义者埃尔·里西兹基和年轻的荷兰建筑师科尔内里斯·范·伊斯特伦的密切关系，使得范·杜斯堡将建筑的色彩作用从以前破坏性的向构筑性的方面发展。特别是和伊斯特伦的合作，在1923年巴黎的"风格派展览"上有所收获，用表示浮游性和动感的轴测投影画法描绘的"帕尔迪丘里埃尔住宅"（参见图）形成了广泛的风格派的建筑意象。

范·杜斯堡进一步推进了这个建筑意象的理论化，第二年，发表了"面向造型的建筑"。这个研究不仅仅是到那时为止成员之间进行的合作实践和"风格派"杂志上提出的各种各样理论的集大成，而且还成为用语言表明空间形象的先驱。但是，这个如我们所见最成功的和伊斯特伦的合作关系还出现

梯奥·范·杜斯堡，C·范·伊斯特伦
"帕尔迪丘里埃尔住宅" 1923（"De Stijl"
vol. 6，1924，no. 6-7）

了围绕着知识产权所有的对立。之后，范·杜斯堡不再将建筑师引入到自己的合作工作中，在成为最后大作的咖啡馆、剧场"奥白特"（斯特拉斯堡，1926～1928）上，通过独自起到画家和建筑师的作用，追求合作的理想。

1931年，范·杜斯堡突然去世，第二年，带有追悼号的风格派杂志也寿终正寝。范·杜斯堡未完成的合作，将以对立为媒介同时向更高级的阶段进取这个辩证法的统一作为目标。但是，以统一为目标的艺术上的对立与他的打算相反，一切都陷入到了个人的决裂。不过，风格派通过这个合作和对立还是获得了一些成果的，只有其理念形成的过程和志向是能够确认这个运动整体的。

(奥佳弥)

■参考文献
· セゾン美術館編『デ・ステイル 1917-1932』河出書房新社、1998
· テオ・ファン・ドゥースブルフ『新しい造形芸術の基礎概念』中央公論美術出版、1993（原著 1925）

# 弗兰克·劳埃德·赖特 Frank Lloyd Wright (1867～1959)

美国建筑师,生于威斯康星州里奇兰中心。1887 年加入芝加哥的西尔斯比事务所,1888 年转到阿德勒和沙利文事务所,1893 年独立从业。1909 年赴欧之时,在德国出版版了他的第一个作品集(《赖特设计方案及完成建筑专集》,1910)。1941 年获得英国皇家建筑师协会 RIBA 金奖,1944 年获美国建筑师协会金奖。1959 年在亚利桑那州菲尼克斯去世。

赖特最早的建筑作品是 1886 年 19 岁时设计的团结小教堂,之后,一直到他 92 岁生日之前还在设计,他的设计经历超过了 70 年,在《弗兰克·劳埃德·赖特全集》中展现的建成作品有 433 件,以如此众多设计作品而闻名的他还著有近 20 本学术专著。列举主要著作的话,有论浮世绘:《日本的版画》(1912);演讲录:《现代建筑》(1931)、《关于建筑的演讲 2》(1931)、《有机的建筑:民主主义的建筑》(1939)、《建筑的未来》(1953);论城市:《消失的城市》(1932)、《民主主义建立之时》(增补修订版,1945)、《活着的城市》(再次增补修订版,1958);《自传》(第一版,1932)(增补修订版,1943)(再次增补修订版,1977);以往论著的再次重新编辑:《关于建筑》(1941)、《美国的建筑》(1955)、《建筑与现代生活》(1937)、《天才与暴民主义》(1949);论住宅:《自然的住宅》(1954)、《遗言》(1957)。另外,《为了建筑》(1957)是《建筑实录》杂志上刊载的同一题目的论文集。就这样,他在创作作品的同时,也不断在语言上浸润,探求建筑的内涵。自传、论城市、讲演录等的数度增补和修订,表明了他的志向的一贯性和探索的彻底性。

**思考的方法——探求自然**:他的激进信念就像他的母系祖先劳埃德·琼斯家族传下来的古代威尔兹·督伊德教的徽章那样,暗示着"即使对抗世界也要真实"(truth against the world)(参见图)。他自己对它的解释是,这里所显示的三条线是在表明它符合同样出自古代威尔兹三行诗的歌颂天才的格言:"所谓天才,是具有观察(see)自然之眼睛的人,是具有感知(feel)自然之心的人,是具有模仿(follow)自然之勇气的人。"这里所说的天才大概是指他自己。他也是"观察"、"感知"、"模仿"自然的。他说的"探索自然"(nature-study)无非是思考的方法论态度。

在"观察"自然上,他的主张不是简单地观察自然的外表,而是要观察作为本质的"根本的自然"(fundamental Nature)、"内在的自然"(inner nature),但他绝不是否定外表上的自然,而是肯定外表上的自然是作为"伟大的自然表情"(the great Nature Countenance)的内在自然的外在表现,即他不认为外在的自然就是那样,而是要回归内在自然,将外在自然作为其内在自然的表现来理解。观察自然的关键之处是"注视,由内向外地观察"(seeing into, seeing from within outward)自然,即向"内"(within)回归。于是,他将"内"作为"自然的本性"(nature of Nature)的所在的同时,也将作为"本能的人"的"人、自然"(human nature)的所在,称为人的"心"(heart)、"魂"(soul)。他所说的"内"是自然与人密不可分的一体,是这样的一种范畴。

在这样一种所见的自然上,他所"感知"到的是所谓本能的自然,不是有对象化可能的事物,而是根据"变化的法则"(the Low of Change),作为不间断"生成"(becoming)、"生长"(growth)的"生命"(life)活动本身的动态状态。赖特在了解其生命活动不可知的同时,在其运动上看出了某种"关联性"。这正是他建筑思想的关键概念——"有机的"（organic）的关联性，他将其表达为"有机的意味着部分对于整体如同整体对于部分"（part-to-whole-as-whole-is-to-part）。也就是它们被认定为部分与整体、部分与部分的"相互关联"（correlation），而且正是生动地连接整体与部分的活动，被看成是"从一个理念产生出无限的多样性"（out of one idea comes infinite variety）、"从一生多"的、"从一般到特殊"（from general to particulars）的生成、生长。从内向外、从一般向特殊，在生成、生长的方式方法中，所有的东西都保持着部分与整体、部分与部分的相互关联，即存在于有机关联性中。因此，外在自然的多样性作为一体的、内部的、内在自然的表现被肯定。这就是赖特理解的自然的多义性结构。

赖特的这种自然观与他反复引用的思想家、诗人爱默生（1803～1882）、梭罗（1819～1862）、惠特曼（1812～1892）等在本质上是相通的。他们批判只注重可见物的实在论，是聚精神投入到可见物背后被认出的"无限的东西"，进行诗歌创作的"先验论者"（transcendentalist）。自然与人本来是一体的这一点是他们思考的依据，赖特继承了这些观点。

"即使对抗世界也要真实"

作为"由内向外生长的建筑"，赖特提出了"模仿"自然的建筑方法。在从建筑自身的自律性观点谈及的情况下，它宛如自然的植物生长一样，在连续性上，遵循"从一般到特殊"和"连续性"（continuity）的概念，在整体性上，遵循"适应性"（plasticity）的概念，表现为它们自身"主要的装饰品"（integral ornament）。在从作为使建筑存在下去的根本动机的"人"和"物质"的观点出发谈及的情况下，表现为遵循来自于"人类精神"的"物质的本性"（nature of materials）。可以说，作为"人类精神"的人及作为"物质本性"的物质，两者共同构筑了建筑的"起源"（the very beginning）。但是，两者的所在不是分开的，自然与人在其本性上是不可分的一体，不外乎存在于某种范围的"内"，也就是对于赖特来说，自然也好，人也好，建筑也好，在"由内向外生长"上有相同的方法，建筑就是这样"模仿"着自然。

他在"空间"（space）中看出这种建筑的"现实性"，它们是由作为物质的屋顶与墙壁围合成的"内空间"（space-within），也是由居住在那里的人所构成的"居住内空间"（space-within-to-be-lived-in）。不过，它是物质与人"共有的"（with），在因两者共存的同时在两者上投射出意义。作为"人类精神"的表现，依从"物质的本性"存在的建筑的"空间"使人和物质知晓了其本性。赖特的所谓空间，无非就是这种由人和物质规定然后在人和物质上映射出意义的"相互关联"。这种关联关系的"居住内部空间"所展示的是人和自然的一种存在方式，它们超越内部和外部的区别，显示出作为这种存在方式的一个基本维度的"新的世界"（the new world）。在说明空间的时候，赖特批判通常所说的"三维"（three dimensions）的概念，提出代替它的自己的"第三个维度"（the third dimension）的概念，那里是物质与精神相交叉的地方，也可以说是"深层维度"（depth-dimension）、"空间维度"（space dimension）。他通过建筑所完成的是作为这种维度展示的空间的"现象"，它们是对于他来说的建筑的现实性。人以将空间作为"第三个维度"来理解为契机，在"居住空间"中，作为从自身的人、自然，即从"内部"受到鼓舞的"个性"（individuality），在受到本体自然本性鼓舞的各个事物旁，参与到它们共同拥有的诸事物的相互关联中，生存于统率自然的有机关联性之中。在那里，一切都是具有个性的多样化世界，同时，一切都是从内部受到鼓舞的一个崭新的世界。它们就是他说的那种作为应有的"民主主义"（democracy）的社会系统，它们不是个人主义，也不是集体主义，大家都保持个性，成为一个整体的社会，被称为"贵族社会"（aristocracy）。

**思考与创作的转换：**思考与创作是赖特设计活动缺一不可的两个方面。他将自己在第一个黄金时期（～1910）的住宅作品称为草原式住宅，第二个黄金时期（1935～）的称为美国风住宅。虽然在两个时期之间实施的作品数量较少而被称为"不毛的时期"，但其实不是那样。这一时期，在他的建筑思想中发生了应该加以重视的变化。在建筑的创作中发生变化的缘由是建筑思想的改变。

《建筑实录》杂志1908年3月号中刊载了传达出第一黄金时期建筑思想的论文"为了建筑"。不将建筑与自然相割裂，而将其理解为有机生长的态度贯穿其一生，但这个时期，是从"外在的自然"（nature without）和"内在的生活"（life within）的区别出发来理解建筑将这种关系带向根本性的融合。其设计思想的关键词是自然现象的"因袭化"（conventionalization）。在这个概念里加以肯定的例子是埃及的莲形柱头的柱子和希腊的叶形装饰柱，虽然是对生命机理的翻译，但也保持了具象性，让人想起惟一神教派教堂、彭斯坦尔住宅、帝国饭店等的装饰和虽被单纯化为几何学图案，但留有树木、花草、昆虫等具象性的彩色玻璃。在第二个黄金时期

中看不到具象的设计了，其意义，在这个概念因"形式"概念被超越的过程中可以看得到。

第一黄金时期过后的1914年，赖特在《建筑实录》杂志5月号上发表了论文"为了建筑Ⅱ"，从此以后便放弃了"因袭化"，而以"形式"概念来说明应有的建筑，其真实的意思可以在"有机的建筑是意味着从内向外发展的建筑（architecture that develops from within outward），它们与从外部被运用（that is *applied* from without）的建筑相区别"这段描写中发现。应当引起注意的是"从内向外"（from within outward）这样的描述是首次出现，其后，作为事物的起源成为他建筑思想的主导概念。拒绝"从外部运用"是对将建筑理解为"外部的自然的衬托作用"态度的放弃，被称为"形式始于内部"。建筑设计中主导语的改变，其根本的缘由是排除了所有来自于外部的运用，转回到将所有现象作为彻底地从内向外的表现来看待的立场上，转回到将起因视为不是"多"而是"一"上来。

应当关注的是"空间"作为关键词，首次出现在《建筑实录》杂志1928年2月号的论文《为了建筑Ⅱ：对于建筑师来说的"各种形式"的意义》一文中，不将自然与人的区别作为前提的"从内向外"的觉悟，是将建筑的起源看成是空间的现象。赖特说："空间不断地生成，所有有规律的运动都从那里涌出，并且从那里汇流出看不见的泉水，能够超越时间的东西就是无限。有机的建筑给建筑带来新的现实性，艺术作品的气息。"

第二个黄金时期的美国风住宅，将空间概念的感悟作为其成立的契机，这可以在1908年的论文《为了建筑》中所说的"六个主张"和1930年所说的"有机的朴素的理想的九个主题"的对比中得到确定。在说

"居住空间现在已经是所有建筑的核心，通过空间这个词，我们可以找到所希望得到的新的形式（the new forms）"这句话时，所谓形式无非就是担当起立志于担负"空间现象"的"形状"（shape）和"性质"（nature）这两方面意义的"形态"。在空间现象的动态进行中，物理意义的屋顶和墙身、地板消失了，这里所说的是"隐蔽所"（shelter）、"遮阴"（shade）、"遮蔽"（screen）、"地面"（ground mat）等。它们连接着物理的维度和精神的维度、物质的维度和意义的维度，是在可能产生两个维度交叉的"第三个维度"中作为"抽象模式"（abstract pattern）的形式。美国风住宅的简洁构成所追求的正是通过抽象模式形成的空间现象。

美国风住宅还被定义为"地平线的伙伴"（companion to the horizon）。他自己将地平线表述为"大地之线"（the Earthline, the earth-line），他说"被用来居住的内部空间"不管扩展到什么地方也不可能超过它。所谓大地之线是大地和"伟大的太阳"（master sun）重合的那条线，自然也好，人也好，不可能跳出二者交接之外。建筑也被称为"大地与太阳之子"（children of Earth and Sun）。人住在美国风住宅中时，可以说要向"空间性的开阔"（spaciousness）表示感谢，可以说"真实是属于（belongs）他们自己的东西"，即人住在物质与人之间展开的"被居住的空间"之内，美国风住宅存在于庭园中，庭园存在于"广亩城市"（Broadacre City）中，"广亩城市"存在于"美国"（Usonia）（世界）中，最终，世界存在于大地之上。他所说的"和谐"（repose）是根本的状态。所谓住在美国风住宅中，就是直截了当地在天地之间、在物质旁边无忧无虑地居住吧。他到晚年以"空间性开阔的空间"（space in spaciousness）这一概念解释了作为空间现象依据的场所现象。

（水上优）

■参考文献
・W. A. ストーラー『フランク・ロイド・ライト全作品』岸田省吾監訳、丸善、2000
・B. B. Pfeiffer, Ed., "The Collected Writings of Frank Lloyd Wright", 5-volumes, Rizzoli, 1992-1995
・ライト『ライトの遺言』谷川正己訳、彰国社、1966
・ライト『ライトの住宅：自然・人間・建築』遠藤 楽訳、彰国社、1967
・水上優『フランク・ロイド・ライトの建築思想に関する空間論的研究』京都大学大学院学位論文、2006

# 弗兰切斯科·波罗米尼 Francesco Boromini (1599~1667)

波罗米尼毫无疑问是对意大利的巴洛克风格的形成起到决定性作用的人物。他本名叫弗兰切斯科·卡斯梯洛，最初在米兰，是石匠出身。1619 年，他前往罗马，在远亲——圣彼得教堂正式的主任建筑师卡尔洛·马代尔诺手下为这座教堂的建筑工地工作。这个工地的工作人员中有很多人与他同名，所以他将自己的名字改成为波罗米尼。开始时他是石材装饰工，但马代尔诺发现了波罗米尼绘图的熟练和有美感的设计才能，其后便委托给他一部分的设计任务。

在马代尔诺的指挥下，与圣彼得教堂交叉进行的祭坛上的华盖部分的施工从 1624 年开始进行。马代尔诺将这个设计、创作委托给站在巴洛克雕刻顶峰的雕刻家，也是建筑师的詹洛伦佐·伯尼尼（1598～1680）。这个运用了巨大的所罗门柱式的祭坛华盖，在建筑与雕刻超越各自界限相互融合这一意义上也是巴洛克的一个杰作。波罗米尼在伯尼尼手下工作，除承担了全部祭坛华盖的施工图工作之外，为使祭坛华盖看上去更加建筑化，提出了多种方案。

由于为被称作给予了巴洛克之初全部表现的伯尼尼工作，波罗米尼学到了很多东西，但是他对只不过长他 1 岁的伯尼尼持有强烈的竞争意识。伯尼尼是个贵族、快乐、外向、喜好交际，其建筑设计也应该说是正规的巴洛克风格，例如，即便是作为代表作的圣彼得教堂前的广场，它的柱廊也保持了古希腊的端庄感。他的巴洛克绝不超越规矩，没达到别具一格。与此相反，波罗米尼是个具有强烈的向上发展愿望、清高孤傲、嫉妒心重、猜疑心强、内向忧郁、暴躁且极难相处的人，从他的建筑作品中可以强烈地感受到他对伯尼尼作品中不足的空间造型的关心和敏锐的感性。伯尼尼基本上是将建筑放在雕刻家的协调可见的形态之上来看的，但波罗米尼不仅在形态上，而且在空间上也紧扣建筑，在这两方面都极具表现性、抒情性。它们常常是别具一格的，是真正有独创性的东西。波罗米尼的独创可以从对伯尼尼所不具备的建筑空间的感觉和可能将之实现的结构构架相关联的，作为石匠的哥特知识和经验上来验证。如果伯尼尼是使巴洛克名垂巴洛克历史的人的话，可以说波罗米尼就是给巴洛克带来真正独创的建筑师。

1655 年，因诺琴特乌斯十世去世，对于波罗米尼来说，这意味着永远失去了教皇的庇护。他在失意中患上了神经病，结果，被解除了正在进行中的圣·塔戈内兹教堂的建筑工作，另一方面，对伯尼尼的评价越来越高，重要的工作要交予他来做的呼声越发强烈，也许是无法忍受这些吧，1667 年 8 月 2 日早晨，被激动的情绪驱使的他用剑尖刺向自己，自杀身亡。

波罗米尼没有留下汇集了他的建筑理论的文字，但通过与他相关的几篇文稿可以了解其要点。其一是 18 世纪出版的《骑士弗兰切斯科·波罗米尼作品集（1720～1725）》的第二卷（1725 年），其拉丁文译名为"Opus Architectonicum Equitis Francisci Boromini"。其二是梵蒂冈图书馆所藏的斯帕达手稿珍藏中寄给潘腓力枢机卿的备忘录，这个手稿是否出自波罗米尼之手虽无法判断，但内容描述了他的建筑思考，这是得到大家认可的。其三是波罗米尼的好朋友佛拉凡特·马尔内利写的罗马指南书，他依据波罗米尼与他所谈过的建筑理论的观点展开其拥护论。还有，这本书的原稿得到了波罗米尼的明确校对，也可以说这本书论述了波罗米尼的建筑理论。但是，最基本的是"Opus Architectonicum"，在这里，他通过斯帕达之口讲述了他的建筑理论。

第一，他说建筑师的根本是创造"新的东西"，因此不能做"因循守旧的、常规的设计"，他引用了"跟从别人的东西绝不可能超越他们"这句米开朗琪罗的话来说明，并且说为了创造这个"新的东西"，必须向米开朗琪罗和古罗马学习。他自认为是米开朗琪罗的继承者，讲述了圣·菲利波·内利教堂是如何依赖上米开朗琪罗的。当然，就像这个教堂的壁柱一样，也直接引用了米开朗琪罗的细部。但是他的意图在于将米开朗琪罗的设计方法加以理解掌握，如果掌握了一次，下一次就能将其方法结合他自己的目的自由地加以运用。就像米开朗琪罗的大玛利亚教堂斯福尔扎礼拜堂的平面手法在夸特罗·冯塔内教堂平面上的应用等是很好的例子，仔细品味他的作品的话，就能够断定向米开朗琪罗作品学习的地方非常多。

第二，他谈到了建筑师"毋庸讳言必须向古代建筑学习"，提及到自己作为样板的几个古代建筑的例子，例如哈德良皇帝的别墅等。应当注意的是，他作为样板的古代不是维特鲁威的古代——协调的古代建筑，而是破坏了帝国后期规矩的有权势的古代建筑。因为17世纪的罗马还存在着帝政后期的遗构，特别是沿着阿匹阿街有很多残留的陵墓，所以夸特罗·冯塔内教堂的正立面和圣提翁教堂的顶部塔楼的设计等被认为和它们是同一类。他的样板不是作为文艺复兴理想完结的古代，而是破坏规矩变化走样的古代。

第三，他说建筑师必须遵从于"自然"。在当时的常识下，如果理解这个标准的话，这完全是维特鲁威式的、文艺复兴式的概念。但是，波罗米尼的"自然"全然不是这种事先安排的和谐原理。他的"自然"是"结构"，即亚里士多德说的"自然遵从于法则"，波罗米尼断喝，这个法则是自然经常具有的逻辑性的"结构"，并且这个"结构"是能够用数学、几何学记述的。波罗米尼的青年时代，自认为是新时代的知识分子的人，大概都读过伽利略"自然这本伟大的书……是用数学语言写成的，它的特质是三角形、圆形及其他几何学的图形，如果不理解这些，连自然的一角都不能理解吧"（《假币鉴定官》，1623年）这句开拓了近代物理的话吧。这正是波罗米尼所说的"自然"，这是决定夸特罗·冯塔内教堂和圣提翁教堂平面的几何学图解，是将它建筑空间化时的力学的、物理的建筑"结构"。　　（竺觉晓）

■参考文献

· Francesco Borromini, Opus architectonicum: Erzahlte und dargestellte Architektur; die Casa dei Filippi in Rom, im Stichwerk von Sebastiano Giannini (1725), mit dem Text von Vigilio Spada(1643), Niggli, 1999.

# 弗里德里克·奥姆斯特德 Frederick L. Olmsted (1822~1903)

弗里德里克·劳·奥姆斯特德于1822年生于康涅狄格州的哈特福德，1903年在马萨诸塞州的韦乌利去世。他生于美国摆脱殖民地统治，真正确立起本土文化的那个时代，这是个从以农业为主要产业的国家向以工业为中心的社会转变的时期，也可以说是其过程存在着各种各样的问题，为解决这些问题而斗争的时期。原本，托马斯·杰斐逊所说的"促使农民勤劳的无限的土地"这句话有着重农主义的象征。在耕地受到限制的欧洲，工业化是必然，但是在美国却并非如此，以追求其纯洁的自然为本国的最大特征的同时，承认了旷野之上生产力的可能性。

在美国最早的城市规划中，有威廉·佩恩的费城规划。1682年，由托马斯·赫尔姆设计的格网状街道组成的道路网形成了包含有农田的大街区，在那里，表现出了以农业为根本的乌托邦思想，但现实却是建设成了由低层住宅组成的稠密的城市，成为很多工人迁居的工业城市，也就是说城市化从建国之前就已经是事实了。城市的便利性在导致农村人口流入的同时也带来了农村的衰败。城市中也由于急剧的工业化、人口增加和城市基础设施的不完善，使健康的生活受到了威胁。保护大自然，在城市中创造大规模的公园、创造郊区住宅区并把城市和公园相结合，这些奥姆斯特德的主要工作，是为了在自然与城市的矛盾关系中保持它们的共生共存，或它们与人类为继续幸福的关系而斗争。用他自己的话说，是"与其平定急剧涌向城市的浪潮，不如准备好应对它的方法更为合理"。

一边是否定地理解城市，一边是从作为生产基础的土地中分离的生活，它使得由"郊外"到城市的"通勤"成为可能。还有，在欧洲的各个城市里，是通过城市改造来谋求问题的解决，但是奥姆斯特德在现场所见所闻的这些例子，也要接受城市环境自身改善的可能性。保持自然状态、离开城市在接近于自然的环境中生活、留在城市里，对于这些，奥姆斯特德全都以具体的设计给予了应答与实现，形成了直至今日的美国生活场景。

毋庸讳言，奥姆斯特德是景观建筑学的鼻祖，是美国最早的景观建筑师。不过他并没有受过这方面的教育，在耶鲁大学学习的科学农业及其实践成为了其作为土木工程技术人员的学习背景，于是，受到通过图册将郊外住宅与郊外住宅用地的具体形态一般化的安德鲁·唐宁的强烈影响以及唐宁的合作伙伴卡尔弗特·沃克斯的协助。其设计手法，相对于郊野中的如画风格来说，城市公园以更加平易的美感（beautiful）、平静（tranquility）和悠闲（rest of mind）为基本。在压抑的城市生活中，休闲是不可或缺的，因此，展开了大型公园最合适的主张，人们轻松地行走一段距离就能得到与去到近郊的自然中同样的效果，创造出人工的"自然"。这就是作为景观建筑师最初作品的纽约中央公园（Central Park，1857~）的思想。

1857年，他作为中央公园的主要设计者，与沃克斯一起赢得了设计竞赛的一等奖。题为草坪（Greensward）的方案，让富有起伏的地形自由地生长，设置了以立体交叉使之相互分离的各种约100千米长的马车道和散步道，在330公顷的土地上种植了40万棵的树木。为了设计条件中的穿过式交通，4条横向道路为保证公园的整体性而采用了下卧的形式，即便在今天，这一功能也是出色的。人们只在约400米长的人工造型的直线林荫道上一边与大地、绿色、空气相接触，一边愉快地散步，这才是其用意所在。开园后不久便被证明它是解决城市病的有效手段。另外，在曼哈顿中央投机价值极高的地方只建设空地这件事是一个社会问题。然而，随着公园周边地价的高涨，城市税收的增加超过了这块地的建设费用，通过这个经济上的证据，保证了在其他城市中的同样案例的实现。

另一方面，在享受城市便利性的同时选择离开城市，即郊区在1830年以后，以富裕阶层为中心逐渐扩张起来。以18世纪末伦敦为起源，郊区因配备交通设施，在美国得到爆炸似的发展。由亚历山大·J·戴维斯设计的新泽西州卢威林公园（Llwellyn Park，1853～）是初期的例子，但留有傅立叶反城市思想的理想自治社区的性格。尊重已有的自然，否定地理解城市，将其作为城市的避难所来创造。与此相比更为普通的是奥姆斯特德和沃克斯设计的芝加哥郊区的里弗塞德（Riverside，1868～），将郊区作为"自然与城市的融合"来布置，完成了虚构的自然。在沿着德斯普兰斯河的平坦之地上，通过模仿丘陵地形的曲线道路和大大小小超过8万株的植树，创造了东海岸的"疑似自然"。即便在这里，最重要的课题也是道路和散步道，"视觉愉快，处处都有广场，视线开阔"，"远离喧嚣，但离自治社区的生活不远"的散步道。在"公园中的乡村"的意图、自然和城市的关系这个意义上，与"城市中的公园"——中央公园形成了同一个概念的正反两面。于是，其具体的两种形态演化成了美国各个城市与其郊区的典型形式。

接着，在波士顿和布法罗实现了将众多的城市公园在公园层面上连成网络的尝试。另外，在里弗塞德提出了以同样的方法将郊区住宅用地与城市直接连接的方案。这些要素不是自律的，而是意在相互关联，使其作为有机的组织能力，立志将人与环境的关系构筑为"新的"、"全面的"。

奥姆斯特德从1852年到1854年间三次

到南部的农场地区旅行，在那里，体会到了以奴隶制度为前提的贵族的农业社会与自由劳动的民主的城市社会的决裂。与此同时，认识了南方的农业经济形成现代国家的复杂性和矛盾这件事。在南方巡回的时间，有了由于重商主义从一开始被歪曲，要继续这件事原来是困难的想法。见识到这样的事态，其结果是退出自己亲手培育的科学农场经营，走向城市，于是，写出了"期望在城市里饿死"这样的名句。但是，从农业的科学知识和实践的体验中正确地理解了城市生活中的植物和自然的意义，具体化为街道树和公园，把理念叫做物质化（materialize）的，也可以说是美国式的理想。 　　　　（市原出）

■参考文献
・フレデリック・ロー・オームステッド「公園と都市の拡大」佐藤昌訳、佐藤昌『フレデリック・ロー・オームステッド』日本造園修景協会、1980
・アルバート・ファイン『アメリカの都市と自然－オルムステッドによるアメリカの環境設計計画』黒川直樹訳、井上書院，1983
・Olmsted, Vaux & Co., Preliminary Report upon the Proposed Suburban Village at Riverside, near Chicago, Sutton, Browne & Co., 1868

Frederick L. Olmsted

# 戈特弗里德·森佩尔 Gottfried Semper (1803~1879)

戈特弗里德·森佩尔是代表 19 世纪的德国建筑师，是作为建筑理论家，超越了建筑界，在思想界也有很大影响的人物。

1803 年出生于汉堡的森佩尔一面在哥廷根学习数学和法律，一面受到希腊艺术课程的很大的触动，坚定了其成为建筑师的决心。森佩尔为了成为建筑师，在慕尼黑弗里德里希·冯·格特纳，巴黎弗朗兹·克里斯蒂安·戈事务所重复着建筑师的修行，1833 年，在向往已久的意大利、西西里、希腊之旅中，研究"古代建筑色彩学"，并因此认识到伯里克利时代民主制的实施，只有在其优越的政治环境中，真正的艺术才能开花结果。

森佩尔回国后写成了《古代建筑与雕塑彩饰》，在德国发表，这成为了森佩尔被推荐到德累斯顿"艺术研究院"担任教授的契机。森佩尔在这里留下了"玫瑰别墅"(1839)、"犹太教堂"(1840)、"皇家歌剧院"(1841) 等作品。现代歌剧的创始人理查德·瓦格纳同一时期作为宫廷音乐家也在德累斯顿工作。但是，1848 年，德累斯顿受到法国大革命余波的影响，森佩尔、瓦格纳也都站在抵抗专制主义的民众一边，设计了路障而且竖立了起来，其结果是森佩尔和瓦格纳失掉了宫廷建筑师、宫廷音乐家的地位，1849 年亡命巴黎。1851 年，森佩尔移居伦敦，体验伦敦世界博览会，在那里参观了帕克斯顿的水晶宫，还亲自动手设计了"水晶宫剧场"。当时的伦敦是卡尔·马克思这样的社会革命家的流亡地，戈特弗里德·森佩尔也对政治深切关心，怀有社会主义思想，但不是过激的东西，是具有共和主义性质的社会主义思想的人。海因兹·库伊奇在《戈特弗里德·森佩尔的直观美》(1962) 中明确表示戈特弗里德·森佩尔是具有共和思

想的人。戈特弗里德·森佩尔于 1855 年移居瑞士的苏黎世，在那里写下了他的代表性著作《技术与构造艺术中的风格或实践的美学》(1860~1863) 第一、二卷，相对于当时起支配作用的德国观念论美学，这是在呼吁建筑师的"实践的美学"。在瑞士苏黎世工学院创立建筑学科的也是戈特弗里德·森佩尔，进行"温特图尔市政厅"(1866) 设计和同一城市的城市规划的也是森佩尔。从 1871 年开始，他移居维也纳，设计了"美术史博物馆"(1872) 和"国家剧场"(1874)，1879 年在罗马与世长辞。

戈特弗里德·森佩尔的一生，几乎贯穿整个 19 世纪这个承受着重重矛盾的时代。其《论风格》虽然具有很大程度上的浪漫主义，但也包含着生活在产业革命时代的人们的困扰。于是，就像《科学、产业、艺术》(1834~1869)、《论风格》(1860~1863)、《短文集》(1883) 表明的那样，所谓"实践的美学"意味着自"谈话录"(1834) 以来，"艺术知道惟一的主人，它就是欲望"，于是，"美的表现，绝不是艺术品的目的。美犹如身体的延伸，只不过是艺术作品上必要的特质。"不过，森佩尔的思想不是阿洛伊斯·里格尔在"风格问题"中批判的那种朴素的唯物论，而是包括从技术理论到风格理论、象征理论的"实践美学"。美的定义本身也始自《论风格》中的"通过艺术作用于情感的魅力"。处于从风格建筑到现代建筑过渡期的森佩尔，表现了古典的东西与现代的东西的矛盾和纠葛，它产生了对于建筑美的双重定义。森佩尔的风格理论，相对于只重视均衡、比例、协调、对称等种类的形式美学，采用将美"统一"，而且作为由"理念、力量、材料以及手法"组成的形式构成要素的产物来理解的立场。迈向现代建筑的

道路，即显示在这里。奥托·瓦格纳的现代建筑的四原则，第一是"目的的正确把握与完全充分"，第二是"施工材料的恰当选择"，第三是"简单、经济的结构"，在考虑这三个要素的基础上，最后提倡"从这些前提中产生形式"。这是对戈特弗里德·森佩尔思想的继承。奥托·瓦格纳在实际的"现代建筑"中，将其前辈认作为戈特弗里德·森佩尔。

产业革命在森佩尔眼前发生，他的思想已经是现代建筑的那些东西了，但是，森佩尔作为建筑师创作作品时，其作品还是风格上的产物，就像19世纪的其他作家一样，没有跳出新希腊风格、新文艺复兴风格的框框。森佩尔对于这种矛盾感到痛苦，将这个矛盾的解决交给了下一代。

森佩尔的成绩不仅在于作为建筑师这方面，其《论风格》的实践美学也给予其后的美学思想以极大的影响。温海姆·狄尔泰在《现代美术史》（1892）中将享受美学与创作美学作了对比，举了作为创作美学代表的戈特弗里德·森佩尔的例子。在这个意义上，戈特弗里德·森佩尔是代表了19世纪的美学思想家，其实践美学得到了很高的评价。

森佩尔的《论风格》还包含了纺织品和陶艺，尽管也与艺术的根本冲动有很深的关系，但并没有达及建筑领域的程度。不过，通过论述来源于"目的"、"材料"、"技术"

森佩尔　皇家歌剧院（德累斯顿）

的形态和美的世界，他可以成为19世纪艺术理论的代表人物。

今天的《森佩尔文集》被存放在苏黎世的 E. T. H（瑞士联邦工学院）内，保存了戈特弗里德·森佩尔的透视图、草图、图纸、模型、论文、日记一直到信件等类别的内容，2003年召开了纪念戈特弗里德·森佩尔诞生200周年的座谈会——"森佩尔的世界"。戈特弗里德·森佩尔的浪漫主义背景和作为建筑师的实践经验，就如同说文艺复兴时期的阿尔伯蒂、20世纪的勒·柯布西耶那样，是19世纪的森佩尔。　　　（上松佑二）

■参考文献
・大倉三郎『ゴットフリート・ゼムパーの建築論的研究』中央公論美術出版、1992
・川向正人「ゴットフリート・ゼムパーの『科学・産業・芸術』に関する研究」『日本建築学会計画系論文集』No.583、2004-9

# 矶崎新 Isozaki Arata (1931~)

如果说矶崎新的老师丹下健三将日本的现代建筑整体提升到国际性的水平（矶崎新、藤森照信，2002），那么，矶崎新就不是一个代表日本的，即某一个地域被评价的建筑师，而是一个通过自己的作品和言论而被评价为"世界公民"（矶崎新，1996）的为数不多的日本籍建筑师。因此，这里不把他表述为"矶崎"而用"Isozaki"。

Isozaki似乎常常是"激进的"。激进即从本质上探询建筑，拷问设计，直面城市和时代。那么，恐怕即便否定自身，其形成的对世界和社会、建筑和人类的观念印象也具有内在价值观，即便它们是模糊的、充满矛盾的，也是被作为形象表现这种意志驱使的"表现者"。这个在20世纪后半叶出现的、常常在混乱的漩涡中使建筑师发生变化的观念，首先以一种悖论方法命题"Isozaki是表现者"，能够形成何种事态，只有拭目以待了。

首先，在什么是表现这个问题上，应该能够探询到建筑的意义，似乎也有给出回答的人。它们是"房屋"、"场所"、"神灵"之类的东西，例如Isozaki所说的居住。因为"在根本性上蒙受了居住等没有价值的理由"（矶崎新，1999）而受到了惩罚，现在说动物们的"巢穴"适合于居住。对于Isozaki来说，"根本性的居住"等命题，只是在现实中动态地来看无可奈何的乡愁。

已经看不到"表现"的主题了，所谓临时性的只是暂时的东西，大概对于产生"如浮萍一般飘荡的感觉是无法抹掉的平常"（松永澄夫，1997）的现代人来说的确是现实。在Isozaki作为建筑师独立工作的20世纪60年代，相信现代建筑乌托邦的人已经没有了，而是开始探索"没有主题时代的主题"（矶崎新，1997）。

没有主题，即使有也是匆匆而过，因为只是悬在半空中的东西，作为"表现者"，扮演着"没有内容"（G·阿尔甘，2002）的建筑师。如果留意的话，实际上到手的只是表现的方法。于是，《手法》（矶崎新，1975）留传了下来。手法对于Isozaki来说，现在也是有效的"孕育于内部的观念"的痕迹。孕育于表现者内部，留有物质痕迹的观念，几乎是"对于我来说创造建筑的工作与特别的观念紧密相关"（矶崎新，1996）的根源。

丹下健三的"米开朗琪罗颂"（1939）是日本最早的具有创造者自觉的建筑师宣言。米开朗琪罗以及作为其后人的勒·柯布西耶领会了在不成形的"混沌"中突然地成形后表现出的那种意象，是看穿它的真正的创造者。Isozaki的"孕育于内部的观念"与米开朗琪罗在内部的迷茫中出现的东西相重叠，也在广岛或城市的混沌中看到了"迷茫"，还与米开朗琪罗注视的迷茫联系在一起。Isozaki也和丹下健三一样，是作为表现者，或者是创造者开始起步的。

所谓留有手法痕迹的观念，是将"现实"的东西转换成别的东西的形式，这个转换的操作叫做手法。手法再加上支撑活动的领域，不外乎是使"建筑"得以产生的思考、条件、框架。它们是以整体来理解的建筑的概念，将建筑叫做建构出来的什么。也可以叫做制度，将创造建筑的诸要素（空间、结构、柱子、墙壁等）作为一种关系，即带来某些形式时，它们看起来是建筑，产生这个外观的计划就为"建筑"。

这个成为了"建筑"的东西不能事先定义，它们通过建造浮现出来。"建筑"也是"被构筑起来"的形式和表现（矶崎新，1991），只有通过建造这个实践能够表现认识的东西。

现代之后，"建筑（围绕'建筑'的问题构想、计划实施）没有意图便不是建筑，只能成为'构筑物'"（矶崎新，1991）。实施的世界是"现实"的，很多人参与其中。现实中的建筑师在领悟观念产生的同时，假设有什么形象的某个东西，将其再投放在现实中，使其运转，在边回答，边修正、变形的过程中重新认识改变的现实，再在其中加以修正。形式"被构筑起来"就是这样一个过程。

被假设的形象叫做初型。丹下健三所思考的这个"作为方法的形象，假想的体系"（丹下健三，1970）概念，被运用于 20 世纪 90 年代的水户艺术馆和圣乔治宫上。后者，模拟周围山脉的三曲面屋顶在技术和实施的现实中逐渐展开，在平台和立体构架上没做什么地形起伏和穿顶，获得了巴塞罗那市民的"它是代表了城市的圆屋顶"的赞誉。由初型生成的宫殿，在"作品"的结构上带来了"开放的作品"（U·艾柯，2002）而被大家享受。这里，的确可以说"建筑"立于其他人参与其中的"世俗的建筑"之中（柄谷行人，1983）。

对于 Isozaki 来说，20 世纪 60 年代和 90 年代直接相联，必然的，70 年代的手法论的拓展，就形成了"造物主义理论"。Isozaki 有广岛意象的亲身体验，Isozaki 在那里感到了说不清的"迷惑"，直觉到与"明快的"、"明晰的"相反的，灰暗的等无法领会的蠢蠢欲动的东西。它们是深藏于表现者内部的，数度重复成为废墟的意象。

这个可叫做迷惑、废墟、终局预感的状态，归结于可同时引起构筑与破坏的那种神灵、创造宇宙万物的造物主——德米乌尔高斯（Demiurge）是最合适的。Isozaki 将所谓的"黑暗"、"废墟"这些不能清晰地看到的东西，因不清楚而不明显的东西，建立秩序

之前摇摆不定的东西相对，作为以将它们组织构筑起来为宿命的建筑师，Isozaki 使它们反问式地表现于"构筑生长"（矶崎新，1991）。

在圣乔治宫看到的那种生长的状态与纯粹几何学并存的情况，在北京国家大剧院和佛罗伦萨新火车站设计等转变为焊接结构因而增加了强度。爱恨参半的"日本"理解了作为事件的建筑（矶崎新、福田和也，2004）。设计一个劲儿地面向"生长的构筑"纯粹化起来，似乎像是在以前的"还原系列"上看到的那种严格的回归。实现这些的时候，"生长的构筑"以及"建筑"会怎样建立起来呢？一个答案大概可以看出来，Isozaki 的出发点是"表现者"。虽然通过实践（praxis）表现者作了各种各样的变换、分解，但依然是"表现者"这一点没有什么不同。

(岸田省吾)

■参考文献
· 磯崎新『空間へ』1971、復刻　鹿島出版会、1997
· 磯崎新『手法が』1975、新版、鹿島出版会、1997
· 磯崎新『〈建築〉という形式』新建築社、1991

# 吉阪隆正 Yoshizaka Takamasa (1917~1980)

## "无思想的思考"

　　吉阪隆正在思考什么？很多部分还是个谜。非常怀疑是否有一般意义上的所谓思想的东西。如果有的话，必须在这个假设之下去写它就有难度。如果吉阪隆正还健在，即便去询问他有什么思想之类的东西，恐怕也应该是立即被否定的。

　　在大多数场合，如果说起思想的话，浮现出来的是逻辑的思考和基于它的记述。但是，那样的东西能够称为真正的本来的思想吗？如果将形而上的思考称作思想，它靠不靠得住？看一看随着时代的变迁而改变说法的文人和思想家们，就一目了然了。相反，深刻意义上的思想有时并不伴随着语言。如果将人的心中的一些感动称为思想的话，那么，吉阪隆正不也是有思想的吗？

　　他几次说过"困难的时候要听听良心的声音"，是对照自己的良心，从善而为的意思。这也是实际的感受。所谓良心是什么呢？能否培养那种东西还完全看不清楚。自己去思考、行动是痛苦的，做什么的时候、被迫要判断的时候，不是用良心这个自己内在的尺度。如果谁有做出决定的外在的尺度该有多高兴啊！虽然想把这个外在的尺度称为思想，但吉阪隆正并没有给予。

　　我接触吉阪隆正的时间并不是很长，初次见到他还是上他的课之前的大学二年级时。他以让人不能相信的快速，挺直着腰板，大踏步地疾走在被学生运动的余火灼干了的校园里。一个瘦瘦高高、与众不同的人，这是吉阪隆正给我的第一印象。

　　尽管如此，吉阪隆正这个人还是难以捉摸。蛇年出生的，像鳗鱼一样难以捕捉，这虽然是玩笑，但的确如此，想抓却嗖地一下逃脱，对待起来有难度。他的文章，虽然是

浅显的、清晰的，却难以想象地抓不住全貌。相反，即使有可以称之为思想的这种一贯的思考，不是还有否定思想本身的信念吗？吉阪隆正一定在想，没有类似思想这样奇怪的东西。被一般意义上的思想束缚住的思考是狭隘的，对于吉阪隆正来说，这样空泛的思想是没有什么意义的。

　　吉阪隆正 1942 年被征招入伍，前往沈阳、长春、公主岭、光州。虽然吉阪隆正想对学生谈世界的事情，面对时代，想写尽人类之事，但关于出征目的地的体验却没提过，至少我没有听说过。虽然是常有的事，但比起说了的事，没说的部分分量更重。假如吉阪隆正的思考和态度有一个原点的话，想象一下，不是正存在于这个没说的空白中吗？

　　曾经被问到本能会让人杀人吗？那时，他闭上眼睛沉默起来，超过十分钟的长长的思考后睁开眼睛，回答到：我想，有武器的话会的。寂静之中这句话响起，别的什么也没听见。那时，吉阪隆正心中描绘的一定没有说出来。

　　一边用认清人的愚蠢的存在的眼神观察，一边作为教育者不得不寄希望于下一代。他说，克服这个矛盾和对立的手段对于人的相互理解来说，有超出语言的"物质形式"，可以看出，吉阪隆正的语言基础中有对人的极其不信任，作为克服它的手段的"有形学"无论如何是必要的，不是吗？

　　但是，"有形学"不容易明白，并没有被称为"学识"的那种系统性的研究。吉阪隆正的老师今和次郎提倡的"考现学"是将考古学的手法有效应用于现时的明确的方法论，起到了田野调查先驱的作用，也是作为关东大地震后平民生活史资料的宝贵的东西。但是，"有形学"像是一个内容不明确

的怪物。虽然持续热心地强调通过"物质形式",人能够真正理解这个"有形学"的必要性,但最终也没有形成作为"学识"使任何人都能够拥有的那种形式。

不用说,可以想象吉阪隆正是不是在持续回避这个问题。如果成为"学识",就会成为语言和书籍而独立,早晚会形成狭义上的"思想"。虽然与所谓吉阪隆正的存在脱离开,但不带有交织着个人味道的语言,不免被误读。吉阪隆正察觉到了"学识"成为"思想"的危险,进而拒绝了它,所以以"有形学"作为只有封面和目录的无字书留给了弟子们,大概是要他们以后各自以自己的提问在实践中继续描绘下去吧。

虽然无法概括他遗留下来的庞大著述,但是,大致看一下的话,吉阪隆正的论述大概有从作为研究者开始并毕其一生研究的居住论、展望"21世纪的日本"的城市论、从世界的视角来论述的文明论这三个系统,再加上在U研究室设计的建筑群。他想将面对鲜活人生的建筑作为"无语言的言语"理解为四个系统的问题,紧密包含这四个系统的就是"有形学"。

在吉阪隆正的语言、文字、设计图中,均体现出了独特的古怪脾气和个性。历经了岁月之后再看,不将吉阪隆正想象为极富个性的同仁就难以体会它们,即便是同一句话,说出的人不同,意义就会改变,或重或轻。在吉阪隆正这里,用那种装扮,那种声音发出来时就成为了撼动周围的特别深沉的东西。但是,去掉人品和装扮后,只有文字和图纸的话,就像完全走了味道的苏打水一样。这大概就是吉阪隆正没有写完的语言和无数描绘出的图像的不足之处吧。

另一方面,建筑尽管历经岁月,但它的表现力没有降低,增加了岁月味道的表现力只会增强。吉阪隆正应当知道"物质形式"是超越时代的语言表达。记得他好像说过,如果想解开语言之谜的话,就看看产生的形式吧,那里有对"无语言的言语"、"无思想的思考"的回答。

我喜欢他去世后出版的名字古怪的《干燥蜂"成长记"》这本书,加入了生前写的随笔,他的亲姐姐和夫人添加了追记。其中很有趣的是以"五只脚"为题目的奇怪短文,是成为书名的"干燥蜂"这个虚构的生物出来独白的这种戏剧性结构。干燥蜂有一天想要向破坏自然的人类复仇。关于自己的脚,干燥蜂反复地说明政治、暴力、经济、意识形态。最后剩下的五只脚相互信任。然而,人类没有发现这五只脚。这虽是吉阪隆正梦中的故事,但同时似乎也可以想到是从吉阪隆正没有说出来的那种空白中产生出的语言。在这个奇妙的故事中,有吉阪隆正思考的全部本质,感觉像隐藏着探寻谜一样的空白的方法。

(内藤广)

■参考文献
・吉阪隆正『乾燥蠃「生ひ立ちの記」』相模書房、1982
・吉阪隆正『吉阪隆正集』勁草書房、1985

# 今和次郎 Kon Wajiro (1888~1973)

## ◇ 从现代社会对建筑理论的发问

今和次郎除民间理论之外，还开拓了详细论述、分析城市与农村的生活环境的考现学、服饰论、工艺论、住居学、生活学等领域，是留下独特住宅作品的建筑师，也是被评价为创造了非正统建筑潮流的人。但是，从相对于其社会的明确的问题意识产生的研究对象或方法的视角，从根本上探询建筑概念或艺术的创造性的框架、建筑理论的存在意义，更增加了现实的重要性。

他于明治末期从青森县来到东京，青年时期便深刻体会到农村衰败和城市问题。在东京美术学校（现东京艺术大学）设计专业接受除建筑之外的包含商业创意和工艺技术、风俗研究等的实践性的设计教育，但它们也含有 J·拉斯金等人的维多利亚时期的综合艺术观、传统的日本工艺，还包含现代艺术在内的多种东西。日本的建筑和艺术在20世纪之初也和其社会状况一样发生了急剧的变化，在 20 世纪 20 年代已经处于从以工学和欧美的知识体系为基础的古典的风格主义向现代主义转变这一过程，另一方面是探索文化独特性的运动和浪漫主义、现实主义、先锋派艺术运动持续地出现。今和次郎通过和设计专业伙伴们的舞台制作活动，参与到艺术运动中。也就是，形成他的建筑观基础的时期是建筑行业和学识体系面向现代化，已经开始探询其艺术创作概念，一边因资本主义社会化带来新的城市文化萌芽，一边表露出农村环境和文化的固有性问题这些受到现代主义的矛盾局面折磨的时期。他虽然盼望作为综合性艺术的建筑，但还是要面对现代主义的矛盾性和可能性。

1917 年，今和次郎与佐藤功一、柳田国男、小田内通敏、石黑忠笃等一起参加了日本民俗学先驱白茅会内部的农村调查。其后，毕其一生在各个地方考察，以写生形式留下与自然环境和地域景观协调的日本的历史建筑和农村、街市的形态，奠定了后来民间建筑研究知识的基础。其研究的意义不仅仅是民间建筑的形态和结构的信息，还在于从经济、地理、民俗学等角度分析建筑的内、外空间的功能组织和社会性这一点。今和次郎在 1918 年的论城市中受 L·芒福德的老师 P·盖迪斯的影响，从城市和乡村两面论述了人类和环境的相互关系。即便是民间建筑调查，也通过生活实态调查，从习俗与生产技术、社会阶级性、人的心理和建筑环境的关系，分析其空间和造型。这里，与其说是浪漫主义的，不如说存在着探询作为社会、空间、人类关系普遍基础的建筑原型的观点。这是领会了 B·鲁道夫斯基的后文化人类学建筑理论的观点。从 1924 年开始的朝鲜调查发展了这些观点，重要的是从文化比较学上重新思考建筑史。

如同现代主义建筑和艺术在战争和社会变革中展开一样，1923 年的关东大地震一举加速了东京面貌的改变。从大地震发生到1930 年，今和次郎在所进行的灾时临时板房研究、临时板房装饰社运动及考现学中一再提及到建筑创造的问题。灾时临时板房是人们为了生存自己建设的最小尺度的建筑，其临时性或空间和材料被简单合理化的造型产生出了现代主义的新的美学和空间概念，直到今天仍是建筑的重要主题。但是，今和次郎关注的不是其理念性，而是居民自己的巧妙的创造性和渴望生活乐趣的造型、自然产生的合理性与建筑原型之间的关系。临时板房装饰社运动虽然是重视受灾人们的心理效果的建筑装饰工作，但与村山知义等的前卫艺术运动有联系。今和次郎在这里不是将空间作为抽象的立体，而是提示了人直接通过身体和感受性，从内部来形成这一观点，将被现代主义建筑运动否定了的装饰置于媒介的地位。但是，像他这样的建筑的原型和装饰论、空间概念，因为是从现代主义批判中产生出来的，所以在当时的建筑界受到了极大的责难，是相当孤立的。

## ◇迈向城市现象论、计划学以及现代建筑理论

在以对东京的变化和城市生活的经济影响为社会学分析目的而进行的考现学中，明确了急剧变化中人的主观或归属意识被片断化的现代城市的魅力与问题，在服装、行为、居住三个主题上意义深刻的空间现象概念在视觉上被表现。这是在服装上看到的社会性和基于自己表现欲望的创造性，在行为路径与节奏、领域形成上看到的身体性或空间心理与社会规范以及居住空间中物的所有与布局的表象性等，是受到欧美哲学和城市社会学的影响，但作为具体实例非常领先的东西。研究视觉表现的社会性和建筑创作的关系，平民的日常生活实践的创造性在城市、建筑理论上的使用是在 H・鲁菲布尔和 M・塞特的理论被巩固之后。

今和次郎的贫民救济建筑或住宅作品，地域主义的如画风格和无名性引人注目，是艺术与手工艺运动风格的造型。不过，另一方面，它们也是与在 20 世纪 30 年代东北更新会积雪地区调查会工作中进行的实验住宅和标准住宅设计、协助同润会（东北农村调查）进行的东北地区农山渔村生活调查和住宅改善工作的地区与住宅规划，进一步说，是与战前以内务省为中心构想的国土规划中的农田开垦、满洲、朝鲜殖民地开拓有关联的。今和次郎实现的标准住宅设计和地域规划、住宅改善计划，虽然未必与后来的公共住宅规划的方针相一致，但是其调查或规划

的手法，尊重居民的生活习惯、地域环境与传统的观点，作为建筑计划学的根本被继承了下来。

在战后的农村地区振兴、家族和女性与居住空间的关系研究、服装研究和观光、娱乐研究、消费文化和城市空间的关系研究、城市开发和城市景观、生活空间研究等各个领域中，今和次郎的业绩再次得到了评价。那就是，从新的角度理解他所提出的在平淡无奇的现象中潜藏的意义，不外乎是因为描绘出不可见事物形象的能力，面向变化中的社会整体的意识和对细部的细致入微，重视与人的普遍性在一起的直接的、个别的感受性和身体性这些观点现在成为了必需。把握空间与物、人的相互关系，大概是构成生活环境具体化的建筑创作行为的本质吧。在这个意义上，尝试探究他的建筑理论的方法，是以对现象的批判认识为基础，不断改革创造运动的现代主义在日本产生的成果。这里指出了在城市或建筑的理论与创作被进一步相对化、被再次研讨的现代，建筑理论的新的可能性。

(黑石 IZUMI)

关东大地震临时住所调查"像土房一样的小屋"今和次郎
今和次郎收藏（工学院大学）藏

## ■参考文献

· 今和次郎『日本の民家 田園生活者の住家』鈴木書店，1922
· 今和次郎、吉田謙吉『モデルノロヂオ（考現学）』春陽堂，1930
· 今和次郎『今和次郎全集』全 9 巻、ドメス出版，1971
· 黒石いずみ『「建築外」の思考—今和次郎論』ドメス出版，2000

# 堀口捨己 Horiguchi Sutemi (1895～1984)

堀口捨己是日本现代建筑家，也作为建筑史学家、造园学家、庭园史学家、茶道研究者和和歌作者被人们所知晓。

他设计了可列为战前日本现代建筑代表作的大岛气象站（1938）和若狭府邸（1939），但更多被认为是致力于茶室和茶道的研究、战后成为和风权威的建筑师。说其是从现代主义"回归日本"的建筑师之一，其看法不能不说有片面性。作为理解前提的"现代建筑"和"日本（和风）建筑"是不同性质的东西，这种前提本身就有疑问，因为设计者是难于将这两者认识为不同的东西的。起码对他来说，哪一个都是"现代建筑"，即应该是主张现代实效性的建筑。

在考察堀口捨己的业绩时，重要的是关注其贯穿于前面所说的多姿多彩的风格的思想和美学，其关键词可以说是"表现"，必须认识到他的目标是"综合艺术"，超出通俗意义上的"建筑"的框架。

他于1875年出生于岐阜县本巢郡习田村（现本巢市系贯町），第六高中毕业后进入东京帝国大学工学院建筑学科，1920年毕业。众所周知，那一年他与同年级的石本喜久治、泷泽真弓、森田庆一、矢田茂、山田守等组成了分离派建筑小组。毕业后大约一年，他在大学研究院谋到职位之后，1922年，设计了在东京上野开幕的和平博览会的几个亭阁建筑（池塔、动力馆、机械馆）。1923年的欧洲之旅让他倾情于阿姆斯特丹学派的建筑，其成果被编入《现代荷兰建筑》（岩波书店，1924）之中。在自己经营设计事务所的同时，1930～1942年，担任帝国美术学校（现武藏野美术大学）的教授。昭和初期，他开始研究茶道、茶室建筑，1941年因"利休之茶"而获得北村透谷奖，1944年获得工学博士学位，1949年成为创建明治大

学建筑学科的中心人物，担任其教授职务直到1965年退休。其间，《利休茶室》（岩波书店，1949）获日本建筑学会奖（论文，1950）、"八胜馆御幸厅"（1950）获日本建筑学会奖（作品，1951）、"为了建筑艺术的业绩"获日本艺术院奖（1957），获得了紫绶奖章（1963）。1966年，被选为新年歌会的最初召集人，在获得三等瑞宝勋章的同时，1969年因"其创作和研究给建筑的传统发扬带来的贡献"而获得建筑学会的大奖。1984年8月逝世（享年89岁）。

主要的建筑作品，除了上面提到的之外，还有紫烟庄（1926）、冈田府邸（1933）、若狭住宅（1939）、八胜馆御幸厅（1950）、八胜馆旧中店（1953）、明治大学和泉第二校舍（1960）、常滑市陶艺研究所（1961）、石间居（1965）、大原山庄（1968），也指导了惠观山庄向镰仓的迁建（1959）、国宝如庵向有乐苑的迁建（1973）和利休"黄金茶室"的复原。

堀口捨己作为建筑师的出发点在于分离派建筑小组，分离派共同一致的理念是：建筑是艺术和重视其作为理论总结的"创作"。但是，也因为是尊重会员个性的团体，所以看不到以上思想的统一，堀口捨己是其学派创建的中心人物，同时也是其代表性的理论家。

分离派批判当时兴起的"结构派"、"非艺术论者"，就像野田俊彦（1891～1929）的"建筑非艺术论"（1915）中象征的那样，这个时期从重视功能和结构、材料的合理性开始，理想的建筑形式决定于根本意义这一主张（重视工程学）得到赞同。在这个争论的背景上，有着如何创造好的建筑这一主题或关于艺术的认识的见解的不同。重视工程学一派的主张，由于当时对实际不断感受到

进步的科学技术的完全信任而乐观，与此相反，分离派在承认新建筑是建立在科学技术之上的同时则主张人应该是它的主人。假如将它置换为"主体—客体"的图式来看的话，由于重视工程学一派想通过正确运用发达的科学技术来达到不管是谁都能最恰当的理解（理想的建筑），所以，"理想的建筑"就成为客体（由不得主体）。与此相反，分离派认为，这种最合适的理解应该是多方面的，建筑师主体性的选择是重要的，即认为"理想的建筑"始终位于主体（建筑师）这方面。分离派的"创作"赞扬也意味着重视主体。在这一点上，他们的思想可以说是浪漫主义的，当时他们的造型是表现主义的这一点与此相符的。

"艺术"的定义也不同。野田俊彦的"非艺术论"批判的"艺术"，意指附加装饰和重视对称性等美化形式的行为，即当时还很盛行的历史主义手法。分离派也从重视"创作"（否定模仿）的立场批判历史主义，但是堀口捨己主张在其中加入通过线、面、体的"构成"来创造美，和野田俊彦批判的"艺术"不同，是提倡成为20世纪主流的抽象目标的美学。这种美学是从西奥德尔·李普斯的"美学"（1903、1906）等开始的，所以堀口捨己作为在日本建筑界最早明确提倡它的建筑师而被大家记住。顺便提一下，这里应该注意的是，堀口捨己的"构成"中，不仅有抽象的要素，也包含石头和树木、水等自然的要素，对于他来说的所谓"建筑"，不仅仅是建筑单体，是也包含着周围环境的"空间构成"。

昭和初期，围绕日本的建筑传统，即建筑中的"日本的元素"的讨论很热烈。当时举行了追求表现"日本情趣"的设计比赛，顶部为瓦饰坡屋面的创意中选并实施。现代建筑师严厉批评它，在他们看来，这种瓦屋面是起源于中国寺院建筑的主调，不是"日

本的"而是"中国的"，批评用平屋顶解决的情况下架上重重的瓦屋面，将木结构丰富的细部用其他结构来仿造，在结构上是不合理的。他们认为，即使认可日本寺院建筑的建成历史有上千年，也是日本的传统，但它说到底也是过去的"日本的元素"，不是现代有效的价值。

不过，他们也相信有"日本的元素"，当然，它和"日本情趣的建筑"的那个元素是不同的。他们所侧重的是日本过去的建筑中被认为没有受到中国影响的神社、住宅、茶室，在其中，他们发现了超越时代的有效价值，将其作为他们的"日本的元素"。举例来说，是平面和结构的简洁明快、没有装饰、尊重原材料的美、非对称和庭院的连续性等，作为象征它们的例子——伊势神宫和桂离宫受到盛赞。这是将符合现代建筑原理的东西看作为"日本的元素"，也可以说是通过现代建筑的滤纸来理解传统。堀口捨己是其主要的倡导者之一，在这些"日本的元素"中，特别重视"非对称"。这也是喜欢活力构成的他的美学。

堀口捨己在《思想》1932年1月号上发表了《关于现代建筑上表现的日本情趣》，修改后的文章收录进了《建筑风格论丛》（六文馆，1932）。这是对前面所提到的"日本情趣的建筑"（俗称"帝冠式"）的批判，在这里以最集中的形式表明了他当时的建筑观。

这里，堀口捨己将美分成了两个大的类别："主要通过理性把握的美"和"主要通过感觉把握的美"，而且将前者进一步细分为"功利的美"和"组织的美"两个部分，将后者细分为"由功利的结果自然产生的美"、"在功利的限定中有意识探求的美"和"表现的美"三个部分。

"功利的美"也可以说成"合目的的美"，是在实现目的的形式上能够认识美的

主张，假定理性能够判断是否为合目的的。

"组织的美"是"以对人的能力的赞美的感情为基础的美"，是由看到能使力合理流动的结构体时得到的快感所唤起的。由于是作为与纯形态的美不同的存在形式被确认，因此也可以说是移情说的观点。

"由功利的结果自然产生的美"是"不是为了美而寻求的，是功利的手段作为具体化的结果自然生成的东西"，在"即便功利的价值消失了，也感觉到崇尚美的机械的某种东西"等上面感觉到美就是这样的例子。

"在功利的限定中有意识探求的美"和"表现的美"是"被有意识探求、创造的美"，其中，"在功利的限定中有意识探求的美"是在追求合目的性上，从使其满足的无数解中考虑美的关系，是设计者有意识选择的美，"表现的美"是具有"以形成美的感情的自觉生活的高涨为目的的所有手段的美"，并不是无视功利性，但指的是在表现和效果上主要着眼于美应有的状态。

这里具有特征的是堀口捨己承认美的存在形态的多样性，并且认为美不仅是感性的，也可以通过理性来认识。但是，不是所有的形式都好，为了表现的表现（前面分类中的"表现的美"）作为与现代不相称的美的存在形态被否定，而将"在功利的限定中有意识探求的美"作为理想。它和"所谓合目的的美就是在功利的限定中创造的最大的美"这样一种合乎目的的美是同义的，即承认多样的美的世界，现代建筑应该追求的是合目的的美。乍一看好像只不过是描述对合目的性的重视，但应该注意的是，堀口捨己不抛弃对于"美"的执著。堀口捨己具有艺术至上主义的性格，抱有对美的世界的憧憬，但靠理性的力量控制它自由发展的想法。

另外，堀口捨己将美分为"作为结果产生的美"和"有意识探求的美"也受到关注。尽管看上去结果相同，但根据主体有无意图，其美是有优劣的，即对美的评价由于符合主体意识的程度而不同。

从这些点上可以明白堀口捨己以和主体的关系来理解美，并且认为主体（建筑师）应当有意识地探求合目的性的美。这里，在重视合目的性的同时（同时承认在客体一面也存在），将主体确定在其上的位置，即以"主体—客体"图式为主轴进行合并这一点上，看得出来，与分离派时代有同样的态度。

强调建筑与机械的不同大概就是以这样的一种姿态出现。在这篇论文里，堀口捨己比较了建筑与机械，主张虽然在"功利的美"上两者是相同的，但关于"组织的美"，建筑是"视觉的"（容易认知的），"形态美"在机械上只体现出少许，但在建筑上是重要的，建筑和机械在重视合目的性这一点上，即便是相同的，和美的关系还是有很大不同的。

堀口捨己作为日式建筑的大师被人们所知晓，但最初并不是这样，从在设计吉川府邸（1930）时不让他设计和室这件事上就可以明白。对茶室的关心虽在《紫烟庄图集》（洪洋社，1927）刊载的《关于建筑的非城市部分》里可以窥见到，但作为汇集，《茶室思想的背景与构成》（《建筑风格论丛》，六文馆，1932）是最早的。在这里，他主张茶道是"生活构成的艺术"，将茶室看成是基于功能的线和面的构成，是现代建筑的模型。对他来说，茶道是由露天地（庭院）、茶室（建筑）、茶器（工艺）、书法和插花所组成的"综合艺术"。这种概说说法在与神代雄一郎（1922～2000）合著的"Architectural Beauty in Japan"（国际文化振兴会，1955）中也能看到。其中也提到了古墓，认为自然与人工交织的美的"构成"是所有的"建筑"和"庭院"，即看作是"空间构成"

也行。

堀口捨己的数寄屋（茶道的茶室）建筑研究，包括之后的实测调查，诞生了学位论文《书院建筑和茶室建筑的研究》（1944）。在这里，他主张了只有在书院建筑基础上汲取茶室美学的茶室建筑才是日本住宅的完整形式。可以说，他的建筑理论就是在这一时期形成的。在这之前，虽然是理论先行，但在作品方面，"堀口风格"的和风建筑因八胜馆御幸厅（1950）而一举形成。

他还倾情于千利休，其成果集中收录于《利休的茶室》（岩波书店，1949）、《利休之茶》（同前，1951）。他所见的利休不是简单的茶人，是个"综合艺术家"。可以看出，他暗暗地将"现代的千利休"作为目标。表明在想要专心研究一心表现的利休的态度上无限的共同感，也将利休的"恬静"评价为"激烈的恬静"。

堀口捨己作为理想的是"强烈的表现"。例如，大岛气象站的观测塔、观测所和参考室形成的垂直、水平要素的强烈对比；相对于地形来说呈倾斜状态设置的若狭府邸和岩波府邸（1957）的有生气的空间构成；在其著作集的装帧上能够看到的强烈的色彩对比。

堀口捨己设计建筑时重视现代性和逻辑性。前者是重视使用方便，积极运用结构、材料和照明、空调设备等现代技术；后者是主张事物的存在意义（讨厌恣意性），例如在适合设置屋顶等古典建筑的主题上能够看得到。反复表明重视合目的性，在著作上也广泛搜集史料以逻辑性的语言来论述，所以，在他的文章中可以感受到合理主义的一面，但其深处还潜藏着渴望美的浪漫主义的一面。从心里涌现出来的表现欲望和合理主义一面的角力是堀口捨己作品的特征，它与"强烈的表现"相联系，给予他的作品以张力。

这些在《桂离宫》（每日新闻社，1952）中得以很好地表现。他所认识的桂离宫是以《万叶集》、《古今集》和《源氏物语》为基础的大雅的世界。他督促注意以前架设在池上的朱漆大桥，提议应该将它和松琴亭的白色与蓝色的方格花纹槅扇关联起来看待，于是，在《万叶集》第9卷将"丹漆大桥"和"山蓝"一起咏唱的有名的和歌中找到其证据，即以学术的严密性将过去的形式复原，并描绘出自然（植物和石头、水）、建筑物和艳丽的人工色交织而成的华丽景观供人欣赏。可以说，这是将他的研究与美学、和歌的修养完美融合的例子。

可以说，理论之下所隐藏的浪漫世界是堀口捨己的世界，在那里能看到不受现有权威束缚的态度（超越止于形式思考的欲望），将自己眼睛观察到的东西用逻辑加以说明，将发现的价值收敛在"表现"上是他的特长。

（藤冈洋保）

■参考文献
· 『堀口捨己作品 家と庭の空間構成』（堀口捨己著作集）、鹿島出版会、1974
· 「堀口捨己特集」『SD』1962-2
· 『堀口捨己の「日本」』彰国社、1996

# 卡尔·弗里德里希·辛克尔 Karl Friedrich Schinkel (1781~1841)

卡尔·弗里德里希·辛克尔（1781～1841）作为德国的新古典主义建筑师闻名于世，但其影响贯穿19世纪，遍及整个欧洲。其著名的建筑作品有成为今天的世界遗产"柏林博物馆岛"一角的"博物馆老馆"、剧场建筑"话剧院"、转而成为阵亡者纪念碑的"新警卫所"。虽然其代表性作品的大多数是采取希腊古典风格的新古典主义，但也能看到具有哥特风格独特解释的浪漫主义要素的一面。虽然没有真正的建筑理论著作，但只言片语留下来的文章使人窥见到了其深刻的建筑思想以及给予后世的影响。在庞大的设计工作、绘画工作以及作为国家官员的建筑行政工作中，显示出了其作为有思想的现代建筑师的形象。他所活跃的19世纪初期，是众所周知的普鲁士改革的时代，从政治到学术、艺术思想诞生出众多的杰出人物，辛克尔作为建筑师被看作是这种人物之一。

在辛克尔的新古典主义的建筑作品中，表面上受法国新古典主义的影响很深，但另一方面强烈地受到德国浪漫派绘画的影响，运用独特的神秘的表现手法绘制建筑蓝图。通过当时作为建筑修行之一的意大利旅行，他醉心于拜占庭风格，无法厌倦古典时代的建筑风格，在中世纪的建筑风格，特别是哥特式建筑风格中重新发现了具有生命感的建筑思想，进而，以意大利的农村住宅为模型，在如画风格的景观设计上也开拓了自己独特的世界。另一方面，在英国的旅行，从产业革命推动下的城市景观中迅速地领会到未来的建筑形象，还试图谋求铁制的建筑材料和构造在样式上的进步。

就这样，成就了他作为建筑师的多方面的才能，不只是在新古典主义这个框框里被理解的人物，通过其广泛、多样的活动，能够看得出这一时代建筑师形象的综合性。不久之后的20世纪初登上舞台的现代主义的建筑师们的多方面活动的源头始自辛克尔。设立包豪斯的沃尔特·格罗皮乌斯的建筑教育理论上有着辛克尔的建筑艺术观的背景；奠定了被称为钢铁与玻璃的神殿建筑的、也应该叫做20世纪新古典主义严格秩序的密斯·凡·德·罗的秩序观是以辛克尔的博物馆老馆等为范本的。另外，包括布鲁诺·陶特的"玻璃之家"在内的依据哥特风格的宗教的、神秘的空间感觉，可以追溯到辛克尔的浪漫主义的空间表现。

也就是说，辛克尔所表现的东西可以被认为是建筑这个世界的现代革命。说起来，新古典主义自身并没有只停留在古典时代风格复兴这个框子里，就像从法国大革命时期的部雷、勒杜这些建筑师们身上能看到的那样，是开拓了现代合理主义思想的综合的思想。从文艺复兴经过巴洛克的变迁而来的现代的范例，在18世纪中叶被全面否定，开拓了新的人类感觉的是新古典主义。虽表面上不断吸收法国的流行风，但辛克尔作为现代的自我，独立对建筑进行思考，重新诠释了多样化的历史风格，还有建筑、城市与自然环境的关系。通过这种自我发现的过程，可以说他将现代社会中的建筑以及建筑师的方法变得理论系统了。

运用古典风格的辛克尔的建筑作品主要是公共建筑设施，也有正式舞台的意思。另一方面，在表现个人信仰感觉的建筑设施上使用哥特风格，使其像植物曲线一般自然，在私人住宅上也使用文艺复兴风格，还镶嵌上可爱的装饰品，从室内到家具，体现人的品位。他的建筑风格因而也可以说是折衷主义的，不过，这里有着追求自由建筑表现的建筑师的影子。于是，它不是个人趣味的终结，而是成为下一代建筑师们的典范的东西，当然也不能忽视伴随着他的强烈的社会意识。

众所周知，19世纪初期是公民国家形成的时期，辛克尔被认为有为了公民和国家而成为牵引车的意识。就像现代那样，不是为了赞助者的喜好而工作，而是将公民和国家看作是赞助者，是个社会意识非常高的人物。进而，柏林的城市空间和城市景观以为了城市的人们这一点，通过众多的建筑设计展示出来。他试图在柏林接连不断地设计开放的柱廊，创造公共的空间，以园林填充建筑之间的缝隙形成城市空间的绿化，还呼吁历史建筑的保护。所有这些都超越了个人喜好的层次，是以将城市作为对市民、国民来说舒适的城市空间进行更新这一社会意图为背景的。

可以看得出，他的浪漫主义的建筑表现图，实际上不但是瘦高的哥特装饰，而且以似乎要将建筑藏起来的众多的树木为特征，众多的树叶是花费了多少时间描绘的呢？建筑物与其环境，可以说呈现出了栩栩如生的景象。在这里，一下子发现了我们今天所说的有机的设计的端倪。巧妙运用古典主义风格长久、僵化的秩序感与分别使用哥特式装饰和植物编织出生命感的建筑师的造型感觉，是那个时代前所未有的新的东西。

在19世纪初期这个从个人才能向社会理智转换的时代里，一直在探索建筑师必需的建筑理论是什么的建筑师——辛克尔大概是只描述出巨大的人类历史长河中的一个点的人物。以一边摇摆于新古典主义和浪漫主义之间，一边使其升华而被知晓的大文学家歌德作为先导，持续探索新的建筑师的形象，在这里可以看到彷徨的现代人的状态。

另一方面，辛克尔斜着眼睛看着从康德到费希特、黑格尔的德国观念论的流行，可以说在运用建筑语言构筑起建筑理论体系上是成功的。虽然不为世人所知，但是以前面所描述的折衷主义那种思考方法为基础，在宽大的山顶上展开由多种多样风格的建筑群组成的理想王国是他晚年的描绘。那和如黑格尔所著的从国家论到美学的著作群是一样的，对于辛克尔来说，可以说是在一张纸上全面展开、描绘的建筑理论。这里展示了辛克尔花费一生思考的，充分理解建筑创作行为的整体成果。

(杉本俊多)

■参考文献
· 杉本俊多『ドイツ新古典主義建築』中央公論美術出版、1996
· ヘルマン・G・プント『建築家シンケルとベルリン』杉本俊多訳、中央公論美術出版、1985

# 克劳德—尼古拉·勒杜 Claude-Nicolas Ledoux (1739~1806)

被习惯地称之为幻影建筑师的 18 世纪法国建筑师勒杜的大作《在艺术、习惯、立法关系下考证的建筑》（L'Architecture considérée sous le rapport de l'art, des mœurs et de la-législation）（巴黎，1804），通过其与众不同的图片和难懂的文章，占据了建筑史上极其独特的位置。这部大作，在 1993~1994 年作为勒杜的《论建筑》的注解，被笔者翻译整体出版（中央公论美术出版），除了 2004 年出版的法俄对译本、1981 年摘译的意大利语版，还没有用其他语言翻译的，这也可以说是由于勒杜比喻过于丰富的华丽文体。即使在法国本土，19 世纪中叶达尼埃尔·拉梅主编出版的第二版中，勒杜的文章完全被删除掉了。的确，从勒杜的文章中试图发现什么理论研究的尝试最终也许是徒劳的。众多神话上的诸神登场、顿呼法的反复、vous 和 tu 及 je 的错综运用，文字被认为与图片几乎没有关系。

虽然这样说，但也有在看似无法归纳、无法理解的勒杜的文章中发现重大价值的研究者，这个人就是贝阿特里斯·迪迪埃，我们以其《勒杜——著书立说者》（Ledoux Écrivain）为线索，来探讨勒杜的《论建筑》的插图与正文的相互关系吧。迪迪埃指出，在勒杜的《论建筑》中，类似于音乐家的文章和乐曲之间的关系、建筑师的文章和图的关系，即语言活动和修辞语言活动的对应，孕育着不可回避的问题。这种对应是从 18 世纪后期到 19 世纪初期这一时代，即所谓浪漫主义的时代所特有的，这个时代发生了口语和书面语向所有领域的入侵，是梦想各种艺术的融合与各个感官之间相照应的时代。在这个意义上，勒杜是这个时代的非婚生子，假如仅仅为了使人理解插图的话，就没有必要大量记录，但他寻求的是《百科全书》的插图与瓦格纳歌剧之间的中间道路，特意采取双重表示方法的大胆的尝试。在那里，在叙述技巧产生深刻变化的浪漫主义时代，是由插图和书面语言来进行空间表述的。那时，成为重要的诱发因素的是精力（能量）的观念和想象力的作用以及作为造物神的艺术家的想法。

这种插图与文字相互渗透，起因于勒杜对于协调的不断憧憬是独一无二的。可以说，勒杜作为 18 世纪启蒙思想时代的人，梦想着将傅里叶的社会协调与情感的协调和物质的或精神的各种力量的权衡所带来的天与人的协调相适应，在 19 世纪这一新的产业世纪中讴歌它的实现，更在其《论建筑》中同时尝试另一种协调，即插图和文本（dessin and texte）的协调。这种勒杜式的尝试与浪漫主义美学极其相符，是基于各类艺术广泛的连动作用的。的确，在勒杜的作品中，特别是在其风格上，似乎是止步于古典主义和浪漫主义中间，有一种模糊感，也可以认为是紧盯着两者的协调或者均衡的原因。它们和文本中反复出现的神话的诸神、作为修辞表现记述诸神的古典文学的惯用技法、想象力和天才这样的浪漫主义表现的均衡不无相似。从这里也可以窥见到插图和文本之间从属的协调。

更重要的一点是所谓"说建筑"（l'architecture parlante）这个问题。这句话是 19 世纪的建筑师 L·沃杜瓦耶在 1852 年的《画刊》杂志上严厉批评勒杜的建筑时使用的，被考夫曼等引用后，是对 18 世纪乌托邦建筑经常使用的语言，但这个概念所表现出的形态的语言活动性正是极好地对应了勒杜的插图和文本的相互渗透，即插图（建筑）叙说着正文。尽管之前没有提及，但就像勒杜将圆和正方形称为"建筑的基本知识"一样，插图（建筑）从修辞的语言活动的位置引发出语言的活动。这个插图的易解度（lisibilité）正好是对 19 世纪的书评中所提到的不可理解的东西（inintelligible）这种评价的反证。的确，勒杜的文章是难懂的，但是，连接文章各部分的出发点中有一个周密地思考出来的协调。这一点，通过迪迪埃论述的加入到本文中的插图可以明白。

当然，这本书是没有比插图更明确的东西了。不过，这本书也提出了图面中所欠缺的诸要素。首先是相当单纯的，即色彩。他记述为"各种光线给我眼前带来一道金色的光"。文本引导着视点移动的可能性，因此，"我接近"这种语调是重要的。……这是插图在变化的同时，带来气候的感觉，进而是环境的变化。文本中还加上了声音的表现——雷鸣声、贝桑松剧场的管弦乐。文字使整个艺术梦想的实现成为可能。

另外，文本在插图内引入了时间和空间，促成了从一个图面向其他图面的漂移，拓展了不间断移动的可能性，最终，由于在浪漫主义想象力上赋予无尽和宏大，嵌入梦想，以此作为理解梦想的一种手段，由于以这种想象力来探求局部的形式，勒杜的文本和插图的关系以局部的形式表现了出来，是一种混沌中的协调，即混沌与秩序的协调和想象力与形式的协调。勒杜的文本和插图就指明了这种协调。对难懂的勒杜文本的解释简述如下：

文本和插图在很大程度上彼此影响着，这两个不同的表现形式不是问题，永远持续

贝桑松剧场一瞥

不断地相互干涉，只奔跑于两个平面之上的一个文本才是问题。读者引入自己很不习惯的阅读方法，由于插图和文本，接受了一个基于戏剧方法的艺术启蒙。作家兼建筑师的勒杜，是在邀请自己的读者观赏未来城市的"如梦般的歌剧"演出。

这是意味颇深的结论，尤其是将其收敛在戏剧方法中，勒杜用自己的话将其归纳为"建筑师使观察者成为奇异迷惑的俘虏"（L'Architecture enlace le spectateur dans la séduction du merveilleux）。

（白井秀和）

■参考文献
・E. カウフマン『ルドゥーからル・コルビュジエまで』白井秀和訳、中央公論美術出版、1992

# 克里斯蒂安·诺伯格-舒尔茨 Christian Norberg-Schulz (1926~2000)

1926 年生于挪威的奥斯陆，在苏黎世的瑞士联邦工学院（ETH）师从 S·西格弗里德·吉迪翁等学习建筑，1949 年毕业。回到挪威后，一边在主张功能主义建筑的 A·柯尔斯莫等的指导下积累着作为建筑师的经验，关注着 PAGON 和 CIAM 这些建筑运动，一边从 1952 年到 1953 年作为全额奖学金学生在哈佛大学留学。另外，1960~1963 年，在罗马的挪威研究所从事研究，1964 年在特隆赫姆的挪威工学院（NTH）取得博士学位，1963 年以后在奥斯陆建筑学院（AHO）任教，同时在耶鲁大学和剑桥大学等世界各地的大学执掌教鞭，积极地进行写作活动，发表了不只限于挪威语，也包括意大利语、英语在内的许多论文和著作，2000 年 3 月因癌症在奥斯陆去世。

被 P·波尔托盖西称为"飞在空中的挪威人"的诺伯格-舒尔茨，在挪威国内作为建筑师被大家熟知，但作为研究世界的巴洛克建筑，特别是以专门研究丁岑霍费尔一家为主的东欧晚期巴洛克建筑的建筑史学家以及介绍 J·伍重、R·波菲尔、M·博塔的建筑作品，并以自己独特视角加以评说的建筑评论家更为有名，另外，作为吸收海德格尔哲学思想，开辟"建筑现象学"的建筑理论家也被广为知晓。

他的理论性研究，以作为建筑师和建筑史学家、建筑评论家的活动为根本，作为支撑它们的基础，伴随着时代发展在三个阶段上展开。首先，在 20 世纪 50 年代到 60 年代初的第一时期，确立了取代以往审美性建筑理论的作为严谨科学的建筑理论；从 20 世纪 60 年代后半段到 70 年代，是为了超越基于现代建筑的简单实在论的建筑空间观点，着眼于人类"存在"的第二时期；在从 20 世纪 70 年代末开始的第三时期里，更加强

烈地依赖于海德格尔，继续探索能更概括、更具体地将建筑的意义作为思考对象的理论框架。

大学毕业后，诺伯格-舒尔茨一边作为建筑师进行着生产性活动，一边继续进行研究活动，在几篇小论文之后，于 1963 年发表了最早的理论著作。这篇名为"Intentions in Architecture"的著作，领先于 C·亚历山大和 R·文丘里，在著作中，为打破当时建筑界的混乱，运用以格式塔心理学为背景的符号学手法，区别了作为此在物的"对象"和我们所面对的眼前的"现象"，回避了评论的模糊度，将我们对那样的"现象"的关注称之为"意义"（Intention）。这里，在围绕现代建筑的深入探讨中，替代被赋予各种各样意味的模糊的"空间"这个词，作为"现象"的"环境"成了关键词。不过，1966 年在剑桥大学的名为"建筑的意义"的演讲表明他已经开始反思其科学方法的局限了。他接受 S·吉迪翁所说的为了克服"思想与情感的分裂"，有必要着眼于"空间"的现象学本质的建议，1969 年在用意大利语发表的《场所的概念》中引用 O·F·布鲁诺等存在哲学的"存在的空间"成为了中心话题。

1971 年出版的第二时期的主要著作《存在、空间、建筑》中，在 M·梅洛-庞蒂和 M·海德格尔的哲学成果基础之上，通过引用 J·皮亚杰、K·林奇及 M·伊利亚、C·列维-施特劳斯等多个领域的研究成果，以半图式化的形式论述了这个"存在空间"。另一方面，对应这个"存在空间"的"建筑空间"也同样被图式化，就像其断言的"由于导入存在空间的概念，空间将重新恢复其在建筑理论中应该占有的中心位置"那样，"空间"在与"存在"的关系中，重新取代了第一时期的"环境"。

进入第三时期，诺伯格-舒尔茨似乎更积极地引用海德格尔的，特别是他晚年关于艺术和诗作的各种文章。首先在1979年用意大利语，接着于1980年用英语出版的《场所精神》的开篇中，他声称"最重要的居住这个概念依赖于海德格尔"，在将人类基本状态的"定居"作为中心的第三时期的探索中，将被认为和"存在"不可分离的"空间"，看作更为广义的"场所"的一部分，与"特质"构成一对，限定为对应于"定位作用"与"同一化作用"的构成要素。在此之前的"空间"是不充实的，是现实的建筑和城市等更为具体的意义，即反映在对"场所"的"特质"关心的高度，在《场所精神》里，从"意象"、"空间"、"特质"、"场所精神"四个方面对布拉格、喀土穆、罗马三个城市进行丰富的论述，可以意识到，是对像在意大利语版的副标题"景观、环境、建筑"中看到的那种连续多样的意义的统一把握和总体记述。另外，英语版的"迈向建筑现象学"这个副标题的目标，在根据1978年在加利福尼亚大学伯克利分校的演讲的一部分整理的"路易·康的通信"和1980年发表的"海德格尔的建筑思维"中也明确阐释过，其后，1985年的《居住的概念》和1997年用意大利语、2000年用英语出版的"Architecture：Presence，Language and Place"中也继续了"定居"、"意象"和"语言"这些关键词。

对"存在"的关心，在《图说世界建筑史Ⅱ——巴洛克建筑》和《西方建筑——空间和意义的历史》等与建筑史相关联的著作中也明确提及过，那里面的一些具体的建筑现象的观察，被他自己评价为是对"作为存在基础的空间的理解"。他的理论著作很多，自如地运用作为建筑史学家的知识的具体例子是他被广为知晓的魅力的一部分，但实际上有必要留意，正是这个"建筑理论"和"建筑史"，或者在《存在、空间、建筑》里看到的"存在空间"和"建筑空间"的简单连接，不断孕育出了根本性的问题。诺伯格-舒尔茨在批评对于海德格尔的理解是表面的、片段式的同时，为了他的目标——"建筑现象学"的确立，年轻的诺伯格-舒尔茨要求不仅要有反思性放弃的科学的严谨程度，而且要具有哲学的缜密度和精细度。这一点，在日本也必须根据到目前为止的研究成果，为建筑理论今后的发展和深化而重新明确意识到。

（田崎佑生）

■参考文献

· Ch.ノルベルグ゠シュルツ『実存・空間・建築』加藤邦男訳（SD選書78）、鹿島出版会、1973
· Ch.ノルベルグ゠シュルツ『住まいのコンセプト』川向正人訳、鹿島出版会、1988
· Ch.ノルベルグ゠シュルツ『現代建築の根』加藤邦男訳、A.D.A.Edita Tokyo、1988
· Ch.ノルベルグ゠シュルツ『建築の世界—意味と場所』前川道郎・前田忠直共訳、鹿島出版会、1991
· Ch.ノルベルグ゠シュルツ『ゲニウス・ロキー建築の現象学をめざして』加藤邦男・田﨑祐生共訳、住まいの図書館出版局、1994
· Ch.ノルベルグ゠シュルツ『西洋の建築—空間と意味の歴史』前川道郎訳、本の友社
· Ch.ノルベルグ゠シュルツ『図説世界建築史（11）バロック建築』加藤邦男訳、本の友社、2001
· Ch.ノルベルグ゠シュルツ『図説世界建築史（12）後期バロック・ロココ建築』加藤邦男訳、本の友社、2003

# 柯林·罗 Colin Rowe (1920~1999)

生于英国（1920），在美国逝世（1999），活跃于建筑与城市的批评、设计、教育等许多领域。

柯林·罗在现代建筑上发明了风格主义的比较，作为共同点，提出了"ambiguity"（多义性、模糊性），其现代建筑与城市理论引发了"文脉主义"、"后现代主义"、"解构主义"等代表20世纪的建筑与城市思潮。

柯林·罗的活动，就像他自己所说的那样，通过广泛的人的、文化上的交流多姿多彩地展开。

1938~1945年（1942~1944年在军中服役）在利物浦大学学习建筑。1944年，偶然接触到了使其深受启发的《勒·柯布西耶作品全集》（1937）和刊载学院派风格的法国别墅的《工作室》杂志年鉴（1906）。对照两本书中所收录的图，将"自由平面"作为"建筑的散步道"来解读，开启了柯林·罗着眼于运动或序列、物体相互关系的独特的比较论证批评的开端。

1946~1948年进入主讲"图形解释学"的A·瓦尔布鲁克设立的研究所，师从R·威特克维尔，从这里开始了成为柯林·罗毕生事业的意大利崇拜。柯林·罗说过，从对帕拉第奥的圆厅别墅进行网格和室内空间的图解分析的威特克维尔的主要著作《人文主义时代的建筑原则》（1949）中得到了很多关于帕拉第奥的知识。

1948~1951年，他在利物浦大学任教，指导过J·斯特林等人的毕业设计。

1950年，与在意大利的小布拉文相遇，他劝柯林·罗前往美国。这个想法由于1952年进入耶鲁大学跟随H-R·希区考克学习而得以实现。希区考克的著作《现代建筑：浪漫主义和再组合》（1929）被高度评价为总结20世纪20年代现代建筑革命的最好的研究书籍，这就是柯林·罗作此选择的理由。

1954~1956年，他得到了得克萨斯大学奥斯汀分校的职位。那里的建筑教育是学习基于格式塔心理学的R·阿恩海姆的空间认知理论和耶鲁大学的J·阿尔贝斯的色彩构成等理论，不是产于美国的F·L·赖特，而是起源于欧洲的"称赞勒·柯布西耶和密斯"的改革性的学习计划。《透明度》一书的共同作者R·斯拉兹基等参与制订计划的教师们，后来被传说化地称为"得州骑警"。

1957~1958年，他担任了康奈尔大学的客座讲师，之后，1958~1962年，任剑桥大学的讲师。给予在那里见到的P·埃森曼、A·维特拉等人建筑理论的形成以影响。

1962~1990年，作为康奈尔大学的教授，开展了与《拼贴城市》相关的城市研究。

这样广泛开展的研究的主题集中在"16世纪意大利建筑与风格"和"现代建筑与城市"上，常常是以具体的实例作精彩的对比，用一种独特的辩证法从"图形解释学"上来多意义地解读作品的意味。其观点中同时存在着如下的象征为勒·柯布西耶批评的对现代建筑的评价和对现代城市规划的批判：

作为完全冷酷的城市的设计者，即便那么差的地方，他也全部考虑到了，柯布西耶确实是波罗米尼之后最顶级的建筑师。（参考文献3）

柯林·罗受到科学哲学家K·波普尔的影响，在其反证性（可能性）批评中，有着对普遍性和黑格尔的时代精神这一历史决定论的反驳，同样，也对现代建筑以工业化为背景，标榜功能性，利用通用空间，从已有风格变为自由的这一定论提出异议。《理想别墅的数学》（1947）通过柯布西耶和帕拉第奥的比较，如斯坦因住宅（1927）和圆厅别墅（1559～1560），展示出了现代建筑和古典建筑的不可分割。

特别是作为相对于帕拉第奥明确的中心性和古典的引用的不同点，勒·柯布西耶方面认同的"建筑要素的片断化和去中心性"、"引用的双重价值"（保持原著意味的同时创造性地引入面向现代的新的文脉），是柯林·罗彻底批评的观点。

接下来的《风格与现代建筑》（1950）论述了风格与现代建筑双方不可避免的特有的矛盾。

在风格主义中，我们看得到从D·伯拉孟特确立的古典的文艺复兴规范的沿袭和其一贯性中的脱离，这一点在《意大利16世纪的建筑》（2002）中被从"权威"（authority）和"颠覆"（subversion）这一观点展开讨论［如在G·罗马诺的德泰府邸（1525～1535）上，从维特鲁威的古代的"绝对的"权威向结合个人经验的"相对的"秩序转变］。另一方面，指出在20世纪20年代的现代化运动中，"结构"（客观性、法则性）和基于新的视觉概念的"感性"（功能性、美的感动）这一反题的矛盾性共存。

以被象征为施沃普住宅（1916）空白护墙的"planned obscurity"（计划的不明确性、模糊性）所呈现出的上述对立和矛盾原样再构成的"ambiguity"（多义性、模糊性）所形成的双义概念——涉及到R·文丘里的《建筑的复杂性和矛盾性》（1966）——围绕有现代建筑特征的"透明性"进行具体性展开的是《透明性——虚与实》（1955～1956），严格区分了"确确实实的（literal）'实体'的透明性"（如格罗皮乌斯设计的包豪斯学校车间楼，1925～1926）和"知觉的（phenomenal）'虚体'的透明性"（如柯布西耶设计的联合国总部大厦方案，1927）。相对于前者物理性上的玻璃的透明性，后者是抽象的"浅空间"（shallow space）上所呈现的透明性。虚体的透明性通过"叠层作用"（stratification）使知觉成为可能。这是G·凯伯斯的著作《视觉语言》（1944）中所定义的，通过空间不同维度上的许多影像的相互观察所形成的，称为同时知觉——"ambiguous"（多义性、模糊性）的作用。柯林·罗看清了勒·柯布西耶作品的正面性（frontality）、建筑的对称布置（contraposto）、面的附设（juxtaposition）这些巧妙的手法，在那里读出了虚体的透明性。

在这个意义上，丧失了虚体的透明性的是现代城市。在《拼贴城市》（1978）中，探询了如何将现代建筑组织到多样的现有的城市文脉中。柯林·罗引用了C·西特在《按照艺术的原则建设城市》（日译"广场的造型"）中首先运用的"图底"分析，将成为城市背景的"疏、密"关系视觉化，说明了其有机的连续性。另外，对比凡尔赛宫（1624～1772）和阿德里亚那府邸（125～138），前者是被一元化的乌托邦，后者则被片断化，并且，后者在例举许多建筑的共时的、多义的"预先拼贴"（C-L·施特劳斯）中发现了城市上的可能性。

柯林·罗的手法是现象学的，而且是假说的类推，留有"中间主observer论"（E·福萨尔）的问题。但是，柯林·罗的依赖于人的知觉特性进行彻底的直接观察、记录现象的方式着眼于事实性的了解，其批评似乎可以说是固执地拒绝一般化和先验性观点的、伦理性的建筑与城市理论。

（松本裕）

■参考文献：以下、ロウ著、既刊翻訳全4冊（現在）
1.『コーリン・ロウ建築論選集 マニエリスムと近代建築』伊東豊雄＋松永安光共訳、彰国社、1981
2.『コラージュ・シティー』（共著者 F. コッター）渡辺真理訳、鹿島出版会、1992
3.『コーリン・ロウは語る 回顧録と著作選』松永安光監訳、鹿島出版会、2001
4.『イタリア十六世紀の建築』（共著者 L. ザトコウスキ）稲川直樹訳、六曜社、2006

# 莱昂·巴蒂斯塔·阿尔伯蒂 Leon Battisuta Alberti (1404～1472)

莱昂·巴蒂斯塔·阿尔伯蒂不仅是建筑师、建筑理论家，而且是剧作家、音乐家、画家、数学家、科学家以及运动员。可以称呼他是 lettere（莱泰雷）人，即人类思想家、道德家。1404 年，他作为佛罗伦萨亡命贵族的儿子出生在热那亚。阿尔伯蒂在《关于家族》中自豪地陈述，他的家族"总是在学问与艺术上成果显著"，"没有学问与才艺的青年即使是绅士，也被人鄙视"。他的少年时代是在威尼斯、帕多瓦等以人文研究闻名的城市中心度过的，17 岁在博洛尼亚学习教会法、市民法，但由于父亲去世，成为贫民的他一边与孤独和贫困斗争，一边继续求学，不仅是法学，他对自然学、数学以及古希腊与拉丁语也倾注了极大的热情进行研究。在研究的间歇，他还撰写了戏剧和文学艺术论文等，其著作有《关于家族》、《论雕刻》、《论绘画》、《餐间对话集》、《莫摩斯》等，1432 年以后，他因鲁奇德·孔蒂枢机卿的推荐进入教皇宫廷，在叶夫根尼四世、尼古拉五世、庇护二世执政期间，长达 30 年以上，直到 1464 年一直担任秘书工作。阿尔伯蒂是最能很好地体现文艺复兴"万能之人"（uomo uniiversale）的人。

阿尔伯蒂所写的艺术论与他之前的把技法作为主体撰写的理论书不同，是由文艺复兴的人文主义者撰写的最早的艺术论，不仅仅面向创作者，也面向读者。他的《论建筑》（De re aedificatoria）是文艺复兴时期最早出版的建筑书籍，其构成在序文之后，有如下内容：

第一书"轮廓线"：轮廓线的特性、建筑的起源和基本要素、基地、墙壁、屋顶等。第二书"材料"：设计图、开工准备、木材、石头、砖、石灰、石膏等。第三书"各项工程"：基础、砌体、墙壁、拱、曲面顶棚、屋顶等。第四书"公共设施"：城市、城墙、桥梁、下水道等。第五书"各种设施"：帝王的都城、城市、修道院、元老院、军营、储藏库、别墅、城市住宅等。第六书"装饰"：美与装饰、机器搬运、墙的修缮、屋顶、开口、圆柱的装饰等。第七书"宗教建筑的装饰"：城市的城墙、神殿、柱式等。第八书"民间公共建筑的装饰"：瞭望塔、大道、广场、凯旋门、剧场等。第九书"私宅的装饰"：私宅和别墅的各个房间、美的特性、比例关系、柱子的比例、建筑师的心得等。第十书"修复"：城市、水脉、水槽、治水、水门、炉子、墙壁等。

这些内容从建筑师的定义、心得到比例、柱式、城市规划、修复，涉及非常广的范围，不仅集中了当时的建筑理念，而且基于维特鲁威的《建筑十书》成体系地加以论述。

阿尔伯蒂写这本建筑书的动机是反省建筑的创作过程，明了古代的装饰以及古代技术，在维特鲁威的思想基础上进行"坚固、适用、美观"的解释，即把维特鲁威的"建筑应保证坚固、适用和美观的原则"（1.3.2）作为依据。

特别是关于建筑美，阿尔伯蒂将其分为建筑自身具备的美感和被附加、结合上去的装饰美，对后者给予了很高评价。

阿尔伯蒂指出建筑的整体"由轮廓（lineamentum）和结构（structura）构成"，建筑的美是各自完整的部分的集合，构成不能附加、不能去掉的整体，这个整体是由于匀称（concinnitas）所获得的。这与维特鲁威所说的"美观的原则是建筑的外观看上去优雅，各部分的比例符合正确的均衡规则时，就会得到"（1.3.2）是对应的。但阿尔伯蒂完全没有使用均衡语言。相川浩在所著的《建筑师阿尔伯蒂》中指出，他将均衡分为柱式（ordo）、理论的方法（ratio）、种类（genus）、轮廓线（lineamentum）、柱列（columunatio）等五个用语。

前面所说的匀称虽依存于人的主观，但也依据宇宙的秩序，即通过数（numerus）、完成的轮廓（finitio）、布局（collocatio）这三方面的原理达成。

数是构成建筑的数的秩序、量的秩序，阿尔伯蒂依据毕达哥拉斯和柏拉图的完整数或者音乐理论，追求其为简单的整数，例如奇数5、7、9，偶数4、6、8、10。

关于完成的轮廓，认为它"是能计量数量的一种线的相互作用之间的对应关系，这些线第一与长度、第二与宽度、第三与高度相关"（9.5.6），这些被作为与视觉印象有关的比例比值来考虑。比例的问题可以考虑为由先前音乐理论决定的和关于起源于维特鲁威的人体比例的比例。虽然人体也与其他动物相关联，但是在其具有有机的整体与部分这一意义上来运用的。

"例如，建筑实际上是拥有什么的人体，与其他的各种躯体类似……""就好像大型动物的手脚大一样，大建筑的部件也大"，"动物的骨骼全部相互连接，为了不浪费，建筑的结构也应……"诸如此类的与建筑作着对比。

布局是建筑的各部分所处的位置。

另外，阿尔伯蒂认为，在将建筑美的发现看作是追求醇美（amoentitas）、优美（gratia）的同时，应该在其中唤起人们的品格（dignitas）、虔敬（pietas）。

阿尔伯蒂设计的建筑作品有佛罗伦萨圣玛丽亚·诺维拉教堂、鲁切拉伊宫邸、未完工的圣弗朗西斯科教堂、曼图亚的圣安德烈亚教堂、圣塞巴斯蒂亚诺教堂等。这些是他的理论和古代建筑研究的成果。圣弗朗西斯科教堂、圣安德烈亚教堂的建筑正面是罗马凯旋门的立面，圣塞巴斯蒂亚诺教堂原先的正面来自于罗马神殿的立面。阿尔伯蒂在教堂的正面采用凯旋门和神殿的表现形式是因为依塞德迈尔所说"不是意味着基督教的异教化，而是意味着异教的古代基督教化"。另外，鲁切拉伊宫邸和圣弗朗西斯科教堂是古建筑的再生保护，实现了他的修复理论。圣安德烈亚教堂的平面被认为是阿尔伯蒂误解了维特鲁威的伊特鲁里亚神殿而设计的。

始于阿尔伯蒂的文艺复兴的建筑理论给人以将作为绝对价值的、拥有协调和秩序的宇宙放在"数"的观念中的印象，建筑被看作是能看到宇宙秩序的学问，追求同质的、具有几何学秩序的空间，是根据描绘空间的透视图法、比例的介入，在建筑上寻找人和宇宙的关联投影。

(松本静夫)

■参考文献
· 森田慶一『建築論』東海大学出版会、1978
· アルベルティ『建築論』相川浩訳、中央公論美術出版、1982
· 相川浩『建築家アルベルティ』中央公論美術出版、1988

# 勒・柯布西耶 Le Corbusier (1887~1965)

当我们回顾 20 世纪这个时代的建筑和城市规划时就会发现，还没有像勒・柯布西耶那样，其创作活动给他生活的时代以不断的激励以及不断提供出思想源泉的人。于是，在他辞世 40 年后，他的整个事业正在被许多人详细地研究、研讨："勒・柯布西耶究竟是谁"。不过，这位建筑师的人性简明而又复杂，当我们在人类开辟的可能性领域进行探究就会想到："一个人究竟能做什么？"

勒・柯布西耶的创作活动是在将建筑师的工作方式放在现代使之改变、反省这样一个广泛的领域中来开展的。科学和艺术通过在各专业领域得以确定而发展出各自的道路，这是现代社会的进步，此时，柯布西耶看到了其在建筑领域中统一各个部分的能力，发现了"建筑"的确保技术社会中人类整体生存条件的作用。他是建筑师，是主动进行社会论战的理论家，是媒体政治的蛊惑者，而且，作为高水平画家的修炼融贯其一生，他留下了数量众多的歌颂新鲜事物的诗作和设计基本尺度的研究以及有关创作的书籍，他还进行家具设计和汽车设计，同时也是城市规划师。

1950 年出版的《设计基本尺度——试论建筑及机械都能普遍适用的人体尺度上协调的尺寸》的开篇，将"建筑"做如下定义的论述引起了人们的注意。

"1. '建筑'这个词在这里指如下意思：

· 建造房屋、宫殿、寺庙和船只、小汽车、车辆、飞机等的技术；

· 制造关于家庭或生产、交换的设备之事；

· 报纸、杂志或者书籍的印刷技术。"

在 20 世纪前半叶这个工业技术与信息、经济大变革的时代，"建筑"的领域已经扩展到包围着城市时代的人类的环境整体。连书刊也注意到"建筑"这个词，总共由 8 卷组成的作品全集对他来说也是另一种"建筑"的存在方式。对他来说是将形成给人类的精神和生活带来幸福的场所秩序的整体称为"建筑"。

那么，对于人类来说，建筑具体是什么呢？

勒・柯布西耶首先在生态学的平衡中指出人类生存的条件如下："占据空间的行为是生物第一位的行为，人类也好，野兽也好，植物也好，云彩也好，这是平衡和存在的根本表现。存在的首要证据就是占领空间。"

他认为在自然环境中经常可以发现占领空间的秩序："花卉、草木、树木、山体等在一个环境中生存，如果有一天我们看到它们真正稳定的高级形态的话，那是因为只有要素独立，且在周围引起了共鸣，感动地眺望到很多空间像交响乐一样一致。我们眺望到的事物放射出光芒。"

另一方面，关于追求秩序，确保在某种意图下展开的生活空间的建筑行为，他说道："在所完成的优秀作品中，无数的意图都完全包含着同一个世界。"

如果探寻以上三个说法的基础，那就是立志于带来生活世界整体协调的美的构成，是将其作为一个完整的世界来构成的建筑的意义。

另外，很多空间像交响乐一样放射出一致的光芒的状态，在著作中用"妙不可言的空间"（Espace indicible）这种独特的语言表达，大概也是他工作目标的关键词吧。于是，也将那种无法言表的协调的空间的最终现象叫做"空间的奇迹"。

横跨于不固定的广泛领域内，他在一生

中，好像旋转的万花筒一般展示着其多方面的创作活动，在人类无尽的活力源泉中，经常在建筑的构成中通过比例关系来表现"空间的奇迹"，这种强烈的精神必定会流传下来。

成为产生新时代的空间土壤的 20 世纪初期的社会、工业技术、社会经济、政治在发生着大变革，勒·柯布西耶通过天生的认识能力和将其在空间中加以改编的构思能力以及因年轻时遍访历史所积累的丰满的个人记忆，改写着现存的结构，将构成新时代的"生活世界"的行为整体放在"建筑"的位置上，这是他的特征。建筑这一行为，不仅是在迄今为止的历史所限定的框架内，还包含着关于工业的事物，必须将所有创作物作为对象。

即：反抗 20 世纪之后的工业技术自动化对"生活世界"的渗透和无机化，试图将技术人性化，认为"建筑"是人所见、使用、构成生活场所的技术。想使人看到统一各部分作用的志向，到现在也还有启示作用。

不过，他所创作的作品——建筑和城市规划中的几个例子也鲜明地表现出生活在 20 世纪初期的一个人的认识能力的局限。面临时代的变革，他竭尽全力想要在所有领域中开拓人类尝试的可能性，经常倾注于空间比例关系的构筑上，他无视围绕其所描绘的人类生活的"无数的愿望"，无视风土、社会、习惯、时间流逝中的异常顽强且复杂的因素，也常常产生误解而无法像预想的一样，想要创造一个完美世界的创造性产生出与其意图相反的失败。

那么，在人、物、房屋、城市之间构筑理想比例关系的欲望使他比起现代的人道主义者以及现在的历史反叛者来，是在再利用所掌握的庞大的历史记忆的同时进行更新，他是将开启机器文明时代序幕的希望和躁动

刻印在各种建筑创作中的创造者，他开始尝试将引入超越近代时期的希腊以来的古典系统的建筑师的普遍性一面纳入其研究视野。不用说，我们将勒·柯布西耶固有的作为建筑师的创作活动的影响力及其界限作为试金石，大概可以验证现代以来环境形成的成功与失败。

下面，我们试着来概观勒·柯布西耶丰富多彩的一生的创作活动，将形成其建筑师思想基础的根基呈现出来，将其关键的语言提取出来，去环顾并触摸其创作活动的生成过程。

他本名叫查理·艾杜瓦·江耐瑞，1887年生于瑞士西北朱拉山脉间的深山小镇拉秀德丰。他在回忆自己幼年时曾这样说过："那是和许多朋友一起在自然的怀抱中度过。我们经常登上山顶眺望遥远的地平线。雾海像真的海——我没见过——那样向远方扩展，那的确是非常美丽的景色。"后来，这些积淀为被海平面的空间以及地中海的阳光所吸引的人类的原风景，并且从老师勒普拉德尼耶那里受到了如下的教海："只有自然能给予人灵感，只有自然是真实的，那么，也只有自然是人工作的最后支撑。要学习围绕自然的因果关系，探索其形式，探究生命的发展。"他留下了数量众多的表达在自然形态中所发现的功能及对其惊叹的当时日常生活的草图，那种对自然秩序的信任，对于生命的憧憬，虽经历了机器文明时代，但一生都没有改变。不用说，将自然与机器结合这一乐观主义的信念，是其创作上产生复杂形态的基础。

他在 24 岁时从巴尔干半岛出发，经东方到地中海旅行，此时的 6 本旅行日记和草图是初次传达出诞生了勒·柯布西耶这个建筑师的文本。随着旅行步伐的进展，一系列草图自然而然地表述出了一个人的建筑视野发展起来的过程。在这里能够看到的是边埋

头于草图边开启自己的感觉，提取出流淌于传统中的原有的本质性事物，将令人心动的各种物体形态及其排列、尺寸完整记录下来的谦虚态度。它们不是为了要传达给其他人，我们可以从中看到清楚地描绘出一个人明确要成为未来建筑师的自我状态，想要接受历史保存下来的给人类的礼物。从这些草图集常常被后来的著作和建筑作品的说明加以引用可以看出，从1911年7月开始的4个多月的旅行过程中，在地中海的阳光下，建筑应具有人的尺度和几何学的，被抽象化的现象初露端倪。24岁时在不同文化之地的这次巡游漂泊，反倒唤醒了其建筑上的普遍性的东西。

接下来是一边分析旅行草图的视角和定相方法，一边提出成为后来创作活动基础的一些建筑思考，其中之一就是以立方体作为基准观察形体，讴歌立方体，使立方体的组合方式作为赋有生机的方式来把握建筑的现象。

第二，在决定事物形态性格的根本中发现了尺度（尺寸与比例）。虽被局限于历史的时间这一寂静之中，但正是对生动事物的反应才是这次旅行的目的，它们与"妙不可言的空间"联系在一起，在尺度中理解产生纯形体的秘诀。

第三，是对于多种手法的兴趣。对简单形体中加入丰富内容的手法、形体的对比、违反惯例乃至幽默，分类记述，从中提取出给予建筑以意趣的要素。以符号进行分类几乎在所有地方都能看到，这是将构成事态表层的二维的东西加以梳理、抽象化，作为要素关系来理解现象。它是针对现实的多样化来发现类型的一种努力，已经包含了建筑师要将其接下来的不同局面中进行再利用的打算。通过这样的要素分类、标准设定及其构成来思考建筑整体的方法，形成了之后著有《走向新建筑》（1922）的功能主义者

勒·柯布西耶的根本的创作方向。进而，"现代建筑五点"（1926）和"四个构成法"这些构成原理，作为现代通用的、普遍的建筑语言给人们以极大的提示，与其将复杂问题作为简单问题的组合而加以统一整理的方向相联系。

第四，具有深刻意义的，是笔记本中对细部的关注与对风景中建筑形态的关心同等存在。草图的对象甚至涉及到对环境的所有尺度的测定，其对山势、地平线、地形所带来的效果是敏锐的，看得出建筑是其中微小的人的行为这一观点。风景上的声响状态必须在与音响几乎一样完美上，展现其微妙细腻的正确度。我们已经看到了朗香教堂（1950～1955）造型上的这种思考方法——"风景的声学"。

如果这四个关于建筑的思考是后来绽放的概念的种子，那么，可以看出其作为建筑师的一生的设计蓝图已经写在这6本手册里面了。

他在30岁时离开了小城拉秀德丰，在继续接受那种历史的教诲、光线的教诲的同时，以新技术的世界为对象，想在其中呈现出诗意的工作而来到巴黎。1922年开设工作室，以《走向新建筑》为开始，出版了众多的建筑书籍，设计出被称为白色时期的一系列住宅作品，在那里迈开了业已充满自信的步伐。另一方面，产生了新的世界的技术性框架——功能所能够展开的多米诺（DOMINO）体系，及在朱拉森林的自然和东方之旅中发现的美的结构构成——纯粹几何学形态的严谨组合，从事着在两者的构成中发现流淌于科学与艺术深处的"新精神"的工作。

刻印在白色时代作品上的、诞生出拉杜瑞特修道院（1953～1959）这种杰作的这位建筑师的思想是，建筑是产生与人的知觉和记忆相关的印象的东西，是将空间现象作为

运动和时间生成的事物进行思考的东西。他将其称为"漫步建筑"（promenade architecturale）。虽然所谓建筑的构架是"五点"所表示的地面、墙壁、屋顶这样三维的构成，但是作为使用者的人，进入其中时并不是一下子体验到其整体构成，而是在运动和时间中仔细地观察体验到这一点的。即从设计的角度来看，建筑的构成是控制人们行为的机构，在那里诉说他的知觉和记忆，形成产生印象的方法。在萨伏依别墅（1929）的说明文字中记述着"阿拉伯建筑教给我宝贵的经验，边漫步边欣赏，因步行、移动而展开建筑的布局（ordonnances）"，这大概是在东方之旅中感悟到的吧。

在是功能性场所的同时，掌控诉说知觉和记忆印象连续构成的是"建筑"，在那里产生出人类的继续主义，那里是生命的归宿。

前面所说的作为"只有要素独立，且在周围引起了共鸣"这种表述要素关系整体秩序的存在方式、光线、立方体、尺度、风景的构想，也是在邀请人们去体验"妙不可言的空间"的"漫步建筑"，这些大概就是勒·柯布西耶建筑布局规则（ordonnances）的特质吧。

(富永让)

■参考文献
・ル・コルビュジエ - ソーニエ『建築へ』樋口清訳、中央公論美術出版、2003
・ル・コルビュジエ『モデュロールⅠ・Ⅱ』吉阪隆正訳、鹿島出版会、1976
・ジャック・リュカン監修『ル・コルビュジエ事典』加藤邦男監訳、中央公論美術出版、2007

# 雷姆·库哈斯 Rem Koolhaas（1944～）

库哈斯的建筑理论是具有揭露建筑或城市与社会的关联这样一种性格的东西，与归纳成体系的古典的建筑理论有很大的不同。不过，正因为如此，他的著作和主张尖锐地指出了现代建筑以及现代建筑所处的立场。这里认为库哈斯的建筑理论有很大的特色，其影响力很强大是有理由的。

库哈斯 1944 年出生于阿姆斯特丹，最初立志于在好莱坞做一名编剧。1968～1973 年在伦敦 AA 学院学习，1972 年得到奖学金，进入美国康奈尔大学学习，其后，成为纽约 IAUS（The Institute for Architecture and Urban Studies）的客座研究员。这期间的研究被汇集成 Delirious New York—a Retroactive Manifesto for Manhattan（1978，日译为《错乱的纽约》，1995），库哈斯首先因这本书而声名鹊起。1975 年在鹿特丹成立了大都会建筑事务所 OMA（Office for Metropolitan Architecture），1982 年在巴黎拉·维莱特公园设计竞赛中由于与获得最高奖的伯纳德·屈米的竞争，一跃成为众人瞩目的建筑师。于是，从 20 世纪 80 年代后半期开始，一步一步地实现话题作品，巩固了主流建筑师的地位。从这个经历来看，他因实际作品被评价为著名建筑师却意外地晚，已是他 40 岁后的事了。

那么，使库哈斯出名的《错乱的纽约》到底是个什么样的著作呢？这里反复用"拥挤的文化"、"曼哈顿主义"一类的表达，像布景一样描述了以纽约为主的 20 世纪前半叶兴起的大城市的特有现象。科尼岛、区划法、沃尔多夫·阿斯托里亚饭店和恩帕亚·斯坦顿大厦、洛克菲勒中心等，所面对的对象全部都是城市的拥挤文化和商业资本纠缠在一起的东西，是之前难以成为学院派研究对象的东西。库哈斯在仔细研究这些对象的基础上主张城市在资本、经济、欲望的漩涡中，作了时间上的荒唐无稽的演进，建筑只不过是它的工具，反过来，我们应当关注这些建筑的应有状态。于是，在书的末尾，登载了他自己以这些建筑应有状态为主题的设想。

《错乱的纽约》与其说是公布了自己建筑主张的著作，不如说是通过展示城市、资本、经济、欲望漩涡中的建筑状态，暗示着建筑师应当致力于的主题创作的著作。他的性格与路易·康、文丘里、纽约五人组、早期后现代主义等全面推出可见形态的研究形成了良好的对照，毋庸说，被当成了建筑创作的焦点。另外，那之后的库哈斯作为建筑师的工作具有特色，似乎也可以看到通过否定建筑的自律性，从社会状况、社会新闻、信息、城市来考虑建筑这个主张，建筑师与社会相联系这个状态的萌芽。

成为著名建筑师后的库哈斯没有系统地归纳其建筑理论，而是在归纳作品集和研究资料中展开自己的主张。最早的大作 "S, M, L, XL"（The Monacelli Press，1995）是多达 1350 页的大作品集，不过，其 small、medium、large、extra large 这些单元标题中，可以看出曾经立志于做编剧的人对于语言敏锐的感觉，这里表现了作为建筑师对待从住宅那样的小建筑到宏观的城市尺度的设计的态度。还有，在"现代化生产的建造物不是现代建筑，是废弃的空间。所谓废弃的空间，是现代化跑过之后残留下来的东西，假如正确一点说的话，是现代化之后凝结下来的副产品。在现代化中有合理的设计，普遍地共同享有科学思想恩泽的就是它。废弃空间不是达到极致，就是稀溜溜地融化"（OMA@work. A＋U，A＋U2000 年 5 月号临时增刊，P.25）这个表达上，对现代建的状态，举了一个"废弃空间"这样刺激性的例子。另一方面，在哈佛大学的执教中，进行了有关购物的庞大调查，并将它们汇集到"Project on the City 1、2"（Taschen，2001）中。关于使用这些语言的方法、书籍编辑的设计，换句话说，就是关于通过信息的社会操作，库哈斯是极其敏感的、战略性的。

　　然而，由于库哈斯具有卓越的操控社会、信息、媒体的能力的缘故，姑且理解为批判或完全深信其主张都伴随着危险是有必要的。虽然库哈斯就像所见到的各种各样的主张那样，从始至终贯穿着反形式主义者的姿态，但实际上是现代建筑设计的开拓者，即起到了保持形态的作用。于是，其设计与层级构成、污水回流性、浮游的体量、计划的立体交叉、多面体等建筑主题一起，每时每刻地灵活变化。这与许多现代建筑师们关于设计的主张或者逐渐在进行设计革命的画面是一样的，例如与勒·柯布西耶在前面喊出"住宅是居住的机器"这句功能主义的宣言，其实是在进行设计的变革这一战略是极为类似的。

　　实际上，在库哈斯和勒·柯布西耶之间可以看到很多的相似性，二者都是对信息媒体很敏感、有社会意识的同时进行住宅和城市设计，回避建筑与城市的分化。还有，屡次发表贬低建筑现状的谈话，暗示自己是预言家或者救世主的立场。勒·柯布西耶虽然在《走向新建筑》中比较了汽车、飞机、轮船等，批判只有建筑在现代之前是非功能的，但库哈斯揶揄建筑是资本、经济、欲望的工具，创造出废弃空间。回过头来看，二者都是在各种各样最使人兴奋的地方进行学习和交流。勒·柯布西耶在彼得·贝伦斯、奥古斯特·贝瑞这些当时各种钢结构和钢筋混凝土结构第一人的手下进行实际业务学习之后，崭露头角于当时建筑文化的中心——

巴黎，而库哈斯在先进的 AA 学院学成之后，在 20 世纪 70 年代建筑文化的中心——纽约的 IAUS 与许多激进的建筑师有过交流。进而说，这虽然与建筑师自身的意图无关，但是两者都有着创作的空白期——勒·柯布西耶是从 40 岁后期到 50 岁，库哈斯是直到 40 岁时。

　　库哈斯不仅在设计上，在作为建筑师的战略、对于建筑师来说的建筑理论的意义等许多方面不是都能看出与柯布西耶相似的观点吗？其建筑理论或建筑观聪明地对待大众信息社会与商业主义，已经成为了为了操纵它们的强大的武器，它们成功了吗？

（小林克弘）

■参考文献
· レム·コールハース『錯乱のニューヨーク』鈴木圭介訳、筑摩書房、1995
· 『S, M, L, XL 』The Monacelli Press, 1995
· 「OMA@Work.a+u」『a+u』臨時増刊 2000-5

# 立原道造 Tachihara Michizo (1914～1939)

建筑师、诗人，生于东京日本桥。1934年进入东京帝国大学工学部建筑学科学习，7月，前往信浓追分（长野），成为《四季》的同仁。1935年因小住宅荣获辰野金吾奖。1936年提交了毕业论文"方法论"。1937年3月完成毕业设计"位于浅间山麓的艺术家部落建筑群"，由此连续三年获得辰野金吾奖。大学毕业后，从4月开始在石本设计事务所工作，1939年2月获得中原中也奖，3月离开人世。

立原道造的建筑作品仅限于学生作业（课程设计和毕业设计）和在设计事务所工作的两年，没有太多，其作品在《新建筑》杂志（1940-4）以追忆的方式刊载过。主要的作品如下：毕业设计"位于浅间山麓的艺术家部落建筑群"、秋本住宅、风信子住宅、茶住宅；在石本设计事务所期间的作品有下关市市政厅、白木屋公寓、石本住宅及石本山庄等。毕业设计就像在其说明书的开头记述的那样，"本规划是梦想于浅间山麓的一个建筑的幻想"，是在他喜欢的追分地区的浅间山麓创造艺术家部落的设想。留有许多草图和设计图纸的是被命名为"风信子住宅"的周末住宅，从其变化的过程可以看出他的素养。入口位置的变化（从南面移到东面中间）、希望看到崎玉和浦和的别所沼公园的窗户等，开口位置和形态的变化引人注目，包括家具在内的室内设计也是独特的。

立原道造的建筑理论留下来的有"住宅随笔"和"方法论"两篇。前者刊载在建筑学科学生杂志《木叶会》上，后者是毕业论文。还有大量的书信，可以读到关键词"方法论"、"人工"等思想片断。

论文《住宅随笔》的主题："站在接触人生（拒绝苟且偷生和放浪形骸）的立场上尝试着思考建筑"的立原道造，着眼于建筑领域中住宅的精神与文学领域中随笔或者短文的精神上的相通。两者都被看作是以接触日常的人生，极力保留其原有味道为本事的艺术。他做出了一个将"人生"看作是半空中的球的比喻。"住宅是轻松包围在球的表面的东西，生活在其中，静静地、彬彬有礼地、令人怀念地过日子，在被这个球包裹的黑暗深处增添的、再次涌现出来的那种向往美的乡愁如果形成语言的话，首先就是随笔。进而，向往这个美的乡愁和憧憬被醇化，以音乐、诗歌、绘画、雕刻、舞蹈等一系列纯粹造型艺术的一种形式要求建筑，于是建筑的美就产生了。"立原道造在"住宅的精神"里发现了美学的建筑之前的"某个意向"。研究在5月份写成，使人预感到同年12月提出的毕业论文"方法论"的主题。

论文《方法论》的结构：在绪论里，指明了"对现象学的建筑艺术的应用"，建筑被追问到与"人生"的密切关系。作为参考文献记录了西田几多郎、三木清、谢林等的存在论和现象学，深田康算、大塚保治等的美学以及奥斯卡·贝卡的现象学美学的著作。

在第一章"建筑的结构"中，"建筑物"和"建设"二者被明示为不能加以区分的"同一个生命事实"的存在，只要解释清楚这个"生命的事实"，就必然会理解"构成建筑的东西"。为"建造"、"建立"、"构筑"等做了语言上的现象学分析。

第二章"建筑中美的性格"，是谢林的艺术哲学、希拉艺术论的"美的体验"的结构分析，是美学中建筑体验的清晰解释。"创造"和"享受"的密切关系被主题化，两者因共同根源的"想象"（Vision）而产生，展示了奥斯卡·贝卡的"美没有结果和艺术家的冒险性"中的现象学方法。

第三章"建筑体验的结构"构成这篇论文的中心，显示了立原道造独特的思考方法。

建筑体验被分为四个层次来记述。第一个层次，"建筑体验"这个词被规定为最广义的"关于建筑的体验"；第二个层次，分为"生物学上居住的体验"和"精神上产生的美的体验"，前者被定为"使用"体验，后者被定为"观赏"体验；第三个层次，上面所说的两部分被进一步细分，即前者"使用体验"被分成"在其中守护"（"频繁度、憎恶"）和"在其中理解"（"温柔、性本能、爱"），后者"观赏体验"被分为"创造"（"频繁度、尊严"）和"直观"（"亲切、优美"），它们被统一在作为美的体验的创造性的直观上，在这个层次上，"亲切的频繁程度"或者"频繁的亲切"的两重性中，"使用"不是由"创造"来区别，"观赏"也没有以"创造"来加以区别；第四个层次，提出了"居住愉快"和"居住心情愉悦"，"观赏"、"创造"的体验去掉后，"居住心情愉悦"和"使用"的体验将我们与建筑统一起来，建筑体验的核心倒下了。"居住心情愉悦"可以说是"周围世界（Umwelt）及其立志于生命的对象的性格把握"。立原道造思想的独特性在于将现实世界（生物学上居住的体验）和非现实世界（精神存在上美的体验）作两种意义上的理解。于是，在第四个层次上，"频繁度"和"亲切度"的组合（两重性）描绘出的最深层次（"居住舒适程度"这一情感氛围）就是立原道造的立场。

在第四章"与人密切相关的建筑性格"中，得出了考虑将建筑与"死亡"或者"易损"这种东西相关联的基本形态。这是立原道造的根本立场，是"将作品当做飘浮在时空中的中间者存在证明的观点"。作为建筑体验的事例，介绍了马尔赛尔·普鲁斯特的

《寻找失去的时间》第一卷"斯万家的方法"、歌德的《亲和力》、罗丹的语言和里尔盖的哥特体验。

第五章"植根于人的建筑问题"作为全书的结论表达了"废墟"的概念，尝试着建筑作品的理解修改。当建筑从建筑师的理念转变为设计的时候，它就不断地为了倒塌而创作，迈开了破坏的第一步。那么，在时效内诞生、生长、走向死亡的命运与人密切相关，建筑作品被理解为植根于人一生的东西。

结论：在与生田勉的对话"建筑师立原道造"（《都市住宅》，1972-5）中，矶崎新对于立原道造思想的可能性说了这样的话："……有这样的感觉产生，这个问题的理解方法，特别是现在这个时代中思考起建筑来，能不提到本质的问题吗？其后，假如他真的以那种观点讨论建筑的话，也许就完成了什么非常的东西，只有这种感觉……"据说立原道造喜欢阿尔托等北欧的建筑师。立原道造的思想使人想起"将建筑作为人性的东西"、尝试自然的探讨与人的探讨相交叉的阿尔托的方法论。立原道造自然会那样想，以非常内省的方式开始探询关于建筑创作的秘诀。

（前田忠直）

■参考文献
· 『立原道造全集』第 4 卷、角川書店、1972
· 「若くして逝った立原道造君を偲ぶ」『新建築』1940-4 所収
· 生田勉『栗の木のある家』風信社、1982

# 刘易斯·芒福德 Lewis Mumford (1895~1990)

刘易斯·芒福德是美国非正统出身的学者。建筑批评家、城市史学家、文明史学家、评论家、社会哲学学者……任何一个称呼只不过是表示他的某一方面，如果斗胆描述他的全貌的话，大概称得上综合思想家吧。

**横跨专业领域的智慧**：他是出生于长岛的私生子，收音机和飞机等新技术激起了他的兴趣，在大城市纽约的快速变化中长大。他虽然在纽约市立大学学习文学、政治学、心理学、哲学等，但因病中途退学而没有取得学位，在经历了水泥检验技师、军队无线电技师、杂志编辑等工作之后，走上了批评和著书的道路。

这样的经历成就了他的基础，产生出了他的思想的第一个特质——跨专业领域选择多种多样题材的倾向。这个特质在早期的著作《褐色的三十年》中已经非常明显了，横跨文学、造园、技术、建筑、美术，描绘了19世纪后半段美国的现代化，在其中正确指出了以亨利·赫伯森·理查德森、路易·沙利文、弗兰克·劳埃德·赖特为主轴的美国现代建筑，被看作是建筑史研究中的重要功绩。

**由发展阶段说构成的历史架构**：将多种多样的题材加以结合的是在苏格兰出生的生物学者帕特里克·盖迪斯（Patrick Geddes，1854~1932）的整体论思想。盖迪斯扩展了进化论，企图开始向人类的社会行为与生态的理解，即社会学和城市学的领域进军。芒福德自学生时代以来就与这种想法有着深深的同感，通过和盖迪斯反复通信等来吸收这些思想，这就产生了芒福德思想的第二个特质——由发展阶段说带来的历史架构的方法论。

《技术与发明》（参考文献1）是将技术，即赋予文明特征的人类的手段作为突破口的文明史。芒福德将技术的发展阶段对应于动力和材料的不同，区分为风力、水力和木材的原始技术期，煤和铁的旧技术期，电力和合金的新技术期。这是在盖迪斯设想中增加的第一阶段的东西。这样，芒福德驳斥了将现代机器文明的出发点看成是蒸汽机的发明的通常说法，展示出很早以前人类社会的规律、分工和统治—人类自身的机械化渗透的事实。

《城市的文化》（参考文献2）是将城市，即人类创造出来的社会生态作为突破口的文明史。芒福德将城市的成长和衰退以原始城邦→城邦→大都市→巨型城市→专制城市→死亡的城市这样的生命过程来描写，这也是对盖迪斯的设想进行了修正的产物。对于芒福德来说，所谓城市的价值，是人们在那里是否能像人似的生活。城市规模的大小和强权的极大化不是重要的，每个市民完成稳定的自我实现和责任，人们深入地相互交流，开出文化的花朵才是重要的。从这个观点出发，他高度评价了以适度的规模和密度，保持市民联系、保持与农村相辅相成关系的中世纪带有城墙的城市。在这个背景下有了学生时代以来的另一个感悟，对埃布尼泽·霍华德的花园城市论有了同感，进而有了为将其付诸实践而组织的美国地区规划协会的活动经验。

说起发展阶段学说，我们首先想到的是把国家经济看做是经过共同的历史阶段的卡尔·马克思的经济发展阶段学说。原始共产制→古代奴隶制→封建社会→资本主义社会→共产主义社会这个必然连续的发展阶段的主张，乍一看好像相似，但我并不想把这看成是受到马克思主义的影响。

**人类自己形成的历史观**：明显表现出其不同的是芒福德思想的第三个特质——人类自己形成的历史观。他首先站在技术、生产、城市这些物质条件的转换上，主张人们怀抱的愿望、习惯、观念、目标的转换在广泛且多层次上发生，即眼睛所见、被历史记录的物质的发展，是发生的人性变化的结果，而不是其原因。这里有着和唯物史观的尖锐对立。

这个特质贯穿于自处女作《乌托邦的历程》以来的所有著作。其中，《人类——过去、现在、未来》与这个命题相符合，遵循原始人→文明人→主宗教人→旧世界人→新世界人→后历史人这样的人自身的发展阶段来著书，极其明确地展示出了他的历史观。

**艺术与技术**：建筑应该属于艺术和技术中的哪一个，这是现代建筑史上反复出现争论的一个主题。但是，芒福德对这个问题本身抱有怀疑。对他来说，所谓艺术，是留有充分的人的个性烙印的技术的一部分；所谓技术，是为了促进机械化过程，使人的个性大部分被从那里排除掉的艺术表现。艺术和技术本来就是一个东西，应该是人的内部引起协调的结果。在将建筑看作是艺术家的个性表现的浪漫主义和看作是冷静透彻的技术经营的机械合理主义两个极端摇摆的背景下，现代建筑有了失去感性与理性统一的对人性的背离，而这正是现代的烙印（参考文献3）。

**解释与预测**：他的这种历史观，从重视物证的史料学的立场来看，似乎是欠缺实证的假说性推论。但是，无论涉及多少史料，积累事实关系，恐怕也不能构筑历史的整体印象，与之相比，必要的是解释的力量。他果敢地挑战这个任务，以令人吃惊的博识和理解力描绘出了西方文明史的整体意象。

与这样的历史解释工作并行的，是他三十余年间持续在《纽约人》杂志上对同时代的建筑的批评，有时论及市井的商业建筑如何给街道上的行人带来舒适感，有时会以像洛克菲勒中心和联合国总部这样的大规模项目为题材，严格地论证其建筑应该担负的历史意义在作品上是不是充分体现出来了。从先行的观察者到文明史学家的高度，对这些立足点的运用自如，令他的广泛程度似乎也达到了另一个层次。

他的视线保持在预测上，将生命原理作为技术本性的"原生技术"、从渗透到西方文明整体的"技术的神话"中摆脱、艺术和技术协调的地域建筑、可持续的人的城市的实现以及超越职业和归属感的"'同一个世界'的人"，任何一个都是强调人性再统一的积极的未来图像。

就这样，他将历史放在泛人类史上，同时将建筑置于文明的显现、人不停地实现愿望的位置上。我们这个时代是方法和专业分工进入到极限、人的价值被偷换成量的多少、历史完全成为片段堆积的时代，为使我们从这个狭隘的路上解放而迈开最早步伐的就是芒福德。

（富冈义人）

■参考文献
1. L. Mumford "Technics and Civilization" 1934、生田勉 訳『技術と文明』美術出版社、1972
2. L. Mumford "The Culture of Cities"1938、生田勉 訳『都市の文化』鹿島出版会、1974
3. L. Mumford "Art and Technics"1952、生田勉・山下泉訳『現代文明を考える―芸術と技術』講談社学術文庫、1997
4. L. Mumford "The Transformation of Man"1956、久野収 訳『人間―過去・現在・未来（上・下）』岩波新書、1978、1984

# 鲁道夫·威特克维尔 Rudolf Wittkower (1901~1971)

鲁道夫·威特克维尔生于德国，后来成为活跃于英国、美国的建筑史学家，主要著作有《人文主义时代的建筑原则》（Architectural Principles in the Age of Humaninsm, 1949）等，建立了从根本上推翻以往关于意大利文艺复兴、巴洛克建筑的理解的研究成果。

威特克维尔在1923年因为关于15世纪维罗纳画家多米尼克·莫劳内的研究在柏林大学取得博士学位之后，于1923~1933年在罗马的"麦克斯·普朗克艺术研究所"（Bibliotheca Hertziana）进行意大利文艺复兴、巴洛克建筑的研究。与收藏有阿贝·沃尔堡（Aby Warburg, 1866~1929）收集的关于古典主义传统的庞大文献的图书馆合并设置的研究所，1933年为躲避纳粹对犹太人的迫害迁到了伦敦。威特克维尔也移居到英国，1934年成为沃伯格研究所的成员，参与英国最早的美术史论文集《沃伯格研究所纪要》的编辑工作，1944年，这个研究所被正式编入伦敦大学，1945~1956年，他在伦敦大学担任美术史学的副教授、教授，1956~1969年担任伦敦大学美术史、考古学系的主任。

作为威特克维尔主要研究对象的意大利文艺复兴、巴洛克艺术，是以德国艺术史，尤其是以沃尔夫林学派的海因里希·沃尔夫林（Heinrich Wolfflin, 1864~1945）和保罗·弗兰克（Paul Frankl, 1879~1962）等人为对象的。威特克维尔对他们从文艺复兴、巴洛克艺术的形态特征中提炼的内在的"原理"进行了两相对比论证，写下了"关于米开朗琪罗的圣彼得大教堂的穹顶"（1933年，收录于1978年的《思想与形象》）、"关于米开朗琪罗的劳伦齐图书馆"（1934年，收录在前述书中），弄清了从手

法主义到巴洛克的变化和两者的区别。进而，在"关于拉伊纳尔迪和意大利巴洛克建筑"（1937）中，提出了罗马的正题与意大利北部的反题在卡洛·拉伊纳尔迪的建筑上"共生"（symbiosis）这一见解。之后，列举了意大利巴洛克的建筑师菲利普·尤瓦拉、瓜里诺·瓜里尼、詹洛伦佐·伯尼尼，将他们的研究成果整理成《詹洛伦佐·伯尼尼——罗马巴洛克的雕塑家》（1955）和塘鹅艺术史丛书《意大利的艺术与建筑1600~1750》（1958）。

沃伯格研究所以阿贝·沃尔堡设想的、埃尔文·潘诺夫斯基（Erwin Panofsky, 1892~1968）命名为"肖像学"（Iconology）的图形意义的研究为立足点。虽然1959~1976年担任研究所所长的恩斯特·冈布里奇（Ernst Gombrich, 1909~）当然地加入了这一体系，但是，威特克维尔也在进行着关于随着象征的时间与空间的"转移"（migration），其形式——意义的转换的研究，在《寓意和象征转移》（1977）中论述了"鹫与蛇"等东方起源的图形是如何进入到西欧艺术中去的，同时追踪了"良机、时机、美德"寓意主题的典故和其变迁。另外，还和安松尼·布伦特（Anthony Blunt, 1907~1983）等共同编写了《尼古拉·普桑的画作》（全5卷，1939~1974），也属于同研究所的共同研究成果之一。

和沃伯格研究所第一任所长弗里茨·塞克斯尔（Fritzl Saxl, 1890~1948）共著的《英国艺术与地中海》（1948），纵览了希腊、意大利的传统给与英国艺术的影响，采纳了在以往英国建筑史上被轻视的18世纪柏林顿大臣、格里克·里维瓦尔、如画风格这些主题。威特克维尔也单独地探索了帕拉第奥的建筑母题被"转移"到英国的路径，在

《英国新古典主义中模仿帕拉第奥的要素》（1943）中，只对帕拉第奥母题窗和粗面石饰面做法的窗框这些主题进行了紧凑的类型学的分析，含有这些内容的各篇论文被收录在后来的《帕拉第奥和英国的帕拉第奥主义》（1974年）中。

那么，似乎应更为详尽地阅读其主要的著作《人文主义时代的建筑原则》了。在这里，首先，在文艺复兴中，有具有优美体格的人伸开手脚，正好符合最完美的几何学图形圆和方形这一来自维特鲁威的见解，所谓"维特鲁威人像"被无数次地描述，基于这样的微观世界与宏观世界的数学协调的象征，论述了集中式平面的教堂设计。其次，指出阿尔伯蒂的教堂立面是基于首尾相贯的墙面构造这一想法，帕拉第奥的别墅平面是将方形和矩形作纵横向三段划分的简单的几何学图形，即使"帕拉第奥图解"（Palladian Schema）变形的东西，帕拉第奥的教堂正立面重合了大小两个神殿的主题。

这本书的最后一章，详细论述了从阿尔伯蒂到帕拉第奥的建筑理论与实践，希腊音乐里音阶协调的比例——几何数列构成音组（八度），协调中项与差别中项决定了四度、五度、全音的音程的应用，特别是帕拉第奥将它赋格曲式的展开，即在进行了文艺复兴的教堂和住宅的平面、立面构成以及其类型学的分析之后，基于由几何学和比例带来的微观世界和宏观世界的协调这个柏拉图—毕达哥拉斯主义的"思想"论证了这个建筑"原则"，从这一点出发，将这本书看作是沃尔夫林学派的纯粹论的分析与沃伯格研究所意味论的分析的精彩组合的成果也不错吧。

不用说《人文主义时代的建筑原则》是在向英国的建筑史"学"的"转移"上有贡献的一件事，雷纳·班海姆（Reyner Banham，1922～1988）在《新的无情》（1955）中指出，通过这本书，"功能和形态通过支配大宇宙的客观法则被结合起来，这个建筑理论体系的解释，突然给我们带

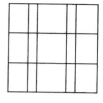

"帕拉第奥别墅"的几何学图形

来从形式上放弃功能主义建筑师的权力这个不受影响的突破口"，将这本书看作是由佩夫斯纳所著的《现代运动的先驱者们》（1936）以来建筑史学家对英国建筑的最重要的贡献。另一方面，几乎于这本书出版的同时期，柯林·罗（Colin Rowe，1920～1999）的《理想别墅的数学》（1947，收录于1976年的《理想别墅的数学》）发表了。是否相互影响虽不明确，但是，柯林·罗在这里指出了通过帕拉第奥与勒·柯布西耶的别墅平面、立面构成的类似性，进而在"手法主义和现代建筑"（1950，收录于前述书）中展开了手法主义和现代建筑的总体的比较，是现代建筑再思考的开端。　（片木笃）

■参考文献
・ルドルフ・ウィットコウワー『ヒューマニズム建築の源流』中森義宗訳、彰国社、1971
・R. ウィットカウアー『アレゴリーとシンボル』大野芳材・西村嘉章訳、平凡社、1991

Rudolf Wittkower

# 鲁道夫·辛德勒 Rudolph M. Schindler (1887~1953)

## 鲁道夫·辛德勒的"空间建筑"

鲁道夫·辛德勒 1887 年生于维也纳，在维也纳皇家工学院学习结构力学，之后于 1910 年进入维也纳造型艺术研究院，师从奥托·瓦格纳。1913 年也曾师从阿道夫·路斯，在接受他影响的同时，由于被魏斯穆特出版社发行的弗兰克·劳埃德·赖特的作品集所吸引，于 1914 年赴美，从 1917 年开始在赖特手下从事设计工作。1920 年因为赖特的"蜀葵住宅"担任设计监理而前往洛杉矶，1921 年在洛杉矶独立执业。其后，直到去世的 1953 年，进行了"辛德勒·切伊斯住宅"（1922）、"洛弗尔·比奇住宅"（1926）、"帕克住宅"（1935）等主要以独立式住宅为对象的设计工作，与理查德·诺伊特拉一起，引领了美国西海岸的现代建筑。

辛德勒于 1912 年写下了第一篇论著 "Modern Architecture：A Program"（以下简称 MA），一生留下了 19 篇研究论文。他在 "MA" 中引入了作为 20 世纪建筑主题的 "空间" 概念，以 1934 年的 "Space Architecture"（以下简称 SA）为首，围绕着 "空间" 这个主题展开了毕生的研究。

"MA" 采用了四行诗的形式：第 1 行从住宅的原型论述 "风格" 和 "装饰" 的问题，引导出作为主题的 "空间"；第 2 行是关于 "结构" 和 "建筑" 的研究；第 3 行探询了现代的 "纪念性"；最后在第 4 行中研究了 "住宅的存在形式"。

辛德勒从对住宅的原型是掩蔽所的观察开始，提出那里所需要的只有坚固性，论述了 "20 世纪之前的建筑风格全都是功能性的，建筑的形式是以材料的结构功能为象征而来的"。对于坚固性的要求，辛德勒认为比起将材料的力学性能象征化起来，这种观念是沿袭下来的，于是，他论述了通过钢结构和混凝土结构的发展，结构的课题 "被向方程式的方向转换"。新的结构形式的展开迫使 "风格" 变化。他尝试在堆积起结构体的材料，为创造 "空" 所带来的结构的制约下，使所有的 "风格" 脱离原有的 "风格"。在这一点上，他得出结论："这种沿袭下来的问题业已解开，风格死了。"进而对于 "装饰"，他认为 "给予墙面装饰，在结构体的材料上赋予可塑的表情的东西" 也废弃了。他不认同由于技术的发展，恢复给梁、柱和包裹它们的表皮的建筑构造材料穿上 "装饰" 的必要性。

在对作为建筑原型的住宅的观察和对新的结构形式发展的期待上，对于主张废除 "风格" 和 "装饰" 的辛德勒来说，今后的建筑主题是什么呢？他说 "建筑师终于找到了他的艺术媒介，这就是空间，崭新的建筑课题诞生了"，进而形成它 "由顶棚和地面所构成，内部空间决定建筑物的外观"、"其初始阶段是箱型住宅"。将由顶棚和地面所构成的空间这个建筑的构成部分分解为 "面" 之后再构成，在这种认识的基础上，通过由包围内部空间的表皮所构成的外观，直接表现出 "箱型住宅"，这一点对于他来说也表示为分隔内外的构成材料被恢复到一个 "面"。

接着，辛德勒论述了原有的 "纪念性" 作为 "权力和象征"，在 "将对重力与合力这一基本的外在约束的克服现实化" 这一点上，象征着专制君主自己的权力。这里他细说了认可 "现代" 的 "结构" 的可能性，得出力学的克服已经无法继续 "纪念性"。其结果是以 "现代" 的新的 "纪念性" 作为 "空间"，形成 "象征人类精神的无限的力量"。

1934 年他尝试将 "MA" 中被主题化的

"空间"作为"Space Architecture"（以下简称空间建筑）来定位，"MA"同样主张"空间"的重要性。然后，他论述了"未来的住宅要成为空间形态的交响曲，即每一个房间对于整体来说都成为必不可少的部分"，"MA"的研究得到提升，提倡"Space Form"（以下简称空间形态）。他在构成"色彩"和"质感"这个表层材料的同时，将"空间形态"作为"空间建筑"的最重要的课题。"空间形态"要求"新的语言"、"新的语汇"以及"新的修辞方法"，进而，他将"有机统一"作为"空间形态"应当满足的条件，这就是"每一个房间采用完全不同的材料，以不同的风格来装饰，没有比这更愚蠢的了。每一个住宅都应该构成几个主题交织的交响乐。"另外，其"交响乐"规定："每一个房间是对于整体来说必不可少的部分。"为了实现这一点，辛德勒意图将它作为"若干材料将空间分断成房间"的"空间形态"。20世纪30年代之后展开的研究里，在对模数和工程方式进行探讨的同时，"辛德勒掩蔽所"和"辛德勒构图"这些标准被加以讨论，意在谋求"空间形态"的具体展开。

与"国际式"和"功能主义"或者"机器主义"相反，辛德勒将"真正课题的空间"作为尚未实现的目标予以批判。他抢先指出，"国际式"通过"式＝风格"的引入而徒具形式，与"功能主义"和"机器主义"认可的"形式"和"功能"的重要性相对，

附带着"意义"，还附带着相对于"一维"的"四维"，描述了把建筑放在"文化"的领域中思考的必要性。

辛德勒的研究，以现代建筑特有的课题——住宅为中心展开思考为特色。他认为住宅的原型为掩蔽所，得出以往的住宅只求坚固性和庇护感这一结论。但是，它们在"现代"也起了变化，住宅应该是"向外部开放"的，充满开放感。以住宅的"舒适性是空间、气候、光线、气氛完全统一的东西"来作为"为取得协调的住宅的，平稳的有可变性的背景"。基于这样的研究，反复尝试各种各样的建筑的辛德勒的"空间"，在与所谓洛杉矶地域性的本土性和现代的普遍性抗衡的同时，意在尝试理解使内外空间或内部空间相互一体化。从所得到的结果来看，就是"平稳的有可变性的背景"，对于辛德勒来说，这才是"创造出未来生活的框架"的东西。

（末包伸吾）

辛德勒・切伊斯住宅

■参考文献
・デヴィッド・ゲバード『ルドルフ・シンドラー』末包伸吾訳、鹿島出版会、1999
・「R. M. シンドラー特集」『建築文化』1999-9

Rudolph M. Schindler

# 路德维希·密斯·凡·德·罗 Ludwig Mies van der Rohe (1886~1969)

路德维希·密斯·凡·德·罗（1886~1969）是给予现代建筑最强烈影响的建筑师，活跃在德国和美国，他的由独特哲学支持的金属和玻璃建筑在全世界被效仿。

密斯师从进步主义者、慕尼黑分离派的贝伦斯，学习纪念形式的分离派建筑，但当他看到新艺术派等 20 世纪初新艺术运动的消长，感受到贝尔拉格没有虚假的明快结构、赖特的自由空间时，确信"产生形式不是建筑的使命"，因此自问"建筑的真正使命是什么"，遍布其生涯的 3000 册著作开始了其对答案的探索。

第一次世界大战后，紧跟表现主义、新造型主义、构成主义等当时的流行，在玻璃摩天楼等革新方案问世的同时，他发表了"拒绝所有的美学思辨"，"应该将建筑活动从美学的思想者那里解放出来，以它本身应有的状态，回归到建造行为中去"等相当激进的言论。但是，在懂得了建筑属于时代，即新的时代之后，他就了解了"建筑是被翻译成空间的时代意志"，从而被束缚在流行中了。

20 世纪 20 年代后半段，在国际式的出现上作出贡献的威森霍夫住宅展览会、巴塞罗那世界博览会德国馆和图根德哈特住宅等，留下了德意志时代的最高杰作。这个时期，密斯不满造型主义和功能主义的毫无成果，探索超越物质维度的某种东西，一直在思考"建筑常常是精神决定的空间的实现"。

另外，与发表"建筑还是革命"的宣言，要改变时代的勒·柯布西耶相对照，密斯采取"新时代是一个事实，不管我们赞成与否，它都存在"的斯本格勒流派的宿命论立场，说"决定性的，是在所给予的条件上我们如何主张自我，问题不是做什么，而是如何做"。

进入 20 世纪 30 年代，开始谈到"超越直接的现象时出现的建筑美"，他说，"艺术性从带有目的以及功能的组织中表现，不是在其组织上添加，而是在其上赋予形式的意味"，"艺术性体现在物体的比例及物与物的比例中"。20 世纪 30 年代，他专心致力于一连串院落住宅的方案探讨，但兴致比较深的是著名的拥有三个中庭的院落住宅周围墙体的比例，周围墙体与主要的空间轴线或墙体的关系呈现为黄金比。其后，比例的问题被作为"部分与部分、部分与整体始终关系良好的有机秩序原理"被论及到。

到美国以后，他最初的工作是在伊利诺伊理工学院（IIT）的校园中设计整个用地和每个建筑具有良好关系，在 24 英尺方格网上立钢骨架、安上砖和玻璃的矩形的朴素建筑群以及处于丰富的自然环境中如同神殿一样的全玻璃盒子的范斯沃斯住宅，接下来还实现了在结构网格前面垂直布置"I"形竖框架，犹如四方形鸟笼的玻璃摩天楼湖滨公寓。与此同时，也深化了密斯的建筑哲学。

关于文明，他反复讲："所谓文明是过去传统给予我们的东西，我们能做的只是引入文明，不可能根本地改变文明。无论好与坏，与文明共同实现着什么。"他将托马斯·阿奎那的话理解为"真理成为事实的核心"，关于建筑的使命，他说："建筑应成为那个时代内部结构最好的表现，建筑在文明中只和最重要的力量有关系"，"只有触及到时代本质的关系才能得到真理，这时，建筑成为文明发展的一部分，渐渐地形成它的形态，这就是建筑的使命"。他进一步论述到："我们这个时代的事实是科学与技术，在知晓了它影响下的一些事物以后，自问这个事实带来了什么。对于建筑师来说，所谓建筑是有关真理的问题。"于是，他信奉奥古斯丁的"美成就真理的光辉"这句话，探索自己的时代的真理及它的光辉。

掌握了美国进步的结构技术和工业产品，实现了玻璃摩天楼等作品的这个时期，密斯切实地感受到"工程技术形成了我们的纪元，是象征着它的伟大的事实"，在结构性建筑上探索其核心的表现——"时代的内部结构的最好表现"。

1950年以后，在追求可适用于多种用途的通用空间的净跨结构形式和表现的同时，不断重复这个形式。在IIT克朗楼上创造出钢筋板梁的同时，其形式也反复出现在曼海姆国立剧场等方案之中。还有，在古巴的巴卡尔迪公司大楼方案中创造了混凝土格子梁屋顶，后来，在钢结构的柏林新国立美术馆中使用了完全相同的形式。

在高层公寓上，从湖滨公寓发展来的"I"形竖向框架形式一次次地被重复，西格拉姆大厦等办公建筑上也承袭了它。

密斯说："没有必要在每周的星期一早晨创造新的建筑，这是不可能的。"关于不求每一课题的个别解答，重复具有一般性的基本形式，他加以说明："物理学者说普通原理具有的创造力依从于其一般性。这个说法适用于关于建筑结构的思考方法。不是特殊的解法，一般的解法是重要的。"他进而主张的是追求"作为谁都能使用的共同语言的建筑"。他说："优秀的散文能够成为诗歌，并且诗人不是创造像诗一样的新的语言，而是用相同的语言创造新的诗。"但是他忠告："在作为语言的建筑上控制语言的语法是必要的，也需要训练。"

另外，"作为共同语言的建筑的本质性课题是我们这个纪元的事实，即世界规模的科学与技术，是地域的气候差别等能增加风采的程度的问题"。他强调了自己的建筑是世界共同语言这一点。

遵从托马斯的教导——"道理成为人类活动的第一原理"，追求与其有趣的，不如适用的，与其重视主观，不如重视表现，与其重视感情，不如重视理性，结构合理、明确的建筑。

"明确的结构大大有助于建筑，所谓结构是逻辑的，是最好的方法。"这句话说明"我们所说的结构是哲学的概念，从上到下，到最终的细部，是以相同的理念贯穿整体的"。

最后几年中，他再次言及美时说："追求合理的解决，比探索美更耗费时间"，"单是明确创造就非常难，但漂亮的创造就是另外一回事了"。

但是，超越直接的现象、表现艺术性的比例、将散文升华为诗的方法等达到密斯的建筑的美与"真理的光辉"的秘诀，始终也没提到。

只有伟大的建筑师密斯能够通过作品将时代的真理漂亮地表现出来，那些被效仿的，即通过密斯的语言描述出密斯风格的建筑，到现在为止还没有超越密斯的。

(佐野润一)

· フランツ・シュルツ『評伝ミース・ファン・デル・ローエ』澤村明訳、鹿島出版会、1987
· 八束はじめ『ミースという神話：ユニヴァーサル・スペースの起源』彰国社、2001

# 路易·康 Louis I. Kaha (1901~1974)

美国建筑师。1901 年出生于爱沙尼亚的萨列马岛（即奥赛岛），1905 年全家一起移居费城。在宾夕法尼亚大学期间，师从 P·克雷特接受学院派教育。1928~1929 年首次去欧洲旅行；1932~1933 年组织建筑研究小组，从事费城的住宅群规划；1948~1957 年任耶鲁大学教授；1951~1961 年作为美洲学会的驻外建筑专家逗留于罗马，旅居意大利、希腊、埃及；1957~1974 年任宾夕法尼亚大学教授。1971 年获 AIA 金奖，1972 年获 RIBA（英国皇家建筑师学会）金奖。1974 年，在从印度归国的旅途中心脏病发作，在纽约的宾夕法尼亚车站与世长辞。

路易·康大器晚成，1951 年春季到初夏期间，作为驻外建筑专家逗留在罗马的他，打算进行地中海的写生之旅。晚成的并非建筑作品，首先在写生中得以实现。回国后，迎来了最初的收获。耶鲁大学美术馆的设计工作是 1951~1953 年的事。经过了 1954 年开始的特伦顿犹太人社区中心规划，1958 年着手罗彻斯特第一惟一神教派教堂的设计，描绘了支配路易·康整个作品的形式构图图解，接近于实施方案的第 4 个方案的平面草图是 1960 年画的。让路易·康的名字家喻户晓的理查医学研究所的设计是 1957~1961 年的事情。显示出形成路易·康中期思想根本的实效化和形式感以及与设计转换的图解是 1960 年画的，第二段成熟期的到来就是这段时间。20 世纪 60 年代的前半期，萨尔克生物学研究所、布瑞安·毛厄大学女生宿舍、韦恩堡艺术中心等含有强有力形式感的路易·康的主要作品大多都实现了。接着，在 1962 年着手艾哈迈达巴德的印度管理学院和达卡政府中心的总体规划设计。

晚年，路易·康的思考在深化、转变，变得激进地追问建筑的起源。让人想起埃及的经验，静谧与光明的最早的素描是在 1968 年时画的，其后在 1969 年、1973 年加以修改，静谧与光明的思考直到他于 1974 年去世为止一直在深化。晚年的关键词——房间成为了开头语，出现在"房间、街道以及人的一致"（1971）、"1973 年的布鲁克林、纽约"（1973）的演讲中。被经常提到的"房间"、"街道"和"城市"三张素描（包括文字）是 1971 年画的。

**形式与设计的区别：**具体地表明关于路易·康思想方法的原理中的原理这个实效的构想，是在 1959 年的 CIAM 第 11 次（奥特洛）大会上。以建筑和城市的现代建筑为主导的 CIAM，以这次大会结束了它的活动。路易·康的思想的成熟与现代建筑的终结奇妙地重合在一起。1960 年，实效指向的关联者——形式被作为开头语，成为其思想的主导词，同时，完成了形式与设计的双项对应，20 世纪 50 年代的秩序与设计的双项对应被形式与设计的双项对应所取代。从秩序到形式的转变引人注意，形式的意义依存于实效，随着它的深化、转变，其意义也发生转变。1961 年，在《进步 建筑》杂志上登载的实效的图解（见图 1），是这个时期路易·康思想的集中体现。图解中央的文字，所谓 transcendence（超越），在图解中向上方移动，有实效的被看作是情感（feeling）和思维（thought）的融合。形式的意义因此被区分为先验论的意义和形象的意义，前者意味着作为形式的出发点的梦，属于愿望，后者意味着不可分要素的整合。惟一神教派教堂的设计之初描绘的形式构图，是显示这个不可分要素的构成方法，包含图解的"圣地"和"回廊"的主题，符合前面的先验论的意义和形象的意义。形式的概念是解释后来展开的路易·康的建筑作品的关键之处。

**存在论的思考：**20世纪60年代后半期，路易·康的思想有了转变。主导词由形式（本质存在）向规定（事实存在）转变，是从追问形式的实效立场向追问起源的存在论的转变。灵感（起源的感情）和惯例成为新的双项对应，形成取代实效和形式的双项对应。

路易·康关于将起源的场合称为静谧与光明的思想，不是光明的形而上学。埃及的经验使这种思想延续，在对很早以前的回想中，追忆起最古老的古代遗迹的经验，路易·康这样说道："作品，在驱使劳动的噪声中形成，于是，尘埃堆积起来时，金字塔反映出静谧，太阳反转为自己的影子。"在静谧中被感觉的是"被看作表现的愿望"。静谧被规定为"想要作为表现的愿望"。相对于光明是"自然的现象"，静谧则被看作是"人类的现象"。主题在于两个现象的交叉方法。静谧到光明，光明到静谧，这两者的转移交叉，显示的是起源，两个反转被这样解释。光明的两个意义，即光明（作为存在的存在）和燃烧掉的光（物质），以静谧作为媒介，是在静谧中明确表示结合在一起的方法。光明和黑暗（物质）在静谧之中，以路易·康创造的词来说，相当于 lightless 和 darkless，即光明和黑暗依附于静谧。有图解光明存在论思想的素描（见图2），左边描绘的是意味着静谧的水平线群，右边描绘的是作为火焰舞蹈的静谧。作为光源的光明，经过粗野的火焰的舞蹈，不久便燃尽了，将自己化作消费的物质。于是，在中央金字塔左右的各个部分被解释为静谧的两个意义 lightless 和 darkless。金字塔意味着担当存在与 presence 两个意义的"作品"，写在其间的文字是两个反转词 Silence to Light，Light to Silence，后者被画成镜向文字。从光明到静谧的反转的表现手段，就是光的现象作用于镜向文字。对于康来说，这表示立足于静谧这个存在的领域点，光明是"不熟悉的东西"。静谧与光明的素描，解释了寻找到起源的场所的方法，它们应该被称为追问追问光明时的静谧这个非常方法论的思想。在地中海旅行期间，通过画画邂逅到静谧（人的本质）的路易·康，在18年后，通过描绘静谧完成了静谧和光明的思想。图解的中央画着金字塔，那里被命名为"光影的宝库"。"物质—光影—光线"的纽带（可见物体的地图），与这个地图交叉的静谧的意图（存在的地图），康的有节制的存在论的建筑，在这两个双重的地平线上表现出其瑰丽的身姿。

**作为建筑本原的房间：**静谧（人）和光明（自然）交叉的领域，那里被称为房间，是建筑本原的"场所—空间"，是古典思想所说的场所。房间成为路易·康晚年最后的新主题，对房间的探询，与1973年在布鲁克林的演讲中说到的知觉问题相吻合。房间被这样限定："房间不直接等于建筑，还是自身延长之所在。……房间具有给你带来建筑的特性。"房间是世界和个人，换句话说，是自然和我之间的领域，即"作为世界中的世界"，房间将外面的世界隔离，不过，也因此具有与外部世界结合这种两义性。关于房间的窗户以及从窗户照射进来的光线，路易·康这样说道："假如说房间有什么是了不起的，那就是通过房间的窗户照射进来的光线属于这个房间。制造房间这一人类的创造，几乎可以说是奇迹，是人能要求太阳的一小部分……"路易·康对于房间这个内部空间，还说道："我和另外一个人待在房间里的时候，群山、树木、风雨就成了我心中的东西，于是、房间成了其本身的一个世界。那是多么了不起的事啊。"这就是房间的素描（见图3）所显示出的世界。

**作品生成的法则——萨尔克生物学研究所的设计：**在太平洋的波涛冲击着其山脚的

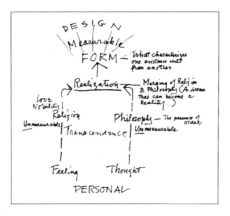

图 1  实效的图解

图 2  静谧与光明的素描

山崖上，耸立着这个坚固的研究所。其用地的特点是面向西面开阔的大海，构成总体规划的 3 组设施（研究所、会议厅、住宅群）的布置、构成研究楼的各个设施的布置以及围合成广场的研究室楼群的墙的形态和开口方向，都被考虑为面向西侧。研究楼由东西向长的两栋实验楼和研究室楼群组成。两个实验楼的内侧布置了研究室楼群（各 5 栋），通过广场相对而立。实验楼的南北两侧各有 5 栋服务体，实验楼与研究室楼群之间各耸立着 5 个楼梯间。在林立的服务体中间嵌入 16 个（4×4）采光井。研究楼（四层）的二

层和四层为研究室（2 间×8 栋 2 层＋1 间×2 栋×2 层＝36 间），一层（架空柱廊）、三层（休息和讨论用的回廊）是开放式。实验楼两侧布置图书室、自助餐厅，东侧布置办公楼。立面的构成上，相对于封闭的南、北、东三面，西面是开敞的。南北两面的不锈钢门窗表现着"钢构建筑"（实验室），西面的木制（麻栗树）门窗展示了"橡木板和席纹的建筑"（研究室），尤其是从广场（中庭）东侧和西侧眺望时，对比非常强烈。向着太平洋 45°角敞开的墙壁，从东侧看的话，犹如屏风一般形成连续的混凝土墙面，从西侧看的话，则是连续的窗。

统一平面构成、剖面构成的是服务性空间和辅助空间的概念，在实验楼里附加有南北两侧的服务体，三层的实验室为了上一层的管道，设计了 9 英尺高的小空间。实验楼与研究室楼群的结合问题，是整体构成的中心主题。过渡到研究室（小房间）的楼梯间组成的网格状区域，形成了融洽的包围广场（中庭）的整体。作品的变化可归纳为以下两点：

**变化 1**：从"两个中庭和四栋（二层）实验室"到"两栋（三层）实验室夹着一个中庭"的改变。路易·康这样写道："一个中庭比两个中庭漂亮，为什么？因为它们形成了实验室与研究室相互关联的一个场所。两个中庭只是方便而已，但是一个中庭是一个场所。人是会感受到这个场所的贡献的。"

**变化 2**：从"树之庭"向"石头广场"的改变。发生改变是在萨尔克生物学研究所这个作品产生的时候。巴拉干的指点使其将前面的"一个中庭"向确定为内含"有贡献的"的意义的东西转变。这时，也可以说完成了"实验室—研究室群—中庭—研究室群—实验室"这个形式。

通过对形式构图的四个方面（圣地、回廊、走道、学校）的解读，研究室群是对应

于回廊的先验论的场所，那里是研究者思考的场所；中庭对应于圣地，切入中庭中央的水槽与中庭西侧池子里的水映出天空。设计之初萨尔克博士想要的阿西西的"修道院的中庭"，在加利福尼亚的拉·乔拉变化为"光明（存在）的广场"。

萨尔克研究所是研究者的城堡，在各个要素多层对比这个清晰的方法中，使"集中事物的先验论的本性"被实体化了，在这里，为了表现出科学研究者的稳定的世界，同时作为支撑世界的基础，作为隐匿物质的大地归来了，大地的吸引力是无比强大的。

（前田忠直）

图 3　房间的素描

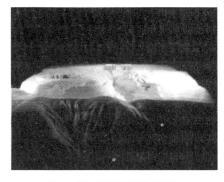

图 4　萨尔克研究所的模型照片

■参考文献
・ルイス・カーン『ルイスカーン建築論集』前田忠直編訳、鹿島出版会、1992
・前田忠直『ルイス・カーン研究——建築へのオデュセイア』鹿島出版会、1994
・Louis I. Kahn, Complete Work 1935-74, H. Ronner, S. Jhaveri and A. Vasella,Institute für Geschichte und Theorie der Architektur, Zürich,1977

# 路易·沙利文 Louis H. Sullivan (1856~1924)

"形式追随功能"（Form Follows Function）是活跃于 19 世纪末到 20 世纪初的美国建筑界巨匠路易·亨利·沙利文（Louis Henry Sullivan，1856~1924）最著名的建筑格言，最早是在短文"从艺术上考虑的高层办公楼"（1896）中表明的，作为"全面普及的原则"在其思想上占有重要地位的这句名言，在沙利文去世后被其弟子——现代建筑大师弗兰克·劳埃德·赖特所评价，在由佩夫斯纳和吉迪翁等推动现代建筑的历史学家们推崇沙利文为其先驱者的过程中，它被利用来作为功能主义的信条。

但是，即便在沙利文的一系列著作中，大概也能了解到沙利文所说的"功能"的语意和后来的功能主义中的完全不同。沙利文的"功能"与沙利文独特的自然观息息相关，具有更为丰富的内涵。首先来概括一下通过幼年时期与大自然的接触、父母和独特的教师们的教育以及对美国先验主义和德国浪漫主义的共同感受酝酿而成的沙利文的自然观吧。

在沙利文的自然观中，一般基督教中的那种经验的神化论是被否定的，取而代之的是被称为"从无比巨大的到极其细小的东西给宇宙增加活力的本质"、"生命的形式以及最终使其实现再生产的能量"（《自然的思考》，1905）等的被假设为使万物得以存在的原理、力量和"无限的创造精神"（Infinite Creative Spirit）。这个世界的根本存在，在我们的可见自然世界中，明确地表现为事物的"形式"（form）。自然的事物是"无限的创造精神"的"分支"，与此相反，所有事物也有将世界的根本存在包含在内的意思。这种泛神论的自然观强烈地表现为美国先验主义，特别是强烈表现出了其主导者拉尔夫·沃尔德·爱默森的思想影响［"无限的创造精神"与爱默森的"超越灵魂"（Over-soul）概念极为相似］。

进而，沙利文以这两者为媒介设定中间项，这就是也被称为"特征"（Identity）或者"灵魂"（Soul），以及"功能"（Function）的东西（"一切功能，是我们称为'无限的创造精神'或称作'全部功能中的功能'的力的再次分解或者一个侧面，《幼儿园絮言》，1901~1902，1908 年修订）。事物由"无限的创造精神"提供功能，在自然界的"形式"中被同样看待——沙利文的思想通过这三者的连续，将自然的系统作为根本。这样，沙利文的"功能"不是由例如"用途"和"环境"等功能主义的基本概念这个外因决定的，而是表现了给予事物灵魂的有机的本质，来自于深层的灵魂的力量。

这个"无限的创造精神—功能—形式"的生机系统基本上适用于有机体、有生命的东西。另一方面，建筑（或建筑材料）本来是无机物，以其自身来塑造的形体并不具有功能，但是如沙利文所说，艺术家通过"同感"（Sympathy）之力，可以"感知到有机物和无机物的共鸣"（《建筑装饰体系》，1922~1923）。这个"共鸣"给无机物以生命，同有机物一样是使"无限的创造精神—功能—形式"三者走向同一步调的连续的力。通过这个力，"对于人的创造意志来说，原本是无机的东西等"消失了（同上），建筑就成为注入了生命的一个有机体了。

鉴于上述理由，沙利文说的和实际作品之间没有矛盾。例如，对于代表作之一的信托银行大厦（1894~1896），对于檐口这一古典构思的执著、钢结构的非真实表现（立面上的所有柱子表现为同一跨度，但实际上钢框架是每隔一个才有）、与结构不一致的过剩的装饰等，经常受到是"不追随功能"的设计构思这样的批判，但是可以看得出来，这个指责并没有抓住中心，即信托银行大厦的立面来自于沙利文思考的建筑的"功能"是作为一个有机生命的建筑本质的表现。与树木直立、人站立是一样的，被建筑师赋予生命的建筑物矗立在那儿。在城市中具有勃勃生机的生命屹立着，就是叫做"建筑"的这个艺术（对于沙利文来说，建筑是彻头彻尾的艺术）的"功能"。在信托银行大厦上，通过喇叭状的檐口，同时给予立面整体的上升感和下降感，将结构柱与非结构柱以同一构思作小开间的连续，强调垂直感，通过各自要素的集中增强这种效果的装饰，如同生长中的植物一样赋予动态的紧张感，表现着生命力。

信托银行大厦（1894-1896）

到了晚年，沙利文将自己的思想集中为装饰图集《来自人的力量哲学的建筑装饰体系》。这本著作由 19 幅装饰绘图及附上的理论解说组成，但是，在这里，沙利文通过"意志力"，即艺术家的造型力描绘了有机体的原理——以前面所说的连续的三者的系统描述装饰产生的过程。作为"胚胎"的古老几何学的多角形和线，其"特征"（即"功能"），例如正多角形的"中心和边缘"之间产生的能量，被看穿，根据其力的方向性产生出形式如植物一样的自身的"形式"。这样产生出来的造型已经超越了"建筑装饰"的范畴，成为了可以说是沙利文的自然世界中的抽象化的东西。

《建筑装饰体系》20 版（1922-1923）

就这样，在沙利文这里，作为自身思想低声吟唱的自然观，创作建筑造型的建筑观以及实践的建筑造型，始终连续。这个自然观紧盯着事物根源的观点，产生了拒绝表面因袭的"风格"的建筑理论，必然地将沙利文自身置于与当时极为兴盛的美国学院派的对立中，这个对决的失败，让沙利文在失意中离开了这个世界，但是，他的遗志被弟子赖特所继承，让人们看到了"有机建筑"的完成。　　　　　　　　　　（椎桥武史）

■参考文献
· ルイス・サリヴァン『サリヴァン自伝—若き建築家の肖像』竹内大・藤田延幸訳、鹿島出版会、1977
· Sullivan, Louis H., Kindergarten Chats and Other Writings, 1 ed., Wittenborn, Schultz, Inc., NY, 1947 (Dover, 1979)
· Sullivan, Louis H., A System of Architectural Ornament, 1 ed., The American Institute of Architects, 1924 (Rizzoli, 1990)

# 罗伯特·文丘里 Robert Venturi (1925～)

在现代建筑师中，像罗伯特·文丘里这样有意识地构筑起理论和作品密切关系的建筑师很少有。虽然他写了许多文章，但实际上很多在归纳为建筑理论的同时，也是他自身作品的注释。也可以说，是为了将建筑师设计上的嗜好在逻辑上合法化而写下了许多文章。

文丘里，1925年出生于费城，在普林斯顿大学学成之后服务于沙里宁事务所，1954年留学罗马。回国后，一边在路易·康的事务所工作，一边在宾夕法尼亚大学任教，之后一直从事建筑师、建筑评论家、批评家这些具有影响力的工作。如果简练地归纳一下作为建筑师、批评家、建筑评论家的文丘里的业绩的话，以逗留在罗马和拜路易·康为师为契机，从历史建筑中得到灵感这种态度非常鲜明地在后现代主义的完成上给予了很大的影响，进而是将其提出的建筑上波普文化方向的设计合法化。其结果是晚年的作品因波普的程度过于强烈，也得到了"矫揉造作的建筑作品"这样的批评性的评价。在这些业绩中，特别重要的是《建筑的复杂性和矛盾性》（Complexity and Contradiction in Architecture，The Museum of Modern Art，1966）和《向拉斯韦加斯学习》（Learning From Las Vegas，The MIT Press，1972）这两本著作。

《建筑的复杂性和矛盾性》是针对现代建筑纯粹且抽象的表现和反历史主义的性质这一大特点从正面高声提出异议的一本书。撰写介绍文章的文森特·斯卡利说："也许这本书是1923年勒·柯布西耶所著《走向新建筑》之后论述建筑的最重要的一部著作。"虽然斯卡利的评价听起来稍微有些夸张，但实际上，关于建筑表现的理念和做法，是将20世纪60年代前的现代建筑从正面加以批判的最早的一本书。文丘里的考虑在这本书的开始就明确地论述了，让我们稍微引用一段吧。

建筑师，再也不能让正统的现代建筑的清教徒式的道德说教吓唬住了。我喜欢混杂的，而不是"纯粹的"；宁要折中的，不要"纯净的"；宁要扭曲的，不要"直截了当的"；宁要模糊不定的，不要"条理分明的"；……宁要自相矛盾、模棱两可的，不要直率的、一目了然的。我宁要有点脏的生命感，不要明显的统一感。我允许不合逻辑，主张两重性。

于是，文丘里列举了具备复杂性、矛盾性、模糊性的建筑，并配有具体的照片，叙述了它们的建筑魅力，进而在最后一章里加入了对自己作品的解说。

对于正统的现代主义建筑的反历史主义，因为进行了从进入20世纪50年代路易·康讲解历史建筑的魅力后对它们的参照，所以，虽然文丘里没有从反历史主义的解放开始，但如同《建筑的复杂性和矛盾性》一样，尽管多数参照历史建筑，但开展争论这一方法可能在当时还是极为少见的。还有，在参照历史建筑时，也有文丘里喜欢复杂性、矛盾性、模糊性这一嗜好的原因，而不是路易·康感到有魅力的金字塔、罗马的遗迹等那种纪念性的建筑物，包含有很多手法主义和巴洛克的这一点也是一个特征。

另一方面，《向拉斯韦加斯学习》不是文丘里单独写的，而是与夫人——城市规划师丹尼斯·斯考特·布朗和弟子史蒂文·伊仁诺合著的。就像它的第二版（1977年版）的副标题"建筑形态被遗忘的象征性"（The Forgotten Symbolism of Architectural Form）

提示的那样，由形态具有意义和象征性构成问题。全书由两部分组成，前半部分作为关于拉斯加斯的设计理解以及其充分表明的拥护大众的象征性的立场，后半部分从更广阔的视点出发，围绕建筑的意义、象征性展开建筑理论。在这个建筑理论中，以产生意义和象征性的机械论将建筑划分为“鸭子”（Duck）型和“装饰的小屋”（Decorated Shed）型。所谓“鸭子型”，意味着“由空间、结构、计划构成的建筑系统，通过遍及整体的象征的形态被隐藏、被扭曲，成为雕刻的建筑”，所谓“装饰的小屋”，指的是“空间和结构的系统不过分服从计划上的要求，而且装饰本身和其他装配的情况无关”，主要指商业广告建筑的情况。加上将文丘里自己的作品母亲住宅（1963）和保罗·鲁道夫的克劳福德·梅纳（老人之家，1966）作比较，列出了两者的共同点——都是老年人用的公寓，但相对于克劳福德·梅纳是“宏伟的、独创的”（heroic and original）建筑，母亲住宅则是“简陋的、平凡的”（ugly and ordinary）的建筑。于是，作为结论叙述了假如考虑大众文化或者建筑的真正的社会性的话，建筑师不是要创造“鸭子”，而是应该把目光放到“简陋、平凡的装饰的小屋”上。

从作为建筑理论的情况来看，《建筑的复杂性和矛盾性》将建筑的形态和构成问题作为对象，《向拉斯韦加斯学习》则将建筑形态的意义、象征性，进而是建筑的社会性作为问题。文丘里的理论展开的方法是以二元对立的概念为基础，这是极其明确的。另外，绝不仅为概念，举出包括自己作品在内的具体作品开展论证这一点也是他的特征。虽然论述自己的嗜好并非成为报纸杂志式的随笔，但使其产生讨论这个良好意义上的研究式的姿态始终如一。为了强调自己的观点，也为了保持语言的魅力，常常使用“鸭子”、“简陋而平凡”等独特的表现，这一点也是他的建筑理论表现方法上趣味深刻之处。

开头叙述了文丘里是构筑理论和作品之间密切关系的建筑师，但是这种关系构筑成功了吗？在《建筑的复杂性和矛盾性》中，可以说其关系是极其成功的，作品也具备了作为理论具体表现的力量。不过，过于实践《向拉斯韦加斯学习》的理论，过于在意大众文化的吸引力这一点——这不是从商业主义的设想得来的，而是围绕建筑的社会性的真实态度的事业——有将自己的作品过于完全变为波普的嫌疑。高尚文化建筑和波普文化建筑如何取得相互妥协呢？在这一点上，文丘里的性格是太过于真诚，由于这个原因，也许他太过于直来直去地与波普面对面了。

（小林克弘）

■参考文献
· ロバート・ヴェンチューリ『建築の多様性と対立性』伊藤公文訳、鹿島出版会、1982
· ロバート・ヴェンチューリ、デニズ・スコット・ブラウン、スティーヴン・アイゼナワー共著『ラスベガス』石井和紘・伊藤公文訳、鹿島出版会、1978
· ロバート・ヴェンチューリ『建築のイコノグラフィーとエレクトロニクス』安山宣之訳、鹿島出版会、1999

# 马克—安东尼·劳吉尔 Marc-Antoine Laugier (1713～1769)

劳吉尔是 18 世纪法国启蒙主义时代的一个重要的建筑理论家，从理性主义的立场出发将古典主义理论加以重构。他把结构的骨架和纯粹的几何学形态作为建筑的本质，使其沿着现代建筑的道路前进。

他 1713 年出生在法国南部，少年时代便加入耶稣教，学习以神学为主的各门学问。1744 年移居巴黎，不久便加入了使当时的论坛繁荣的艺术争论。1753 年写下了最早的真正的"建筑理论"——《试论建筑》，这本书引起了各种各样的批评，1755 年出版了增加了反驳内容的第二版。其后，著有《建筑思考》（1765）等著作。1769 年，在巴黎去世。

法国的 18 世纪是被称为"理性的时代"的启蒙主义时代。所谓启蒙主义，是通过行使彻底的理性发现知识的可靠基础，打破迷信和常规的思想运动。知识的基础尤其要在"自然"的内部来探求。被誉为典范的是牛顿（1642～1727）。牛顿自然科学的课题定型化为从现象学出发来发现它的第一原因。这个命题超越科学的范畴扩大到各门学科，也波及到了劳吉尔的建筑理论。

**原则：** 《试论建筑》的目标是极为明确的，它是通过理性确立原则，以所有原则作为建筑构成的依据。在劳吉尔看来，迄今为止的许多建筑理论还只停留在为维特鲁威增加注释的层面。但是，对维特鲁威的权威不要盲从，在作为艺术的建筑中也要像科学那样确立不变的法则，必须依据这个法则排除恣意的模糊度。为什么？因为"建筑具有与感觉的习惯和人的常规没有关系的本质美"。

**原始茅屋：** 劳吉尔将建筑的原则通过一幅图直截了当地表现了出来（参见图），这幅图被惯称为"原始茅屋"，产生了相当大的影响。在这张图中描绘了一个原始茅屋的骨架，四根粗壮的树木立在四个角上，其上部圆木水平搭架，再在其上斜立起圆木，构成了三角形的房架。在劳吉尔看来，这是人类最初创造的建筑物。这个茅屋虽然非常简陋，但是原始人有着"对于必要的、不用加以自然本能之外的引导的本原状态"，他们基于"纯粹的自然"创造出茅屋。劳吉尔基于理性推理探溯历史，发现了从自然的纯原则中产生的建筑原型。虽然这个茅屋的构成是简单的，但也是所有建筑的普遍本质，是创造新建筑时应该有的标准乃至范型。

最直接地模仿原始茅屋所显示出的自然原则的建筑，依劳吉尔看来，是希腊建筑。在希腊建筑上，垂直的树木成为圆柱，水平的圆木发展成檐部，斜向的屋架发展成为三角形山花。就这样，劳吉尔从作为原则的原始茅屋出发，将建筑的自然本质的构成要素规定为圆柱、檐口和三角形山花，一旦确定了建筑的本质的构成要素，建筑的本质的部分和任意的部分就能容易地区分了。"所有美存在的是本质的部分。"从而，基于产生出这个原型的自然的、单纯的原则，如果给予本质的要素以合适的形式，在合适的位置上加以布局的话，就是一个完美的作品。

**几何学：** 劳吉尔虽然承认希腊建筑的正统性，但也认可不使用柱式的建筑，使建筑理论前进了。提倡由几何学替代柱式的方法，推崇新的特殊形态的创造。认可通过圆、椭圆、三角形、多角形等几何形态的变形和组合以及曲线的使用而形成的多种多样的形态设计。赞赏浪漫主义表现出来的新奇、多样性，古典主义墨守成规的矩形平面由于单调而被批判。

**影响：** 劳吉尔构思了由两层的独立柱廊和没有肋拱的筒形拱顶组成的理想教堂。这个教堂是一个表现出劳吉尔理论的东西，是规则的和简单的，追求一种轻盈感。劳吉尔的构思由索夫洛特（1713～1780）通过巴黎的圣日纳维沃教堂（1757年动工，1780年完工）加以实现。接着，部雷和勒杜仅仅通过从柱式中完全解放出来的几何学实现了建筑。劳吉尔通过几何学创造新形态的主张成为引领被称为"第一现代"（里克沃特）的这些纯粹几何学建筑的重要契机之一。

**意义：** 哲学家卡西尔指出，18世纪的"自然"概念与"理性"具有相同的意义。"自然"这一概念与其说是实体的自然物，不如说意味着标准或范式的功能。作为这种标准的"自然"，不是在一个特定的对象物中所见的，对象是自由且确实的，换句话说，是作为合理性认识的引导手段而表现的，就这样，"自然"被认为与"理性"意义相同（卡西尔，《启蒙主义的哲学》）。

劳吉尔也认为自然状态的原始人创造出来的茅屋是最合理的，将启蒙主义的基本理念引入到建筑理论中。但是，劳吉尔认为原始人的茅屋创造是由本能指导的，在将自然与理性同等看待中加入了"本能"（里克沃特，《亚当之家》），即自然的东西是率真地基于人的本能的东西，是更为合理的。像这样创造出来的东西单纯而美。由劳吉尔提示的这个"自然＝本能＝合理＝单纯＝美"的

命题，成为了20世纪现代主义建筑基本理念的源头之一。

例如，在勒·柯布西耶关于原始人创造的帐篷的论述中，论及其简单的几何学构成是由本能率真地产生出来的东西。"伟大的建筑都起源于基本的人性，是由人的本能直接决定的"（勒·柯布西耶，《走向新建筑》），这些明显与劳吉尔的主张是站在同一条线上吧。勒·柯布西耶将现代建筑原型作为"多米诺体系"而提出，省略墙和开口部分的骨架结构也可以说是劳吉尔原始茅屋的现代翻版吧。

（田路贵浩）

"原始茅屋"（出自劳吉尔
《试论建筑》）

■参考文献
・M=A. ロージェ『建築試論』三宅理一訳、中央公論美術出版、1986（1755年、第2版の邦訳）
・W. Herrmann, Laugier and Eighteenth Century French Theory, London, 1962
・E. カウフマン『理性の時代の建築 フランス編』白井秀和訳、中央公論美術出版、1997
・白井秀和『カトルメール・ドカンシーの建築論 ―小屋・自然・美をめぐって―』ナカニシヤ出版、1992
・C. ノルベルグ=シュルツ『後期バロック・ロココ建築』加藤邦男訳、本の友社、2003

# 曼弗雷多·塔夫里 Manfred Tafuri (1935~1994)

1935年生于罗马，1994年逝世于威尼斯的意大利建筑史学家、批评家。20世纪60~70年代具有很强的影响力。

塔夫里是马克思主义者，虽然他的工作大多是撰写资本主义批判，但他不是《帝国》中人们所知的安东尼奥·内格里那样的激进的行动主义者，始终保持着书斋学者—知识分子的立场。塔夫里以在马克思主义的理论框架上加入包含美术史学在内的历史哲学的理论探讨为基础，从事着批评家—历史学家的工作。这个早期的立场表现在"Teoria Storioa dell'architecttura"（1968，日译《建筑的理论》）中。在这里，他从拒绝历史的现代建筑的历史性考察立场的困难程度出发，在批判时代内在危机这个意义上，论述了以给予他极大影响的沃尔特·本雅明的命题为起源的批评的方法论。他在这里将吉迪翁、赛维、佩夫斯纳等现代建筑史学的"巨匠"置于历史的位置之中，以此来衡量自己的地位。在20世纪30年代中期写就的这个理论上的处女作中还能看到倾向于马克思主义的传统的理论与实践相结合的地方，这一点，特别是在城市（不如说是社区）规划所占比重相同上与意大利前辈莱昂纳多·贝纳沃罗也是相同的。与喜欢以每一个作品（即便是城市规划）为中心的大师们不同，因为贝纳沃罗和塔夫里不缺少对于地区规划这种东西的不断观察。

然而，他已充分认识到那是一条困难的道路。上面提到了"内在的危机"，在一般的马克思主义中，危机存在于外部，即经济的东西，把它转嫁于革命的话，情况就是很容易被扬弃，但在这种情况下，危机不在论述者—批评家的内部。但是，本雅明也好，塔夫里也好，在乐观地相信它上面极富批评的智慧和感性。这本书出版的那一年，也是

世界，特别是大学学府叫嚷文化危机的年代。在两年后出版的这本书的第2版中，反映出了这种体验的影子，说出了即便能有从等级的观点出发的建筑分析（理论），但不可能有等级的建筑这种认识，即没有为了"释放"的建筑（实践），这里，理论与实践被分离，危机如同文字一样被内在化了。如果带有等级意识的建筑是不存在的，那么，建筑就不是解决外部（社会）危机的最终手段，顶多是一个见证时代危机的文化性设施罢了。

《理论》之后，塔夫里在长期作为据点的威尼斯大学，在对20世纪初期德国社会学者们的工作的分析中，以德国为中心进行了建筑与城市、地区规划的分析。这些工作的成果之一是一本比较小的著作"Progetto e utopia：Architettura e sviluppo capitalistico"（1973，《建筑与乌托邦》，日译为《建筑神话的破灭》）。在这前后，他的学说以例如纽约IAUS机关杂志《反对派》（Oppositions）为代表，被翻译成包括日语在内的多国语言，形成了广泛的影响。原本塔夫里关心的对象是维特根斯坦和维也纳学派，但在20世纪70年代似乎也受到以密歇尔·福柯为中心的所谓后结构主义的影响。这是在现在更为广泛的被称为"语言学的回归"的一种倾向，是通过语言将所有的认识（从而是文化的现象）结构化的一种认识，假如考虑到马克思主义是所谓"经济学的回归"的话，这就是关于经济基础决定论的重大修订。在这里，强烈地意识到的是建筑形式的方面，这是反驳朴素的功能论的论题，即建筑不能由功能（内容）上的一种意义来决定。由此，建筑也被区分为广义上的社会功能（为了释放的目的论）和狭义上的工具功能。IAUS主持者之一的彼得·埃森曼将理论的

后盾从之前的柯林·罗转到了塔夫里，与将建筑自律性的讨论停留在艺术形式论上的柯林·罗相比，塔夫里掌握着广泛得多的社会的、理论的背景。这还与原本从和意大利同样真挚的历史的对峙出发，但后来走向商业主义正在广泛兴起的美国的后现代主义的埃森曼的戒备心有关系。

后现代，虽然用一句话来概括是过于别扭的现象，但塔夫里的态度是后现代的，同时也是非后现代的。这是现代的，同时也像非现代一样可以变奏。不效仿从批判向表面接受转变的后现代主义的历史主义，使丑业已内在于现代主义和其危机中。虽然现代主义是从对 19 世纪的历史主义的拒绝开始的，但是在通过标榜技术决定论或者合理主义夸耀历史的正当性这个意义上，它也是历史主义的运动。呼吁黑格尔的时代精神是它的象征。作为马克思主义者，尽管针对其基本动向的共同感觉也有基础，但对这样的历史的正统性无法赞同，这是他已经在《理论》中加以明确的态度。

这之后出版的 "La Sfera e Il Labirinto" （1973，日文译为《球与迷宫》）不是新著，而是文集，从后结构主义色彩很浓的理论性的绪论开始，包括从皮兰内西到俄国先锋派的现代主义建筑和城市，还有当初译成英文在 "Oppositions" 上发表，使他的名字国际化的、同时代的《卧室建筑》等众多建筑理论著作，因此可以看作是塔夫里的代表作。《论皮兰内西》是在后期文艺复兴的理智环境中确定这个特殊的建筑师位置的杰出的教科书，另外，在绪论 "历史的规划＝计划" 中，即便是说后结构主义，看上去也比福柯等对后现代主义的德尔伍兹·瓜塔里的立场的那种批判意味深长。但是，塔夫里的认识面向的不是克服而是以 "危机" 自身作为建筑主题的同时代的建筑，将欧洲的罗西、美国的埃森曼放在极点上，也无非就是围绕意义论的虚的中心做往复运动来确定他们的位置，即与建筑本体批评完全表现为同义语是矛盾的，没有显示从这个永久性的往复运动的圈里跑出去的办法。如同这一代人之前的存在主义者一样，在将产生这个 "没有出路" 的状态作为实践的主题中，塔夫里的解读是过于细致的、过于批评的。

之后的塔夫里，离开了近、现代的表述，以威尼斯为中心，面向文艺复兴建筑。虽然这也是不只停留于论风格上，是像曾经的《论皮兰内西》那样作为文化行为的建筑实践，但避免采取更加学院式的立场这一感觉很难得。

(八束 HAZIME)

■参考文献
· マンフレッド・タフーリ『建築のテオリア』八束はじめ訳、朝日出版社、1985
· マンフレッド・タフーリ『建築神話の崩壊』藤井博巳・峰尾雅彦訳、彰国社、1981
· マンフレッド・タフーリ『球と迷宮』八束はじめ・鵜沢隆・石田壽一訳、PARCO 出版、1999

Manfred Tafuri

# 尼克劳斯·佩夫斯纳 Nikolaus Pevsner (1902~1983)

尼克劳斯·佩夫斯纳生于德国，后移居英国，作为活跃的建筑历史学家，通过《现代运动的先驱者——从威廉·莫里斯到沃尔特·格罗皮乌斯》（Pioneers of Modern Movement：From William Morris to Walter Gropius，1936）开始将现代建筑提到历史的地位上，同时，通过《英格兰的建筑》丛书（全46卷，1951～1974）的执笔和编撰、《塘鹅美术史》丛书（全书48卷，1953～）的编辑，为美术史、建筑史"学"向普通人的普及做出了贡献。

佩夫斯纳在莱比锡大学温海姆·平德尔（Wilhelm Pinder，1878～1947）手下从事有关莱比锡的巴洛克研究，1924年获得博士学位，接着出版了《反宗教改革与风格主义》（1925）、《早期及盛期巴洛克的风格史论》（1928）等。1924～1928年，成为德累斯顿格梅尔德画廊成员，1929～1933年，任哥廷根大学讲师，这中间的1930年，为研究英国美术而前往英国，1934～1935年，成为伯明翰大学研究员，基于在那里的研究成果，接连不断地出版了《现代运动的先驱者》（1936）、《英国工业美术研究》（1937）、《美术学院的历史》（1940），其间，开始以彼得·F·多纳的名义给《建筑评论》杂志投稿，1942～1945年，接替詹姆斯·莫德·理查兹（James Maude Richards，1907～1992）作为《建筑评论》的主编大显身手，出版了培根·布克斯的《欧洲建筑概论》（1943），因与同杂志社的阿兰·雷恩有亲密交情而着手编辑《英格兰的建筑》、《塘鹅美术史》丛书。1942年获得伦敦大学巴韦特学院的教师职务，以在那里的课程为蓝本出版了BBC的连续讲座——《英国美术的英国性》（1956）。其后，1945～1955年任剑桥大学斯莱特美术史教授，1959～1969年任伦敦大学巴韦特学院教授，1968～1969年任牛津大学斯莱特美术史教授。

在《现代建筑运动的先驱者》第2版《现代设计的先驱者》（1949，日译为《现代设计的开展》，1957）中，第1版所强调的现代"运动"的宣传稍有减弱，但基本的论述方式没有改变，与吉迪翁的《空间、时间、建筑》（1941）并列为现代建筑史的开端之作。在这本书上，佩夫斯纳看到了1914年德意志制造联盟科隆博览会上沐迪修斯与万桑维尔德之争和格罗皮乌斯设计的现代工厂上现代运动的原理与设计的确立，将其源泉追溯到莫里斯，从那里反过来描述出从莫里斯到沐迪修斯再到格罗皮乌斯的现代运动"主流"的发展。作为对现代运动"主流"的贡献，即作为1914年德意志制造联盟科隆博览会的原理和设计的先驱，那里的建筑作品当然要被挑选出来加以评论。

这里，艺术与手工艺运动中现代生活与设计这个正题和由科学技术的发展与机械带来的现代生产这个反题相对而置，"新艺术运动的倡导者最早理解这两者"，最终由格罗皮乌斯所扬弃，意味着"纯粹正统的这个世纪的风格到1914年时诞生了"，但是这种黑格尔的图式在查尔斯·詹克斯的《建筑的现代运动》（1973）上作为一元论，在戴维·沃特金的《伦理与建筑》（1977）中作为"辉格党史观"而受到批判。

阿洛伊斯·里格尔（Alois Riegl，1858～1905）提倡的"艺术意志"（Kunstwollen）这一概念，面向将美术形式看作是各个时代"时代精神"（Zeitgeist）的具体体现的立场加以锤炼，但其方法论是从美术作品的严谨分析中，归纳性地发现其形式特征及其背后潜在的"时代精神"。但是，如果轻易地使其反转，将标示一个时代特质的若干个关键词确定为"时代精神",有可能整体来评价从中演绎出的那个时代的美术作品。在《现代设计的源泉》(1968)中,大量引用新艺术运动的同时——后来佩夫斯纳和理查兹共同编辑了《反合理主义》(1973)——由格罗皮乌斯统一的看法,在"面向国际式"这个结论上展开,其序言部分也在"20世纪是大众的世纪"中大力宣传"科学、技术、大量生产、大量消费、大众传播,……为大众服务的建筑与设计、新材料和新技术为了大众向尚未得到的方向集聚",从那里提炼出各种源泉来加以评论。

将"时代精神"的时间的限定置换成空间的限定,是所谓"民族性"(nationality)的概念,它所依从的根源是《英国美术的英国性》。同一本书上,虽然只谈到了里格尔学派的达哥伯特·弗雷(Dagobert Frey,1883~1962),但也提到了作为老师的平德尔或者平德尔所崇拜的美术史家戈特弗里德·达赫(Gottfried Dhio,1850~1932)。在这里的"将任何时代所产生的民族的艺术及所有建筑作品所具有的共同点作为问题"这种地理学方法的延伸上,《英格兰的建筑》丛书被赋予了应有的地位,但也不过是达赫的《德意志文化的建造物指南》(全5卷,1905~1912)的翻版。在《欧洲建筑概论》中,也使用了"时代精神"和"民族性"的概念,例如,可以看到将西班牙概括为"不稳重的国家"等表述。

沃伯格研究所将德语圈犹太人发展起来的美术史"学"固定在英语圈中,此外,相对于知识研究的深化,佩夫斯纳在和他们完全不同的人脉上将其大众化,这样一来,虽说伴随着大众化有方法论的缺陷,但不能否定他遗留下来的庞大成就。在《美术、建筑、设计研究》(全2卷,1968年)中,摘录了风格主义和巴洛克、如画风格和新古典主义、维多利亚王朝及现代建筑三个主题的论文。其中,在20世纪40~50年代中所列举的如画风格和维多利亚王朝建筑能有力地说明其具有的洞察力,《现代运动的先驱者》之后,佩夫斯纳继续探索研究追溯到莫里斯的英国建筑的源泉,但是,关于现代建筑,只是收录了解救赴英之后佩夫斯纳窘境的高特·拉塞尔和弗兰克·匹克两个有恩之人的研究,没有展示"主流"之后的展开。

佩夫斯纳的著作是伴随着时间流逝不断修改和增补的"开放式的"东西,晚年的研究在《19世纪的建筑理论家》(1972年)、《建筑、风格的历史》(1976年)这些"开放式的"总论上结束,应该说这也是佩夫斯纳的真正价值。

(片木笃)

**■参考文献**

· ニコラス・ペヴスナー『モダン・デザインの展開』白石博三訳、みすず書房、1957
· ニコラウス・ペヴスナー『モダン・デザインの源泉』小野二郎訳、美術出版社、1976
· ニコラウス・ペヴスナー『美術・建築・デザインの研究Ⅰ・Ⅱ』鈴木博之・鈴木杜幾子訳、鹿島出版会、1980

# 前川国男 Maekawa Kunio (1905~1986)

　　虽然前川国男探索的建筑思想的变迁是一个人的历史，但也可以看成是将现代建筑及它所引起的问题作为现实问题承担起来的建筑师所体现出来的现代日本建筑思潮的历史。

　　前川国男的生涯（1905~1986）是与日本接受现代建筑和战后走向正常社会固定下来的时期相重叠的。

　　1928年，23岁，毕业的同时由东京出发，经由西伯利亚铁路到达巴黎，进入开办工作室不久的勒·柯布西耶事务所。以前川国男的这种个人行动为先驱，其后有坂仓准三（1901~1969）、吉阪隆正（1917~1980）加入到工作室中，构成了日本现代建筑历史中与柯布西耶的精神交流。离开旧日本土壤的一个年轻的学生，从柯布西耶的《走向新建筑》开始的多本著作（特别是《今天的装饰艺术》的最后一章"自白"让人感动的）——"新精神"之中发现了有生命力的建筑地平线。前川国男在那里的1928~1929年，萨伏依别墅是最后一个精彩的成果，是反省在这个几何学的蕴藏着非常美的能量的白色时代住宅作品的设计背后呈现出的具体"物体"的不适应和许多课题的时期。两年之中，他正好亲身经历了现代建筑的成长、作为生活场所的建筑的作用，前川国男比柯布西耶更加认真地思考理论性问题，虽被建筑的革新所困惑，但已经注意到现代建筑自身内在的困难程度，建筑所抱有的保守一面，即创作方面的"技术"水平。

　　多年以后，柯布西耶的建筑具有了一定的形式，当人们看到他围绕着现代建筑一生的曲折态度时，比起追求机器时代美的精神，前川国男向往巴黎的动机不是与伦理——将不同的两个方面作为人类的行为全面肯定的柯布西耶的开放态度——产生共鸣

了吗？

　　"自白"一节中，"撼动我们情感的事物，是在水平和垂直的直截了当的平衡中被集合、被统一的形式的复合体——即建筑吧。或者是表达了在悠久的民族中锤炼出的人们的普遍声音，一种思考方式。"

　　在前川国男的心中，前者是建筑，后者是人类的普遍声音，这样，如果前者是现代建筑的话，后者也许可以理解为民居。

　　"曾经对我有过这样的盘问：'你不是柯布西耶的弟子吗？为什么不建一个看起来像柯布西耶的家呢？'这是很光荣的，但是我在柯布西耶事务所的两年中被告诫过不要犯那样的错误。"这是他在回国后的1937年说的话。5年后，他完成了"前川国男自宅"（1942）这一出色的、非常充满感情的、瞄准日本的风土和技术的现代住宅。

　　可以看出，前川国男固有的建筑思考的特质不是面对观念的提升，而是一边结合日本所处的社会、文化、经济、政治这些历史与现实的"生活世界"，一边从创作不可缺少的"技术"层面上，将有关利用它的伦理性放在人类的"创作"和"接受"的循环中加以发现。对于不得不进行各种纷繁事物汇集的现代日本的现实，那时候，常常作为根本的动机持续思考应该做什么这个问题。因此，前川国男的建筑理论常常是面对"人应该如何生存"、"建筑师应有的状态是什么"这样的问题而提出的。

　　自1935年独立工作以来，他认为，应当在日本的土壤上创造出具有自由精神的建筑世界，不断地挑战、竞赛，而且，战败后在废墟中开发了高质量的工厂生产的木结构装配住宅"普雷莫斯"（1946）（premos是前川国男自造的一个词，意思是最小限度的预制住宅——译者注）以应对住宅的不足。被

称为木构造现代主义杰作的"纪伊国屋书店"（1947）和"庆应医院"（1948），也在木构造方法和坡屋顶细部中实现了以中庭为中心的明确的空间构成。

战后，社会、经济状况一恢复，前川国男便在日本各地着手设计为数众多的公共建筑，在混凝土梁柱结构的中间，以具有中庭和天井的平面构成手法，描绘出公共场所的"生活世界"的交流和各种活动。为追求在日本的文化土壤上能承担各种各样用途的图书馆、美术馆、音乐厅之类在当时还属未知设计手法的日本公共设施的典型，而在平面上的一系列探讨也创造出成为20世纪后半段基础的空间创造的一个标准。

前川国男的公共建筑还具有极大的影响力，现存的也被认为是最能经受时间考验的建筑，与他重视自己称之为"工艺的引桥"的"技术"有关。持续保持充分耐风雪和同一性这种物理的耐久性的同时，特别是在每天流动的生活时间中创造能够成为精神支柱的场所，通过这种庇护的感觉建立起与人类灵魂的沟通，这样的精神性作用藏在前川国男建筑思想的深处，是其大书特书"技术"的理由。

"人生短暂，因此至少要在建筑上追求永久性。不认为自己是短暂的人就会将建筑作为暂时的东西"——认为只有在不断变化的形态的新奇感中才存在价值，损坏了再建，持续给人以这是新建筑文明的发展的错觉，是面向日本现代社会开展的建筑走向静止的信号。

就这样，交织着对现代建筑的绝望感，前川国男这一原型性质的空间一下子出现在人们面前的是晚年设计的墙代替梁柱成为构成主角的建筑群。其形态具有恬静的、独特的人的趣味，对接受者来说，被设定为感到舒服、恢复自我的场所。追求"人性的场所"，向人们呼吁生存的自由，使人感受到

通过建筑开始提示其解放的感觉。为了享受自然景观和光线，"建筑的散步"由"L"形的墙组成。每时每刻都有新发现之旅的"散步"，如同西欧的建筑那样，是一个戏剧性的空间展开的起承转合作为骨架位于中央，不是以它为轴拓展均质空间，而是带有各种各样细微差别、引起兴趣的场所"舒服"地集合连接在一起。

倾听由民族培育出的人的普遍的声音，作为向外扩展的"大地的空间"的一部分组织"人性的场所"这样的志向，使人想起日本传统的空间构成。从"埼玉县立博物馆"（1971）直到"科隆东洋美术馆"、"熊本县立博物馆"（1977），一连串的作品是日本现代建筑不朽的成果。

（富永让）

■参考文献
·『前川国男作品集—建築の方法Ⅰ·Ⅱ』前川國男作品集刊行会企画·宮内嘉久編、美術出版社、1990
·宮内嘉久編『一建築家の信条　前川国男』晶文社、1981
·『建築家　前川国男の仕事』生誕100年·前川國男建築展実行委員会監修、美術出版社、2006

# 让·尼古拉·路易·迪朗 Jean-Nicolas-Louis Durand (1760~1834)

迪朗在新开设的巴黎皇家工艺学院里长期讲授建筑学课程，将这门课程的内容集成《建筑学课程概要》（Précis des leçons d'architecture），于1802~1805年间以两卷本公开出版。这本书虽然重复出版，但这里使用以1819年版第1卷为基础的迪朗激进的建筑理论。在绪论的一开头，迪朗给了建筑如下的定义：

> 建筑是构成、实施遍及所有公、私建筑物的技术。在所有技术中，建筑产品是最耗费钱财的技术。……建造公有建筑物的话，无论是多么睿智的构思也是费用极大的（原书第3页）。

开始，有用composer（构成、装配）和exécuter（付诸实施、施工）限定的定义，接着指明了它的经济性问题。仅在这一点上，迪朗的独特性也是显著的，但这里引用了明确否定维特鲁威原则的同书第30~31页上的研究，试图指明迪朗的新的独特性。

经过文艺复兴时期，所谓的古典主义建筑理论是以比维特鲁威的六原则更明朗的三原则：坚固（firmitas）、适用（utilitas）、美观（venustas）为中心继承下来的。布隆代尔是那样，卡特勒梅尔·德·昆西是那样，然而，迪朗是从正面否定这三项原则的，即：

> 不管什么样的建筑学课程，都是分成装饰（décoration）、布局（distribution）、建造（construction）这样三个明确的部分来讲述的。只是看一眼就可以看出这种划分似乎简洁、自然、很合适……但是，通过装饰、布局、建造这样的语言表现的三个观念中，与所有建筑物相符合的东西只有一个。……假

如装饰这个词一般情况下被观念所联系的话，那么，大多数建筑物没有容纳这个观念的余地。通过布局，构成居住建筑的各个部分，依据我国现实的习惯用法，没有所谓布局技术之外的理解。……建造，表现用于建筑上的各种工艺技术的整体，所以是最普遍的给予符合所有建筑物的惟一的观念。

就像这段引用所表明的一样，迪朗认为，只有建造符合一般建造物的观念，装饰是不用说的，连布局也被他打发了。这是作为激进分子的迪朗面目真实可信的地方。然而，我想，迪朗就事而论的这一面也只不过是在不被强调的建造上不断讨论建筑罢了。

但是，建筑不单单只是施工的技术，是遍及公私所有建筑物的技术，另外，为了在开始推敲能实施什么样的建筑物，建造这个观念必须与另一个一般的概念相结合。……这个一般的概念从装饰、布局、建造这个划分上不能给予，所以这个划分的结果是不完全的。

维特鲁威流派的三原则不能给予的所谓另一个一般的概念（idée générale）是什么呢？是经济（économie）。这个词被翻译成"构成、经济性"，是因为它具有经济的两面性。就如同在迪朗的语言上所能看到的，这种情况下的经济，需要的是抽象性或者构思的手段这样一种观念性。在《建筑学课程概要》的开头，迪朗突然说到了经济性的观点，但是这种表面的背后这个具有"构成"的经济，另一种情况是不要视而不见明显存在的东西。因此，简单地贬低迪朗属于强调建筑的就事而论的理论家，是搞错了论点。重视建造，否定维特鲁威流派三原则的迪朗

必须向极力主张的经济这一概念前进。

就这样，在迪朗这里，建造与经济作为建筑的普遍概念被提了出来，但是，迪朗在《建筑学课程概要》的绪论里，列举了经济和便利（convenance），作为用于建筑的普通方法。

发现建筑的目的这件事大概没什么困难。建筑在公、私的实用性和个人与家庭、社会的存在与幸福之外，任何目的也没有，这一点是明确的。为了达到意义深远高贵这个目的而运用于建筑的方法，大概也还不是认识却发觉困难的那种东西。……不管人在一个人建造自己的住所的时候，还是作为社会的一员建造公共建筑物的时候，都是要尝试以下两点的：从自己建造的建筑物中提取出最大的有利点，通过它以最适合于建筑物用途的方法创造出建筑。第二，开头尽可能舒适，后来当金钱与劳动等价时，尽可能地以低廉的做法建造建筑物（原书第6页）。

因此，适用性和经济这两者成为建筑上使用的当然的方法，这些还是建筑汲取出自己原则的源泉，而且，是在这个建筑技艺的学习与使用的两方面指导我们的不可代替的东西。接下来，迪朗列举了坚固性、卫生、便利性，作为与适用性相关的一般原则，列举了对称性、规则性、单纯性，作为与经济相关的一般原则。这恰恰是适用性（但包含表示强度的坚固性）在维特鲁威三原则的运用上、经济在美观上各自对应的东西。这样的话，虽然迪朗否定维特鲁威流派的三原则，但是否定的是装饰、布局、建造这三者各自对应的表现和内容，而维特鲁威的坚固、适用、美观三原则是被肯定的。要点当然是装饰和布局这些用语，或者对原本狭义的内容有不满。作为具有更合适的用语或者意义内容的概念，推导出适用性和经济，即如下可能的对应关系：

维特鲁威
firmitas，utilitas，venustas
J·F·布隆代尔
construction，distribution，décoration
迪朗
construction，convenance，économie
这一点从以下迪朗自己的文章中也被清晰地确认。

建筑上的经济与一般的思考不同，它不是美观的障碍物，正相反，是美观最丰富的源泉（原书第21页）。

经济虽然还没被说成是美的东西，但是，难道不是已经清晰地反映出的确因有断定美的最丰富源泉的那种状态，具有经济概念而否定维特鲁威三原则的古典主义解释和其定式，回归维特鲁威这一原点重新理解建筑的迪朗的革新性了吗？　　　（白井秀和）

■参考文献
· S. Villari : J.N.L.Durand — Art and Science of Architecture, Rizzoli, 1990

# 塞巴斯蒂亚诺·塞利奥 Sebastiano Serlio (1475～1554?)

在建筑史上，文艺复兴时期涌现出了许多建筑师，包括手法主义后期的15～17世纪的中间，仅意大利就能列举出超过50个著名建筑师。这大概也是包含其他艺术家在内的瓦萨里的《艺术家列传》成就的原因吧。文艺复兴时期最早的建筑师伯鲁乃列斯基将在罗马的古代建筑的调查研究成果转化到了佛罗伦萨的圣·玛利亚·德尔·菲奥雷的穹顶建设上。他是个实践者。被称为古典主义建筑完成者的伯拉孟特大概也可以这样来形容。另一方面，一边写建筑（理论）书籍，一边从事实践的建筑师也存在，但以建筑书籍的记述、出版作为工作中心的则是塞利奥。这个时代，如同没有写完最早的建筑书籍的阿尔伯蒂一样，虽然专门作维特鲁威原则的解释，但他的书的内容没有停留于此，而是涉及到很多方面。在塞利奥这里，有法国的枫丹白露宫、安西-勒-弗朗府邸等宫殿的一部分作品，有关于在威尼斯工作的一些记录。另外，也能看到他的建筑书直接影响他的作品，他是以写作建筑书籍为工作中心的建筑师。

他的书全部为9卷。首先是1537年在威尼斯出版的《建筑第四书》（以下省略"建筑"字样）。这是"罗马劫掠"的十年之后，当时，许多建筑师离开罗马逃往威尼斯共和国，塞利奥也移居到那里，在那里找到了出版的资助者。首次出版的主题由"关于建筑的一般柱式与五个建筑的手法，即有关托斯卡纳、多立克、爱奥尼、科林斯、组合柱式，大部分和古代的条例一起，遵从维特鲁威的原则"组成，后来被多次再版，两年后出版了法语的译本，考虑到当时的出版状况，这是个令人惊叹的传播速度。就像从题目能想象到的那样，其内容以五种柱式的各个部分的设计方法和遵从各种柱式的教堂和宫殿的外观构成实例为主，也包含有附属于它的暖炉、天花装修、门扇等的设计图。这里应该关注的是，这本书的建筑柱式的图与欧洲建筑史上的第一次同步。在一页上并列了包括从柱脚到檐口的五个柱式的图，其意义一目了然，即排列柱式的序列化。如果考虑到那之前的建筑书籍以文章为中心，有时完全没有图这种状况的话，以图为主，以说明文字为辅的建筑书籍的出现就是个划时代的事情。也就是建筑（理论）书籍向建筑图集这一模式的变化，这种形式给予其后的建筑书籍的影响很大。进一步来说，塞利奥没有使用早期文艺复兴建筑书籍采用的拉丁语，而是用通俗的意大利语来解释建筑。就像在《第四书》的序言中写到的"以不仅优秀的知识分子，就连稍微对艺术持有关心的普通人也能理解的那样总结了建筑的规范"，被认为具有比维特鲁威的原则更浅显易懂的解释、传达的意图。

《第三书》的第一版和《第四书》的合并本于1540年出版，内容有意在维特鲁威的《建筑十书》描写的古罗马的黄金时期，用图面介绍以这个时代为中心的遗迹，进一步就建筑部分的尺寸解说与维特鲁威的柱式比例的比较。特别是选用了万神庙、马尔切卢斯剧场、大斗兽场，发现了其尺寸与维特鲁威文本之间的差异并尝试调整它。被选用的遗迹所在地不止在罗马、意大利各地，也波及埃及、达尔马提亚等地。虽然实际上也有人质疑他是否拜访过这些地方，但看得出来要达到尽其所知的意图。另外，也列举了他的老师——公开说这本书的内容"要承载很多"的佩鲁齐的成果，称其为"技术、理论、实践上均优秀的建筑师"；关于伯拉孟特，介绍了望景楼的楼梯、圣彼得大教堂的工作和坦比哀多，称赞其为"古代古典建筑的复兴者"、"这个时代的希望"。除此之外，也谈论到了同时代的建筑师拉斐尔、朱利奥

·罗马诺、乔拉摩·简加、朱利亚诺·达·马依亚诺等人的作品，结果，其内容成为了古代遗迹和当时的意大利建筑传播到国外的信息源。

《第三书》出版后，他被法兰克王弗朗索瓦一世招聘。在那里，他将解释比例和几何学定理的实用性的《第一书》和关于透视图的《第二书》以合订本的形式，于1545年在巴黎出版（法语、意大利语并用），特别是在《第一书》最后一页的正面登载的为确定入口使用的正方形图形的几何学图示，显示了为确定建筑物（特别是教堂和宫殿）的整个正立面使用图示的可能性，意义深远。他的立面构成，以柱径为单位来决定整体的尺度，在当时，这种几何学图示是能够实际应用的（参见图）。另外，在《第二书》的最后说明的为喜剧、悲剧、讽刺剧使用的舞台背景图，后来在欧洲的剧场被较多地使用到。

随后，在法国，他用法语、意大利语写作，出版了可以说是12种教堂图集的《第五书》（1547年），在里昂出版了名为"特别之书"的《另卷》（1551年）。后者是30种大石块堆积的入口和20种被称为法国味道的"更优雅的作品"的入口、构造的设计图集。那之后，在塞利奥死后的1575年出版了题为"关于建筑师需直面的各种问题"的《第七书》。以"从农民的小屋到贵族公馆的住宅建筑"为题目的《第六书》，手稿的影印版虽然是近些年才出版的，但谈及到农民小住宅这件事更加引人注意也是没错的。以"关于波利庇乌斯的兵法"为题目，也可以说是关于军事建筑的《第八书》也是近年出版的影印本。

以上，我们了解了以《第四书》、《第三书》为中心的塞利奥的建筑理论的梗概，但是，其条理是：首先从几何学、透视图等建筑师应当知道的基本内容开始，扩展到维特

鲁威的原则和应用它的外观设计、用地、修缮等各种实际问题、住宅的问题、军事建筑。移居威尼斯后，着手面向运河的用地上的宫殿立面设计的实际问题，还有，在法国吸收大坡度屋顶和法国味道等以柔性应对，同时诞生出了塞利奥独特的设计，通过在建筑书籍出版上具有使命感的坚持、持续寻求出版的赞助者的热情，向贵族王侯、当权者、没有受过教育的工匠等"普通的人们"宣传建筑。他可能是将文艺复兴大国意大利的建筑及上溯到希腊、罗马的建筑知识图形化并使其传遍欧洲各国的最早的建筑师。

（石川康介）

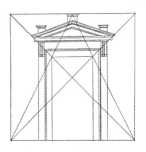

门（入口）的确定方法

■参考文献
· 『TUTTE L'OPERE D'ARCHITETTURA ET PROSPETIVA DI SEBASTIANO SERLIO』Gregg Press1964（セルリオの本の復刻版）
· Vaughan Hart & Peter Hicks『Sebastiano SERLIO』Yale Univ. Press 1996

# 森田庆一 Morita Keiichi (1895~1983)

森田庆一（1895～1983）是现代日本建筑师，也曾是建筑学者。

作为建筑师，初出茅庐是在从东京帝国大学建筑学科毕业的大正九年（1920），与石本喜久治、堀口捨己、山田守等5个同年级同学组建分离派建筑小组后举行作品展，出版收录其作品和论文的作品集，开展热火朝天的活动。《作品集1》（1920，岩波书店）的开头刊登着分离派的宣言："让我们站起来，从过去的建筑圈里分离，为了创造使所有的建筑都有真正意义的新的建筑界"，开始表现出新鲜强烈的感觉，这个分离派建筑小组的出现作为日本建筑运动的滥觞深深地刻印在了历史上。

不过，森田庆一作为同一年新成立的京都帝国大学建筑学科的副教授，于1922年前往赴任。

从那以后他也因为走了学者的道路，所以实现的作品并不是那么多。如果看一看其代表作的话，早期的作品中，京都大学农学部正门（1924）和京都大学乐友会馆（1925）展示的是分离派的表现主义或者清新的浪漫主义的倾向，与此相对照，后期的基础物理学研究所、汤川纪念馆（1952）和十六银行热田分店（1957），京都国立博物馆馆藏库、办公室、新陈列馆（1957、1963、1975）等，转而向以A·佩雷为样板的那种古典主义风格展开，但贯穿它们的是被很好地控制的高格调、充满典雅气息的造型，这些是值得我们注意的。

尤其是在后期的作品群中，可以看出在有意识地回避切入时代的那种先进性和由心情带来的个性表现，即似乎是在一味追求具有古典秩序的端庄感。这正确地印证了森田庆一自己在辞官纪念讲演上追述往事时所说的话："在日本的建筑或者建筑师中，对于古典主义的理解不能不让人感到非常的不够……但是，日本的建筑为了保持与世界建筑为伍的一个大的幅度，是不是仍然有必要让我们对我们的空白之处再给予一些关注呢。"必须要了解这是建筑师森田庆一在探索"建筑"的道路上，特别是从赴欧洲时的经验中得到的启示，并逐渐达到清晰的悟性境地，按照这些全身心地实践。

另一方面，作为学者，可以说森田庆一是日本建筑理论的创始者、形成者，即从始至终致力于作为知识体系的建筑理论的构建。

森田庆一首先立志于研究著名的现存最古老的建筑著作——在当时的日本还几乎不被人们知晓的古罗马建筑师维特鲁威所著的《建筑十书》，在1934年完成了论文《维特鲁威的建筑理论研究》，获得工学博士学位。这里说的"建筑理论研究"大概可称为日本最早的作为知识的"建筑理论"论文，其内容虽是在拉丁文原作上回归的解释学探索，但能够看出研究水平的高度及具有的高超意图。

另外，也可以称为是论文副产品的同一本书最初的全书日译于1930～1931年进行，1943年出版，1959年增加了修正的新译本又以与原著对照的形式出版（东海大学古典丛书，只有日译的普及本于1979年出版）。在确立建筑理论作为知识之际，大概也表明了认定其基础为这本书的严谨解释的强烈意思。还有，与这些相关联的主要的旧书稿以及追溯到古希腊的古典思想上的关于建筑理论问题的后期研究，被摘编收录在彰国社的建筑文库《森田庆一评论集1-4》（1957）中。

森田庆一是如此潜心地钻研希腊、罗马的古典建筑理论，另一方面，他也很早就对在现代仍追求这种古典精神的法兰西诗人、思想家保罗·瓦莱利的著作有亲切感因而接触。就像留下的第二次世界大战前后埋头仔细阅读的逸闻，或者在自己的回顾中所表达的，尤其是将建筑和其创造者、建筑师作为主题的对话形式的文学作品《尤帕里诺斯亦是建筑师》(1921)"给予建筑的创作者（森田庆一）的思考以极大启发，是使作者思考建筑的导火线"。

虽然有法文学者翻译的版本，但他仍将自己的日译本于 1958 年以私人版本出版，且后来出版《建筑理论》这本著作时特意再次登载其修订版，从这一点上可以体会其对这方面深深痴迷的程度。森田庆一虽没有明说，但也许是认为以往的日译本对于建筑的理解不充分，甚至抱有基本的怀疑。例如瓦莱利的一首诗"CANTIQUE DES COLONNES"，与多数被翻译成"群柱颂"相反，森田庆一准确地翻译成"柱列之歌"。

但是，森田庆一的关心不是停留在这种通过古今的文献来展开和深化建筑理论的考察研究上，也有基于历史上的日本建筑和战前在东南亚出差的见闻、调查，对原始民俗建筑的关注，其中也应特别提到关于西洋建筑史的总括性著述的完成。作为福井大学的非专职教师，在讲义草稿的基础上汇编而成的《西方建筑史概论》（彰国社，1962），还是一本教科书色彩很浓的著作，尽管如此，作为由个人完成的真正的西方建筑的通史，它获得了恐怕是本国最早著作的荣誉。大约十年之后，"以其为母体加以增减补充后新产生"的《西方建筑入门》（东海大学出版会，1971）才真正达到了这一点。

这之后，从世界范围来看，出现了 C·诺伯格-舒尔茨的《西方建筑的意义》[由意大利语原版（1974）、英语第 2 版（1980）翻译成日语的《西方建筑：空间与意义的历史》出版于 1998 年，书友社]和 D·沃特金的 "A History of Western Architecture" (1986) 这样由更年轻一代撰写的著作，进入新的阶段已经成为事实。但是，在始终贯穿于建筑、作品本身这一点上，是不是还没有看到能胜过它的书呢？

这就是森田庆一的后来者对其伟大业绩的评价，即：第一，那里涉及了从古希腊到现代的西方建筑的全部历史，其内容不是像同类书那样简单地探索风格史的变迁，而是整体的，作为地中海的、拉丁文化或古典精神，与北方的、日耳曼文化或浪漫思潮之间的二元对立和往来交错过程，从全局的角度加以注视，鲜明地加以叙述；第二，始终将建筑作为人类的作品来理解，而且想"聚焦于一般性关心的最强烈的造型领域，纵观其发展状态"。

在这一点上，虽然他谦逊地说"以作为一般文化的书在更广泛的层面上来阅读为目标"，但内容大概怎么也不到如此。建筑界之外对于西方文化具有更深造诣的人当然能够料想得到，另一方面，也是因为在建筑界内大都着眼于自己的建筑，如此严肃地追问的场面好像也没有。

但是，森田庆一为这个漫长的历史流派和各个时代中能够看到的建筑的各种表现选择了恰当的建筑作品，对于它们，尖锐地给出适当的历史的、造型上的评价，分出重点地给予了出色的描绘。例如对于作品："帕提农的柱式显示出最高程度的洗练形态和技术。柱身的收分线和柱头的圆线脚简洁到完全不允许作极细致的变动。"还有"这个教堂（巴黎圣母院）的正面构图显示了一种适度的坚固的协调。……在哥特的自由表现上建立了拉丁的适度。"或者"就像米开朗琪罗给圣彼得教堂总的定位为文艺复兴那样，不能说阿尔杜安·芒萨尔在这里（因瓦尔得斯教堂）将文艺复兴作为法国的东西固定下来吗？"还有关于建筑师的评语，如"事实上波罗米尼是巴洛克造型的丰艳、夸张、技巧性、空想性的旗手"，"通过他所有的作品，（奥古斯都）佩雷顽强地抵抗着虚假煽情的现代性……而且在信任古典形式无限的灵活性、变化的可能性之上，难以想象地创造出了清新爽快的建筑空间"，"西方思潮的两大潮流——古典的和浪漫的，在勒·柯布西耶这里如此经常地交融，在后期的作品上体现着愉快的融合"等。

在他自己最敬佩的建筑师和建筑作品中，可以说重合着如尤帕里诺斯似的理想的建筑师形象，同时还透视出"讴歌建筑"，从今天的实际知识来看，也有没能指出在法国的罗马风建筑中缺少谈及勒·托伦内特修道院这一遗漏。但总之，在这里，可以说实现了简洁而又的确宏伟的建筑史论的圣卷。

战后的森田庆一，同时进行着进一步拓展建筑理论的研究，深入地进行考察。在这个过程里，发表了"瓦莱利的建筑理论"（《日本建筑学会论文集》第 38 号，1949）、"日本建筑的一种状态"（《建筑与社会》1955-07）、"关于各种空间"（《建筑杂志》1958-04）等对日本建筑理论学识体系的形成具有重要里程碑作用的论文。为表彰这些功绩，1974 年，他获得了日本建筑学会的大奖。

然而，森田庆一的脚步并没有停留在这些上面，在他的晚年，根据现有成果进一步将内容更加细致地加以锤炼，出版了他的主要著作《建筑理论》（东海大学出版会，1978）。这本书是由"建筑理论概论"、"建筑理论的特殊问题"以及"西方建筑思潮史"这三篇关于建筑理论的论著及前述的一篇译文"尤帕里诺斯"组成的。可以看出这里是以被视为主要论点的第一篇论著为中心的。

在"建筑理论概论"中，首先，在其绪论中规定了作为目标的"建筑理论"，即"尽可能全面地理解建筑这个东西，作认清

其本质的理论体系上的探讨"，于是，有了如下的"建筑理论的目的"：

作为建筑理论对象的建筑……是有着最古老起源的人类作品，而且是最复杂、完整的人类作品。这么说是因为……建筑的目标关系到人生存、生活的所有方面，与人紧密相关，非常复杂。因此，"建筑"这个造物行动面对着多方面的目的，其结果是产生出一个名为建筑的作品。为了达到这样一个最终的结果，当然需要整理多个系列的目的，完整地把握建筑的理智欲求。建筑理论就是应对这种欲求的东西。

但与此同时，对于建筑师来说，关于直接作用方面，他严肃地告诫"建筑理论表达的是在创作过程中让建筑师反省的道理……给予建筑师什么规范性知识不是本意，而且不是给予对实际技能有作用的知识"，即"建筑理论"对于思考"建筑"的人来说，对于创作它的人来说，始终是想要"完整地理解建筑"的理性欲求，为了它的"理论的、系统的研究"。

这里的关键词很清楚，就是被称为"完整地"的"完整"，恐怕这是森田庆一面对建筑的态度的来源，也可看作应有的状态。而且，在瓦莱利的尤帕里诺斯中两次出现的法语"le Tout"（英语译为 the All），不是以通常的"全体、所有、万物"等来翻译的，而是以"完整"这个固有名词来强调，这个略显听不惯的"完整"是非常恰当的，不应怀疑其来源。或许对于瓦莱利自己来说，是常常深思熟虑的重要概念，也许是一个暗自的回答。

那么，这样说来的建筑理论的"理论体系到底应怎样构建为好"呢？

关于这些，森田庆一说："从通常所说的建筑的现实状态、目前建筑的各种形态、

建筑现实存在的状态即实存（existence）的状态分析并接近它。"也可以说，它因循于始终存在的建筑形态的现象论立场。在这里，森田庆一基于反省认为："简而言之，建筑一般以四种形态，即物理的、事物的、现象的、先验的形态存在于现实之中。"对于这四种形态的性质，观察到"物体性或耐久性、功利性及功用性、艺术性、先验性"，而且，作为它们的价值，导出了"坚固、实用、美观、神圣"这四点。不用说，值得注意的是这四个价值的前三点与维特鲁威所说的建筑三要素或三原则相吻合。

在此基础上，建筑理论下面的课题，是探索这四个"存在状态的范围里关于建筑的本质有什么样的问题"，提出关于各自应该考虑的重要事项并详细讨论，而且也严谨地探讨了由这四种状态的相关性派生出来的各种问题。

在"建筑理论的特殊问题"中，对于第一篇余下的问题，将风格、法则和自由以及建筑造型中表现的各种状态，以纪念性、古典的、浪漫的和日本式的表现依次加以适当地论述。在此之上加入了表现各个时代的建筑理论、建筑观的"历史的环顾"的第三篇研究"西方建筑思潮史"，这个总括是森田庆一最终提出的建筑理论的学识体系，构成了完整的建筑理论构想及使其升华的架构。

如果以今天的眼光来看，什么是古典的理论？也许能被认为是过分健全、冗长的讨论。但是在这里，根本没有借用和转用建筑之外已有的方法论，同时，胜过这个"方案"的成体系的建筑理论的尝试还是哪里都没有过，这一点大概无论怎么强调也不为过吧。当然，着眼于世界范围，构筑正统的、真正的建筑理论框架，应该说是其虔诚地面对"建筑"的毕生大业，森田庆一正是遵循这种生活方式的建筑师、建筑学者。

（林一马）

■参考文献
· 京都大学建築論研究グループ編『森田慶一退官記念講演·著作作品目録』1984（私家版）
· 加藤邦男「建築家·森田慶一／日本における近代建築の自覚のはじまり」『SD』1987-7

相对于现代之前将已经徒具形式的风格作为主要关心的事情，现代则将建筑作为空间来理解，特别是将其均质性、流动性、时间性等作为问题，这一点被认为与场所性的排除大体上是同义的。《雅典宪章》的功能城市理论建立在现代的空间概念的基础之上，因此，正是那个功能不健全正日益明显的 20 世纪 50 年代，为了克服它，开始恢复关于场所具体特征的思考。十次小组作为 CIAM 的"正当的"继承人，"继续"着通过居住者的相互关系和与形成其关系的环境的相互作用就能得到具体化的人类城市更新的讨论。

紧跟着作为开端的 CIAM 第 8 次会议，1953 年，在埃克斯·昂·普罗旺斯的第 9 次会议上，新一代建筑师一齐登场亮相，包括后来承担十次小组中心性活动的雅各布·巴克马、阿尔多·凡·艾克、乔治·坎迪利斯、史密森夫妇、桑德拉齐·伍兹等。他们确信，他们自身有着同样的认识。在筹备阶段，老一代的退出已经是明摆着的事了，所以，以坎迪利斯为中心，讨论了替代《雅典宪章》的《居住宪章》的必要性。虽然难以持有共同认识的"居住"（habitat）这个概念的严格定义，但是能协调地带来居住者精神的、物理的满足的环境关系得到了一致认同，《居住宪章》成为了会议主题。

在各种各样的方案中，史密森夫妇的"城市里的再度同一化"引人注目。夫妇二人大量展示了由好朋友——摄影家内吉尔·亨德森拍摄的伦敦、贝斯诺·格林的街道景观。人们在自己的家里容易获得同一性，但在城市中是困难的，这就是现代的问题。从亨德森摄影作品显示的夫妇二人自身体验到的伦敦东部的街道状态中提取出联系性（association）和同一性（identity）的概念，指出

街道取代广场成为城市的重要要素。

"金巷住宅区规划"是 16 层的高层住宅，2 层以上每隔 3 层设置空中道路，从那里通往住户。通过"门阶"（door steps）进入的内部，包含具有庭院这个层状构成的住户，是与伦敦传统的联排住宅相同的空间形式，即连同"如同被发现的"（as found）街道这种联系性的中心一起，举到空中作高密度化的尝试，是连同延伸的街道一起有成长可能的立体街区、立体城市的规划，并非基于《雅典宪章》中所展示的居住、工作、休憩、交通这些功能，而是由居住、街道、区域、城市这个现象学的层级构成的城市方案。但是，虽然街道因两侧住宅并列而获得了内部性，但是在这里一侧被解放，在超过树木高度的 7 层以上，与土地的关系完全被破坏掉了。还没有出现对此的批判，其街道与大地被切断，在空中也没有被展开。《居住宪章》与《雅典宪章》一样，将现代的城市理论作为经过未来使其发展的指标来计划，但连其概要都不是发明的。

为 CIAM 第 10 次会议做最初准备的会议于 1954 年在杜恩举行。在这里，英国和荷兰的年轻团体成为了核心，汇总面向新的《居住宪章》的"关于居住的声明"，给予了《雅典宪章》对于 19 世纪城市问题的有效方法以历史的地位，在此之上是探讨 20 世纪的方法。被称为"杜恩宣言"的这个声明是在十次小组被认可之前的 7 个月前撰写的，但成为了小组惟一的基本文件。宣言由作为社区要素的住宅，住宅的相互关系，特定社区中的"居住"，作为社区四个尺度的独立住宅、村落、街道和城市，盖迪斯的"波谷断面"图解的地位，社区内部交通的便利性，建筑的解决等 8 个部分组成。将社区与其尺度作为问题，与 1956 年在杜夫罗夫尼

克召开的第 10 次会议联系起来。

第 10 次会议以《居住宪章》的推出和 CIAM 的重组作为课题,以不同年代的代表们分别开会的方式来进行。以十次小组为中心的一代,以"关系性"(relationships)和"共同性"(scale of association)为基础,提出了具体思考的概念——"簇状"(cluster)、"流动性"(mobility)、"生长与变化"(growth and change)和"居住"。"簇状"是自由且组织化的有机发展模式,意在纵览城市另外一种划分功能的方法和他们自己的居住、街道、区域、城市,是独立住宅、村庄、街市、城市这种集合要素的解体;"流动性"是探索作为象征的汽车与已经实现的城市关系中可能的建筑;"生长与变化"是在组织对应于快速扩张的城市变化的结构中,加强基础设施,其他则作为选择可能的系统;"居住"是综合了它们,作为具体计划的展示。于是,关于 CIAM 的重组,以 CIAM 评议会与其执行部 CIRPAC 决定在同年年末辞职而落下了大幕。

1959 年的奥特洛会议是以 CIAM 的名义召开的。在这里,依据历史和地域这个已存在意义的方法与希望面向新建筑的纯粹的形态方法相对立,战后社会的多元性再度被确认。在这之上,再次宣告了 CIAM 的灭亡。与此同时,十次小组成立,而且也代表了确立起了后来展开的各种各样理论基础的这个多产期的结束。与 CIAM 断绝关系是十次小组最早的精彩片段。经过这之后的 1961 年的巴黎和伦敦集会,"十次小组的目标"以《十次小组的思想》的序言形式发表。"十次小组是现代的乌托邦,其目标不是追随理论而是创建理论,为什么?因为只有通过创建这一点,才使今天的乌托邦具体化。"

战后的城市复兴、福利国家的建设、向消费社会的迈进,相对于正在变化的社会状况,建筑和城市应如何应对?获得个人以及集体的同一性这件事是课题,把握地域特色,将它在设计中综合起来的方法是讨论的中心。注重文脉就是重视建筑的历史性、社会性,与现代建筑的前提的批评性重新定义相关联,具体的是尝试从普遍的解向地域固有的解、从技术合理主义的城市规划向通过社会与文化展望的转变。每一个具体的设计实践都是重要的,让它们在位于现代建筑传统中心的人类环境的进步和改善这个理想主义的框架中进行即是主题。

十次小组没有统一的理论,也没有流派。成员不断更替,被维持的是中心组织的名称,说起来具有多元的性质。十次小组可以说是惟一一个将作品挂在墙上,被不姑息迁就的朋友们分析与激烈批评的团体,其团体本身就是团体的成就。然而,1981 年,由于巴克马的去世,活动减少,同年秋天原定在里斯本召开的会议最终没能召开。

(市原出)

■参考文献
· アリソン・スミッソン編『チーム 10 の思想』寺田秀夫訳、彰国社、1970
· Risselada, M. and Heuvel, D.v.d.(eds), Team 10 1953-1981-In Search of the Utopia-, NAj Publishers, 2005

# 手法主义 Manierism

这是从意大利语 Maniera——手法、式样派生出来的词,是 16 世纪在欧洲起支配作用的艺术形式。其时期一般相当于从拉斐尔死后(1520)到走向巴洛克的过渡期,其方法通过使用与原本的意义和文脉有意识地对立的主题而产生。在绘画上,通过不安定的富有跳跃感的构图、被拉长了的身体、明暗的鲜明对比和强烈的色调等,尤其是巧妙地运用心理的要素来尝试艺术性表现,反映了反对宗教改革的紧张和充满热情的时代背景,超越了文艺复兴古典性格的风格,作为现象是世界秩序的瓦解。在概念上,也能够适用于 16 世纪的法国、西班牙的建筑(丢勒的作品和埃斯克里亚尔宫),但北方各国家在多大程度上能够适用是个疑问。

在意大利,这个时代空间概念有了很大的变化,虽然还保持着一般的空间连续性观念,但通过加入原本完整的部分来形成整体这一方法,运用对比的要素和动态要素,使空间得以构成。在那里,不同质的相互作用的场所和领域在空间的扩展中被构筑,即空间作为直接的表现手段,在视觉、触觉上构成,成为情感的体验对象。

就这样,表达了想要连续地把握具体的现实环境的意志。城市自身也作为动态的系统加以处理,通过连接设置了方尖碑或喷水池的广场节点的道路轴线形成相互连接。西克斯图斯五世之后,通过历代教皇,改变了罗马的面貌。

城市内的建筑,特别是在近郊的别墅和宫殿,追求城市区域和自然区域的连续性,将人们从别墅的室内导向由人工花坛装饰的庭园、篱笆和其他人工植入的灌木丛(bosco)以及开放的自然的野生林(selvatico)。在那里,设定了展示出居住和景观之间连续性的轴线,产生了模糊扩展的新的思

考方法,显示了巴洛克无限的空间概念的萌芽。在文艺复兴的规则中,静态的自然这一观念被不规则的动态的观念所取代,庭园被设计成幻想的、魔法的、迷人的场所。另外,即便在教堂建筑上也丧失了中心性,二元论的椭圆形平面还是被维尼奥拉所使用。

伯拉孟特以维特鲁威的说法为基础,取得了功能性和装饰性的平衡,可以说这个时代初次超过了古代。但是,米开朗琪罗进行了打破这个平衡状态的风格转变。他在佛罗伦萨的圣·洛伦佐教堂的美狄奇家族礼拜堂(1520 年左右)、劳仑齐阿纳图书馆的前厅(1524 年动工)中打破了这个平衡,他无视圆柱、壁龛、牛腿等原本的结构功能,将其作为赋予空间明暗的造型要素来使用,特别是后者,连续的壁柱和白色墙面的对比、去往图书室的能使人联想起连续流淌的瀑布的大楼梯构图,它们精彩地表现了从静态的图书室到未最终完成的小图书室的连续空间的流动性和场所性。

就这样,手法主义的建筑在强调明暗和装饰性分段的同时,在配合灰泥粉饰和变化多样、与众不同的装饰,使所有细部均极其洗练、优雅、惊叹这个"手法主义"上看出它的意义,它们比功能性、实用性以及内容更优先。它是基于人文主义赞颂的人的尊严性对于自由选择的信赖的瓦解,作为存在于神和自然之间的两重性的人在怀疑、纠纷和悲剧上创造性发现的形式。

另一方面,也有将手法主义看做是连续性的时代潮流,即萌芽期、生长期、成熟期、灿烂期、衰退期这种时代过程中的灿烂期的看法。根据这种看法,作为文艺复兴反题的手法主义,或者相对于现代主义的后现代主义这一设定,也是可能的。

如热内·豪克所说,如果手法主义概念

作为"主观的"、反古典的上位概念提出的话，作为相对于"古典"的"一个欧洲的常数"来表现，显示它的是下面这 5 个欧洲的手法主义时代：亚历山大时期（公元前350～150）、罗马（银色拉丁）时期（14～138）、手法主义时期（1520～1650）、罗马派时期（1800～1830）、现代时期（1880～1950）。于是，"如果引用具有人性的特定表现形态的话，手法主义标志着对于世界上某个'问题性的'关联，从多种心理学的、社会学的根据可解释与'问题性的人类'相适应的表现形态，应该成为一个恰当的手段。'手法主义'成为对于某种特定的人的类型的、历史上所有种类的现实的特殊态度的象征。"他还说："手法主义是某种特殊的，但在哪儿都别扭的方法，就像古典风格以其特有的方式存在那样，是走向绝对的媒体、使'存在''明确'的手段。古典风格将神秘的'被隐藏的事物'在悟性的、只是'被升华'的自然中描绘，但手法主义是将'被隐藏的事物'在'寓意的''观念'中，在'被变形'的自然中发挥力量，和存在论的、存在的人本身相关联。"古典主义者在其本质中描绘出神，手法主义者在其存在中描绘出神，古典式样的危险是僵化，手法主义的危险是瓦解。

我们可以一般性地列举出手法主义与古典主义相关联的众多对立项，它们是：古典主义和手法主义＝结构—形象、男性的—女性的、理性—秘密、观念—自然、自然的—技巧的、坚不可摧—支离破碎、升华—暴露、平衡—不安定、整体性—分裂、综合—分解、僵化—解体、性格—个性、灵魂—精神、形态—歪曲、庄严—自由、秩序—对抗、圆—椭圆、习惯—人工性、神学—魔术、教程学—玄学、公开—隐藏等。

在这样的图式下来看，可以说"如果要古典风格不僵化的话，手法主义的'磁力发动机的力量'是必要的，为了手法主义不解体，对古典主义的'抵抗'是必要的，没有手法主义的古典主义堕落为伪古典主义，没有古典风格的手法主义则陷入好奇性"。

柯林·罗指出，即便在现代建筑中也潜藏着手法主义的要素，在文丘里的《建筑的复杂性和矛盾性》之后的后现代主义中，流行以矶崎新等为代表的那种手法主义的建筑，虽然与此相对产生出反构成主义，但在阪神大地震这种自然的惊人力量面前，还是暴露出人类知识的不足。　　　　(松本静夫)

■参考文献
・グスタフ・ルネ・ホッケ『迷宮としての世界』種村季弘・矢川澄子訳、美術出版社、1966
・コーリン・ロウ『マニエリスムと近代建築』伊東豊雄・松永安光訳、彰国社、1981
・ロバート・ヴェンチューリ『建築の多様性と対立性』伊藤公文訳、鹿島出版会、1982.

# 威廉·莫里斯 William Morris (1834~1896)

威廉·莫里斯是代表了英国维多利亚王朝的知识分子，作为设计师、诗人、文学家、社会主义者活跃于世，在各种各样的领域都给予后世以很大的影响。

莫里斯在牛津大学毕业后就立志于做建筑师，他进入哥特复兴建筑师乔治·埃德蒙·斯特里特（George Edmund Street，1824~1881）的事务所，在那里结识了成为一生盟友的菲利普·斯皮克曼·韦伯（Philip Speakman Webb，1831~1915），其后，与大学时代的朋友爱德华·克·波恩-琼斯（Edward Coley Burn-Jones，1833~1898）一起，受到拉斐尔前期画派的画家丹特·加布里埃尔·罗塞梯（Dante Gabriel Rossetti，1828~1882）的影响，立志要做个画家。1859 年结婚，第二年搬进与韦伯共同设计的新居"红屋"，韦伯、波恩-琼斯、罗塞梯等朋友帮忙作内部装修。以此为契机，1861 年成立了从事墙面装饰、装饰雕刻、彩色玻璃、家具设计和施工的莫里斯·马歇尔·冯格纳商行（1875 年改组为莫里斯商行），莫里斯自己担任壁纸的设计，1882 年开始经手印染物，1883 年开始经手纺织品的设计，进而在 1891 年成立了凯尔姆斯科特出版社，也涉足印刷业。

莫里斯虽没有直接从事建筑设计，但 1877 年与韦伯共同创建了古建筑保护协会（The Society of the Protection of Ancient Buildings），反对由哥特复兴建筑师进行的古建筑的"修复"（restoration），推动寻求"保护"（protection）的运动。在这个协会的聚会上，受到莫里斯影响的威廉·理查德·莱萨比（William Richard Lethaby，1857~1931）等人——都是建筑师理查德·诺曼·肖（Richard Norman Shaw，1831~1912）的弟子们参加了进来，而且，以他们为中心，

1884 年成立了艺术工作者行会（Art Workers' Guild），1888 年又设立了主办其作品展览的手工艺展示协会（Arts and Crafts Exhibition Society），以这些为主体开展起所谓的手工艺运动。

其他方面，莫里斯从大学时代就开始创作诗歌，随着婚后生活的破裂，更加埋头于诗歌创作，以叙事诗《人间乐园》（全 3 卷，1868~1870）确立了他的诗人地位，1877 年牛津大学聘请他为诗歌学教授，但被他拒绝了，随后，于 1884 年成立了社会主义同盟（Socialist League），从第二年开始作为机关报《共同转动》的总编辑，发挥他诗文的特长，连载了"约翰·保尔的梦"（1886~1887）、"自乌托邦"（1890）等作品。

莫里斯许多方面活动的起点来自于拉斯金的教学，莫里斯将其归纳为"一切时代的艺术，必然是那个时代的生活表现，与中世纪的社会生活中允许劳动者个人有表现的自由相反，在我们的社会生活中，它是被禁止的"。

莫里斯认为，手工艺行会确立的 13 世纪末到 14 世纪初，在欧洲迎来了哥特建筑的巅峰期。"哥特建筑最大限度地获得这种自由，是通过欧洲的手工艺艺人们，即自由城市的行业协会的手工艺人之手。这些手工艺人珍惜他们的合作生活。……从一开始其倾向就是自由着手可能的合作协调和使精神从属于自由这一方向。这是哥特建筑的精神。"在这里，"制作工艺品的人都是艺术家"，"人类用手做出来的东西大概都是美的"。反过来，在现实中，艺术被分成了大艺术（理智的艺术＝绘画、雕刻）和小艺术（装饰艺术＝建筑、工艺）。前者只不过是产生了"具有特殊才能的人以自己思考的完整表现为目标做出的一个个努力的结果"，后

者由于商业主义下的机器生产，手工艺人完全成了机器的奴隶，"几乎所有现在制作的日用品都是难看的，而且一看就非常丑陋"，从这个意识出发，通过在小艺术中复兴手工艺，使手工艺人成为艺术家，将小艺术整合归入大艺术作为目标。为了实现这个手工艺运动的想法，14世纪的手工业行会的合作生活就成为了必需，这是莫里斯倾向于社会主义运动的原因。

莫里斯将建筑归类于小艺术，看成是它们合作的集大成，他说："建筑作品不只产生玩具店暂短的可爱，它是包含了真正的各种艺术，协调的、合作的艺术作品。"他明确地将哥特建筑作为"能够真正产生出艺术的惟一的建筑风格"，但对于他来说，重要的不是哥特的"风格"，而是哥特的"精神"。

他还追求"不希望为少数人的艺术"，取而代之的是"对于创作者也好，对于使用者也好，都是幸福的，那种由民众中来，为了民众的艺术"，为此他说"城市感和生活的朴素"是必要的。这是因为"生活的朴素"（simplicity of life）"产生趣味的朴素"，另一方面通过材料、构造的"诚实"（honesty）可以排除"伪艺术"（sham art）。在这里，他着眼于由民众来建、民众居住的住宅。"小小的灰色的一个个住宅，至少是在若干地方可以作为有别于英国乡村的东西。……正是它们构成我们建筑宝库中的大部分。"在被称为维多利亚王朝英国住宅复兴（Domestic Revival）的中产阶级的住宅建设高潮中，因为来自莫里斯这样的教诲，产生了地道地复兴英国地方上保存的地方独特材料与构造方法的"地方复兴"（Vernacular Revival），韦伯自不必说，更是通过莱萨比等下一代建筑师的住宅作品被付诸实践。

莫里斯还将建筑看作"随着人类的要求，制造、改造大地表面"，追求从那里扎根于大地的住宅，作为"大地之美恰当的部分"的"相称的环境中的相称的住宅"。这种对自然——人工环境协调的渴望，在奥克塔维亚·希尔（Octavia Hill，1838～1912）等1895年创立的国家联合体（National Trust）上被加以继承，同时，通过雷蒙德·恩温（Raymond Unwin，1863～1940）的城市规划也影响到了花园城市运动。

虽然是他个人的说法，但莫里斯作为莫里斯行会的业主兼设计师，继续创作、销售民众买不起的高档日用品。"我为了满足有钱人贪食的奢侈而浪费了自己的人生"，莫里斯自己说的话中充满矛盾，很容易受到尼克劳斯·佩夫斯纳（Nikolaus Pevsner，1902～1983）的批判，但是，那正表明了莫里斯怀揣的"现代"这一问题的大小程度。

(片山笃)

■参考文献
・ウィリアム・モリス『ユートピアだより』松村達雄訳、岩波文庫、1968
・ウィリアム・モリス『ウィリアム・モリス・コレクション』全7巻、晶文社、2000-2003

# 维拉尔·德·奥内库尔 Villard de Honnecourt (13世纪前半叶)

在西方的中世纪里，没有维特鲁威，也没有阿尔伯蒂，不存在以文章描写建筑的书籍。但是，有一个思考哥特教堂建造的人物留下了图画的史料——《画册》。

《维拉尔·德·奥内库尔画册》是附有注释的图画集，是由稍小于B5的66页纸组成的共33篇画册，杂乱地描绘了各种各样的题材的素描，没有理论的叙述，在现场和作坊中立刻就能作为样子使用的图案和石匠、木匠的图解、建筑图，或者为了雕刻等用的人物、动物画，甚至还有配以简短的题目描画在一起的机械装置和绘画、绘图法等画面。虽然缺了将近半数的画页，但现存的《画册》中，人物画像、动物画像的素描占了半数以上，在它们之中掺杂着随时插进来的教堂建筑的平面、立面、剖面、效果图等建筑图样。所描绘的建筑只是《画册》产生时已经存在的建筑的图画而已，除有一例之外，没有看到经维拉尔自己之手的规划方案等作品。表现建筑整体的图面也只看到线描方式的一例，大部分的建筑图都是局部的。也有人认为有许多与实际建筑不相符，不是维拉尔在现场描画的东西，而只不过是对已有图的复制。《画册》是维拉尔深思熟虑，将他认为有用的题材以在现场描绘或是对已有的图的描摹作随时记录，因此与精心、系统地编制的建筑书籍的风格是不同的。

关于作者维拉尔·德·奥内库尔，除这本《画册》外，其他无从知晓。他出身于哥特建筑发源地法国北部的皮卡尔迪地区的奥内库尔村，据推测《画册》是1220～1230年左右开始画的。当兰斯和亚眠等哥特古典时期杰出的大教堂开始建设的时候，《画册》的描画也同时开始。

成为建筑师之手的中世纪的"建筑书籍"，在《画册》之后，到15世纪末就不再有了。期盼着"论大教堂建筑"的19世纪的西欧，将这本《画册》看作是隐藏着哥特大教堂建筑理论的"建筑之书"。1849年最早介绍《画册》的中世纪建筑考古学者J·基修拉和1857年出版最早的复制版本的建筑修复专家J-B·拉休斯等，将维拉尔称为"13世纪的建筑师"。J·冯·舒洛萨和H·R·汉劳则等德语圈的文献学研究者们也将《画册》看作是"园丁用书（现场手册）"，认为维拉尔是建筑师。进入20世纪70年代，R·布兰纳等人关于画册的详尽研究，对"维拉尔是建筑师"的说法提出了质疑，20世纪80年代，美术史学家C·F·巴恩兹·Jr.以《画册》中画图技法的特征和建筑图的不正确程度为理由，认为维拉尔是金属工艺师。现在的代表、法国研究者R·勒修特认为维拉尔是宗教圣职人员，A·埃尔兰多-布兰登布尔也称其为"艺术家"，不赞同"维拉尔是建筑师"的说法。另一方面，日本的《画册》研究第一人藤本康雄博士验证了在《画册》的几乎所有图上，通过16目方格纸的作图法和使用罗马尺及其派生尺理论的缩图方法等是只有建筑师才会的技术和方法，将维拉尔认定为建筑师。

当初作为随笔的主题收集、旅行记事而开始的《画册》，从某个时期开始，作为欲公开发表的教育手册，被描绘并附上了说明文字。第一页的文章中有："学习这本书中装满的各种方法的人全都期待，为他的灵魂祈祷，为他想到的事情。因此，能够发现这本书中关于石造工程的手法和木构造有很大的帮助。同样，能够发现提炼形式及线描的手法和应该成为指南的几何学原则。"（藤本康雄译）也可能是在打算出版手册时，通过维拉尔本人补充上去的。《画册》是能够给予石匠的技术、木匠的技术以及纹样以建议的维拉尔的宣言。

如同第一页上的"几何学原则"，在《画册》中，分别有几页"关于石造工程的几何图法"和维拉尔称之为"入门钥匙"的"为了便于工作，利用几何图形描绘形体的线的方法"，《画册》在石造工程、木造工程、纹样中显示了对几何学的实际应用技术的巨大兴趣。这一连串的图成为我们理解中世纪的建筑意匠和素描理论立足于几何学应用的根据之一。人物画像和动物画像，或者这些东西组合的图，重复着五芒星、正方形、黄金比矩形等长方形、正三角形、直角三角形、等腰三角形、圆形等的几何图形，宛如是在展示运用几何图形构成那些人物像和图画一样。

13世纪的时候，建筑师业务中的绘画还没有占据重要的地位。在当时的辞典里，"建筑"与"建设"是同义的，所谓"建筑师"就是"木匠师傅"和"石匠工头"，所谓"建筑"最重要的是"石造工程"和"木造工程"这些事。于是，那个年代，"建筑师"意味着是技术意义上的"建造者"，而如今意义上的建筑师的工作，如圣德尼修道院院长休格的例子显示的那样，在宗教建筑里是神职人员的工作。与建筑师在施工现场的原尺寸图和模型不同，在羊皮纸上描画的建筑图——描画图案是有几何学知识的神职人员的工作，持这种主张的研究人员也不少。绘画开始进入建筑工作中也是13世纪的事，罗伯特·克劳斯泰斯特（1175？～1235）和迈斯塔·埃克哈尔德（1260年左右至1328年左右）等神学学者开始说出借助于绘画的力量给予形象造型这件事是建筑师的重要工作。维拉尔用以几何图形描绘人物画像、动物画像和决定当时大教堂建筑构图的相同方法描绘几何学，把这个称作是入门钥匙。这种植根于几何学的逻辑的构成，对于神学学者来说是揭开被隐藏在现实形象背后的世界的结构。《画册》的几何学是在一个个图形形象上依神之心可见的成为所有被造物模型基础的形象骨架。向几何学的接近，从只有"木匠师傅"、"石匠工头"到将中世纪的建筑师称作"石匠博士"，13世纪中叶的多米尼克修道院修士尼古拉·德·比亚尔"戴上手套的手里握着规尺，自己也不用动，命令着'切断这里'、'刻这里'，同时拿着高工资"成为受到谴责而变化的原因。《画册》就是记录了这种变化的时代的绘画集。

（西田雅嗣）

■参考文献
· 藤本康雄『ヴィラール・ド・オヌクールの画帖に関する研究』中央公論美術出版、1991
· ジャン・ジェンペル『カテドラルを建てた人びと』飯田喜四郎訳、鹿島出版会SD選書、1969
· ロン・R・シェルビー編著『ゴシック建築の設計術―ロリツァーとシュムッテルマイアの技法書―』前川道郎・谷川康信訳、中央公論美術出版、1990
· 西田雅嗣『シトー会建築のプロポーション』中央公論美術出版、2006

# 维特鲁威 Vitruvius（公元前90～前20）

维特鲁威（Vitruvius：公元前90～前20）服务于尤里乌斯·凯撒大帝（公元前100年左右至44年）以及奥古斯都皇帝（公元前27～公元14年），是公元前1世纪的古罗马建筑师。他写下了名为《建筑十书》的著名的建筑理论书，毋庸讳言，这是惟一的一本以古典的古代建筑理论总结的形式流传到现代的建筑书籍。因此，这本书成为了追求古典的古代文化复兴并向其学习的文艺复兴建筑的惟一典范和权威，而且，这样一种情况也给予直到19世纪末的建筑以及建筑理论以极大的影响。换句话说，直到19世纪的建筑理论，如果没有充分掌握与维特鲁威建筑理论的关联是无法理解的。在这个意义上，这本书可以说是西方建筑史上最具影响力的书籍。而最早把这本书翻译成日语，并将它的思想介绍到日本的是森田庆一。

关于维特鲁威其人的出身和经历，无法更详细地知道，关于姓名，我们也只知道其姓而名字不详。经常使用的波里奥（Polio，Pollio）这个名字，是由公元300年左右写作维特鲁威《建筑十书》部分注释摘要的马库斯·凯提乌斯·弗拉文蒂诺斯推论的，但真的是不是这个名字，无法确认。另外，虽然在15世纪之后的维特鲁威的版本中也提到过卢西乌斯（Lucius）和马库斯（Marcus）的名字，但这还不足以作为断定的依据。然而，我们知道维特鲁威这个姓氏在拉齐奥、坎帕尼亚、阿夫利加等地是存在的，属于这个氏族的个人名字被记载的最古老的记录可以上溯到公元前4世纪末。弗兰克·E·布拉文基于维特鲁威在这本书中所描述的关于自己的学徒时代和从双亲与亲戚那里接受训练和教育的地方，推断维特鲁威出身于这个氏族中专门从事建筑业和机械工艺的家族。

那么，他到底是个什么样的人呢？虽然从这本书中他对自己的描述中我们有所了解（第一书的序言），但是，只凭这些的话，他还不算是一个太成功的建筑师。他在凯撒大帝麾下服务时从事建造攻城机械和桥梁的工作，在为奥古斯都皇帝工作时参与了罗马城市上水道的建设工作，但说到他的建筑作品，我们也只能举出作为奥古斯都军队退役官兵居住地而建设的城市、尤利亚元老院、现在的法诺巴西利卡。但是，这个法诺广场与巴西利卡的痕迹也已经消失得无影无踪了，也没有言及到这个作品的其他文字记载流传下来，其大概情况只是通过这本书的记述才得以知道。

他在公元前33年隐退，因皇姐奥古塔维亚的裁定而进入到领取养老金的生活阶段，几乎是同时，他开始着手写作这本书，到公元前14年左右时完成。这本书有着借献给奥古斯都皇帝之机，启发皇帝对于建筑的思考之意，与此同时似乎也有如果它畅销的话，通过它从皇帝那里请求一些设计任务的打算。

然而，他还要求这本书的读者有更大的层面，如书中提到了"不仅从事建筑的专家，而且一切有学识的人，所有受过教育的人"（第一书第一章）和"住宅的业主"（第六书序言）、"未来的人们"（同上）等，他是打算通过写作这本书，将自己的名字永远流传于后世。作为有创造性的建筑师，他没有得到什么评价，但在写这本书上如果是创造的话，似乎还有着他自己的自尊（第四书序言），他是最早以系统的形式来对待整个建筑领域的人，本书也成为最早的系统的建筑理论书。

他在这本书中至少列举出了63件经典文献，但几乎都是希腊的文献。可以理解的，也可以从他的用语中明白的是他与和他同时代的西塞罗（M. T. Ciceron，公元前106～前43年）把希腊的逻辑思考引进并融入到罗马人的思考中一样，将同样的事情放在建筑理论的领域中来进行。另外，这本书所具有的上述那些教育的品格和其体系的构成，毋庸置疑是模仿同时代的瓦洛（M. T. Varro，公元前106～前27年）有关自由技艺（liberal arts）的，包括语法、逻辑学、修辞学三科及几何学、算数、天文学、音乐四科加上医学和建筑这两科，作为教科书仍然是希腊典范的，写于公元前30年代中期的《九书》（九科）一书。

不过，这本书与西塞罗和瓦洛的著作不同，它对维特鲁威同时代的建筑师和大众似乎没有产生太大的影响，我认为其主要的理由是维特鲁威的保守和狭隘。例如，他所赞赏的建筑师和作品是活跃在爱奥尼亚的建筑师和其作品，其他提及到的也主要是小亚细亚的爱奥尼风格，对它们可以说是到了偏爱的程度。另一方面，因为对多立克式的冷淡，连古典主义时期优越的多立克式的神殿也是避而不谈，即使对帕提农神庙和伊瑞克提翁，也只是简单地提到，并没有特别认可它们的价值。当时正值罗马由共和制向帝制变换的伟大的变革时期，在建筑上也是重视古典传统的保守倾向与例如通过使用火山灰混凝土来探索大规模新的表现的革新倾向争执不下的时代。即使在柱式上，虽以科林斯柱式为主流，但他从未提到组合柱式，赞赏的仍然是爱奥尼柱式。也许就是由于他这种见解的狭隘和偏执，身为保守派也不能成为主流派吧。

在帝政时期的罗马建筑中，他的影响力有限，在中世纪的查理曼·法兰克帝国、加洛林王朝文艺复兴时期的建筑上说维特鲁威有影响也不十分确定，迄今为止，还没有充分的证据说明维特鲁威的建筑理论给整个中世纪的建筑带来具体的影响力。维特鲁威思想的复活还必须等到人文主义、人本主义的兴起。

维特鲁威建筑理论的原则性概念，主要在《建筑十书》的第一书中被加以叙述，它们被称为建筑的三原则和六个构成原理。下面将简要描述这些原则和原理以及柱式这种风格。

维特鲁威把建筑必须满足的三个根本要求确定为"坚固"（firmitas）、"适用"（utilitas）、"美观"（venustas）。"坚固"包含静力学以及结构、施工、建筑材料，首要的意义是坚固性、牢固性、耐久性，并不具有现代的结构力学的强度意义；"适用"是建筑的使用、建筑舒适、成功的功能保证；"美观"是总的美学要求，尤其是比例关系的美的要求。那么，"美观"的基本范畴被分为以下六个构成原理。

1）法式（ordinatio）在希腊语里被称为塔克西斯（taxis），是建筑整体与各个部分、细部的详细调整的比例构成。它们通过均衡（symmetria）这个比例手法而得到。均衡就是从构成建筑的一个细部开始采用被称为模数（modulus）的标准尺寸单位，通过这个标准单位布置建筑的各个部分以及整体，创造出来自于建筑各个部分的协调的整体比例关系。确定这个模数的方法还有定量（quantitas），在希腊语中被叫做波索梯斯（posotes）。

2）布置（dispositio），即狄阿忒西斯（diathesis），是建筑各个部分恰当的排列，通过质（qualitas）形成建筑的优雅度。希腊语中叫做伊得埃（ideae，计划、姿态）的布置形式，有平面图（ichnographia）、立面图（orthographia）、透视图（scaenographia）三个方面。这三者产生于慎思（cogitatio）和创作（inventio）。慎思在设计里是最大限度地使其满足建筑要求的彻底的深思熟虑和努力；创作是指在满足这个要求而产生困难等情况时通过智慧的运用以新的方案来解决问题。

3）比例（eurythmia）是建筑整体成功地实现均衡时产生出的美的外貌、外观。它是适用于建筑上的比例的结果，是外在的效果。

4）均衡就如同前面所说，是由比例实现的建筑各个局部与整体的协调关系，局部适应整体，整体适应局部的协调。这与人体中的均匀、比例是由人体的各个部分，即整个胳膊、手臂、手掌、手指还有其他部分的均衡得到的是相同的。神圣的宗教建筑的情况比较特别，从其柱子的粗细，或是从其柱头板（三陇板），或是从模式［希腊语中叫埃姆巴泰勒（embatere）］上都可以得到均衡。

5）适合（decor）是建筑依照以前所使用的、被认可的造型要素的先例（auctoritas）所构成，各部分取得综合协调的整体。适合是根据希腊人叫做忒玛提斯摩斯（thematismos）的建筑造型上的惯例、常识的用法或者顺其自然地实现的。

这个建筑造型上的惯例，例如，为敬奉自然之神如雷电之神朱庇特和天穹、太阳或者月亮而建立神殿，为了可以从敞开的天空的光芒中目睹到众神的显现和权限，而以没有屋顶的形式来建设神庙就是遵从了这一点。

因此，柱式选择的问题属于适合，即为了体现与之相适合的神殿的性质，必须选择正确的柱式。对于弥涅瓦、玛尔斯、赫尔库勒斯等诸神的神庙，用没有装饰的男性的多立克柱式，维纳斯、弗洛拉、普罗塞尔庇娜和春之神宁芙等的神殿适合以更纤细的比例、花和叶、涡卷等装饰的本质细腻的科林斯柱式表现。朱诺、狄安娜、帕卡斯等具有中间性格的神的神殿，就不能采用多立克柱式的庄严和科林斯式的优雅，而要采用中庸的爱奥尼柱式。另外，奢华的室内装饰就应该与豪华的外观相对应，多立克柱式上不能混杂爱奥尼式的细部，反过来也是不可以的。

自然地适合，顺其自然地适合，例如让病人集中接受祈祷和治疗的医神埃斯库拉皮乌斯的神殿或院子要选择其祈祷和治疗效果能促进健康的自然用地。还有，对应书房、工作室等房间和功能，为了取得外部采光，是要在适当位置开口的。

也就是说，适合是关于建筑形态和内容的关系的适应度的概念。

6）经营（distributio）在希腊语中是奥伊科诺弥亚（oikonomia）。经营的第一步是衡量建筑材料和场地的有利处理，在建设费用的计算上作经济的考虑。

经营的第二点，例如为族长和极富裕的人们，还有社会地位高的官员设计建造的房屋，可以说，要进行与各自的社会地位和作用相称的设计。另外，为城市中的住宅和农村的宅地进行设计，每一件产品，每一户家庭都会有类型各不相同的建造、施工要求。从事金融业的人和从事文化业的人需要不同类型的住宅，治理国家的统治者们的建筑必须要适应他们所具有的特殊要求，也就是说建筑必须以适合居住者和使用者的规划来进行设计。

以上整理叙述了维特鲁威提出的建筑理论的原则概要。但是，似乎一读就明白的这些原则在设计建筑的时候，并没有超过一般性指南这种程度，而且各原则之间的系统关系、逻辑的关联性也没有被明确，也就是就现代基准而言的原则或者理论还是太模糊。但是，假如反过来说的话，它可以说是多义的，其巨大的解释可能性产生了后世丰富的建筑理论的发展。

另外，他在第三书的第一章和第九书的第一章里，提出了给予现代以决定性影响的

概念。也就是，在第三书中，他论述了关于
自然形成的人体的均衡，具体地说明了理想
比例的存在，说它应该被表现在神庙（即建
筑）的均衡上，即在这里是说人体与建筑的
呼应，双方理想的存在。进而在第九书中以
宇宙的构成解释了建筑的构成，因而，宇宙
的构成者即宇宙的力，将神或者造物主看作
是宇宙的建筑师，也就是认为人体和微观世
界与宇宙和宏观世界之间是一致的，即被认
为是眼前大地上的神庙或者建筑。于是，作
为宇宙建筑师的神的拟人态、模仿神的大地
上的建筑师，将建筑和城市比做理想的宇宙
的再现、模拟来构筑，确信通过这一点能够
在大地上构筑起理想的现实世界，即理想的
社会。在基督教的中世纪，是以神的世界为
模型建造大教堂，在中近代，似乎是以全体
人类的表现来创造建筑，而在近代，是梦想
通过建筑以及城市构筑理想社会，到了现代
则将那样的所有建筑的、构筑的神话看成是
解构的，实际上也可以说这些都是维特鲁威
给予的出发点。

（竺觉晓）

■参考文献
· ウィトルーウィウス建築書、森田慶一訳、東海大学出
  版会、1969
· Vitruvius on Architecture, 2vols. (Loeb Classical
  Library, 251, 280.) Tr. by Frank Granger, ed. by E.H.
  Warmington, Harvard University Press, 1970
· Polio Marcus Vitruvivs, Zehn Bücher der Architektur,
  Primus Verlag, 1996
· Vitruvius, Ten Books on Architecture, Tr. by Ingrid
  D. Rowland, ed. by Thomas Noblee Howe, Cambridge
  University Press, 2001

# 筱原一男 *Shinohara Kazuo* (1925~2006)

筱原一男 1953 年在东京工业大学建筑学科毕业后，接着在这所大学任助教、副教授、教授直至 1986 年适龄退休，完成了建筑意匠研究和建筑教育与教授建筑师的工作。从大学退休后，他主办了自己的筱原工作室，直到 2006 年去世，始终以自己的住宅理论和城市理论为基础，全力以赴地开展建筑师的工作。筱原一男的工作中特别应当书写的一点是让设计工作与言论活动齐头并进（参考文献 1），其成果是产生出数量众多的反体制的格言和优美且激进的建筑作品。虽然这是他被称为孤傲的建筑师的原因，但还是培养出了许多优秀的后辈，例如坂本一成、伊东丰雄、长谷川逸子等，成为了代表 21 世纪现代日本的一流建筑师。这是显示筱原一男给予日本建筑界极大影响的一个例子。

## ◇ 建筑作品

筱原一男在媒体上发表的 43 个实际作品中有 38 个是住宅，这不只是数量上的倾向，如同下面记述的一样，筱原一男是一生都对住宅怀有特别想法的建筑师。以处女作"久我山之家"为开端，"唐伞之家"、"土间之家"、"白之家"等，从 20 世纪 50 年代到 60 年代，创作了与日本传统建筑研究深深相关的优美的住宅作品。它们之中的"白之家"也是筱原一男早期的代表作，其特征是看似方形瓦屋面覆盖的禅寺的外形与包裹着的内侧的白色箱型空间的内外强烈对比。之后，20 世纪 70 年代前半期，他发表了从日本的传统中提炼出来的，在立体形式的内部，自命名为"龟裂的空间"，宽度很小的天井插入高大空间中的，以"未完成之家"为首的一系列住宅，进而经过将土坡原样引入住宅内部的"谷川君住宅"、将海上小岛

作为景框的"糸岛住宅"等如诗般的众多作品，展开了深入观察现代城市东京特有的混沌杂乱的城市状况的，走向新形式的作品。在钢筋混凝土框架结构上部接钢框架结构使之产生悬臂的"上原大街住宅"，是 20 世纪 70 年代后半期最直接反映筱原一男思想的作品。"白之家"中明显可见的内外强烈对比也是外形表现尝试的开始，这种不规则外形的结合手法成为了后来筱原一男处理大尺度的城市建筑的基调。立足于"上原大街住宅"取得的成果，他开始在欧美 10 个主要城市举行巡回展览，在这一时期确立了其作为国际建筑大师的地位。经过这样的思考完成的"东京工业大学百年纪念馆"，可以看作是 20 世纪 50 年代通过住宅设计不断探索的对城市的洞察，达到与具体的建筑设计概念联动的筱原一男创作轨迹中的一个高峰点。

## ◇ 住宅理论和城市理论

筱原一男言论的主要发表场合是建筑专业杂志（参考文献 1），但作为著作，主要有 4 册留传于世（参考文献 2）。以此为前提，在这个研究上与住宅理论齐头并进地进行思考的是筱原一男城市理论的中心的描述。

20 世纪 50～60 年代，相对于到那时为止停留在感性理解上的日本传统建筑，筱原一男在建筑学会上发表了一系列以空间构成这个独特的观点进行理论分析的论文。这里提出的"正面性问题"、"空间的分割与连接"等建筑的概念，给予其后的建筑空间研究以很大的影响。但是，筱原一男并不是醉心于日本的传统，在热衷于面对日本传统的当时，说出了"传统即便是出发点，也不是回归点"这一预告了其后自己作品的变迁一样的言论。还有，从与日本传统的对峙中产

生的"住宅这东西是越宽敞越好"、"住宅是艺术"、"现代聚落是表现的东西，但不协调、混乱的美也好"等60年代初的宣言，锋芒指向的不是其传统自身，而是面对包围所有建筑的城市与社会体制。筱原一男的言论活动，初期是围绕着住宅和城市这两个对象展开的。筱原一男开始建筑师工作的第二次世界大战后这个时期，建筑被作为从零开始抬升城市或文化的视觉上的象征，因此，在紧密结合社会动向上局限了建筑的存在意义。在那样的时代里，能产生出建筑的本质吗？这无疑是筱原一男的自言自语。建筑产生的基础不是社会这个模糊的主体，而是在被一个个体委托的住宅上发现意义的所在。"住宅是艺术"，是明确地表明筱原一男这种态度的最早的流露。对筱原一男来说，所谓传统，在受迫于令人眼花缭乱的价值观变化的战后日本，大概也不是不受时光约束、长久地盯着时间的时候能够依据的对象之外的什么东西吧？

总之，其后与传统的对话也还在继续。从20世纪60年代后半期到70年代，日本民居聚落以及旧城居住区的形态学研究是大学研究室的主要课题。但是，它们与后来流行的设计调研没有关系。也许筱原一男不认为从建筑物的集合形式中抽取不出以城市景观为现象的机械论的根源吧。但是，传统的聚落以及街道的表情是形式的细微差别的主调。回过头来看，假如展望现代城市的话，其表情是难以容忍的"异形的并立"。这种"异形的并立"曾经被筱原一男发现为以"混乱的美"为直观表现的东京景观作为现象的机械论的最小单位。它也与筱原一男进行住宅设计时无意识抓住的对比构成是同一步调的。

筱原一男列举"空间的虚构性"作为通过住宅设计构想的概念，是与对现代城市的观察相交叉的另一种情况。对于将建筑师的初期工作限定在住宅上，而且紧盯着那里的建筑表现的筱原一男来说，有必要把自己的工作作为社会化的手段。具体地，对于作品发表形式的异常执著，诞生了"让虚构的空间演出"的发言。对于认为住宅是建筑的集中表现的筱原一男来说，这是当然的，但是他并不认同反映自己设计的住宅的现实生活这件事的所有价值。筱原一男直觉到这样一个反论，即现代城市的本质是虚构的实际上有着能将现实更强烈地意识化的瞬间。在电子媒体横行的现代，这是一个容易达成的认识，但是20世纪60年代的发言的先见性是让人瞠目而视的。总之，是将现代城市的特性在"异形的并立"和"空间的虚构性"这两点上抽象。筱原一男的这个观点，在20世纪80年代后半段，与R·库哈斯、B·屈米两人构筑于纽约舞台上的建筑理论形成共鸣。筱原一男的东京混乱论，不仅在日本国内，也在海外引起巨大反响的，大概就是其透彻地观察那个时代的洞察力。 （奥山信一）

■参考文献
1.奥山信一编『アフォリズム・篠原一男の空間言説』鹿島出版会、2004
2.篠原一男『住宅建築』紀伊国屋新書、1964／『住宅論』鹿島出版会、1970／『続住宅論』鹿島出版会、1975／『超大数集合都市へ』A.D.A. EDITA Tokyo, 2001

# 新陈代谢派 Metabolism

　　新陈代谢派公布的成员是编辑、批评家川添登，建筑师菊竹清训、黑川纪章、大高正人、槙文彦等，但新陈代谢派在作为一个建筑运动的同时，使围绕在其周边的丹下健三研究室的浅田孝、矶崎新等同时代的 20 世纪 60～70 年代升丹下健三的下一代建筑师成为焦点也具有新闻效应。

　　川添登作为杂志编辑，是在做《新建筑》主编的年代，以丹下健三、白井晟一等为中心，在被称为"传统之争"的战后日本现代建筑设计中将同一性作为问题，从而引发争论的中心人物。对于川添登来说，新陈代谢派是继承了日本的现代设计中追求同一性的传统争论的产物，同时，也兼有面向 1960 年在日本召开的世界设计大会，要向世界呼吁日本的建筑设计意图的建筑师团体。

　　"METABOLISM/1960"是新陈代谢派惟一的出版物，在其上面由川添登发表了"新陈代谢派是具体地研究应该到来的社会形态的团体的名称。我们将人类社会思考为从原子到大星云的宇宙生成发展的一个过程，但是，使用'新陈代谢'这个生物学上的用语，正是将设计与技术考虑为人类生命力的外延，因此，我们不是自然地采纳历史的新陈代谢，而是要积极地促进它"这一宣言。

　　将生物系统的新陈代谢这句话作为建筑思想来使用，是因为这个团体有着"将建筑和城市作为成长变化的集合来理解"这样一种共识。于是，在将对应这个时代，即由日本的高度经济增长带来的城市膨胀、技术进步、经济成长的时代的建筑思想赋予新陈代谢派地位的同时，通过将日本木构造传统建筑做法所具有的建筑可变性与增建性的特性作为新陈代谢重新定义，提示了经济成长时代的建筑运动的同一性。

　　另外，与其说是以编辑、批评家、新陈代谢派发言人，也是召集人的川添登的想法在各成员建筑师之间以思想统一为目标，不如说一个运动共同拥有时代性有着 20 世纪 60 年代的特征。因此，新陈代谢派的设计和思想，在各成员之间存在着微妙的不同。

　　菊竹清训从木构造建筑的改造这一实践经验中，将日本传统建筑具有的增建可变性作为现代建筑的问题来追求，即走与丹下健三不同的道路，在日本传统之中探索新的日本现代建筑。在其住宅中，通过混凝土来体现传统继承的同时，通过技术对现代建筑的探索已经在尝试设备空间的可变性和儿童房间的增建性了。作为新陈代谢派的一员，在塔状城市、海上城市、树状城市这些规划中，提出了在巨型结构上设置无数个单位元素，使它们在带来可变性和增建性的同时，在巨大的未来城市建筑上生长下去的设计。

　　黑川纪章在追求生物形态的模拟造型和生长、繁殖的可能性设计上，将新陈代谢这句话所具有的生物意象具体化起来。在东京规划 1961——螺旋体城市 1961 中，将生物遗传子信息 DNA 的双重螺旋作为模拟形态；在山形县的夏威夷梦幻乐园中将细胞意象平面形态化，设计了将繁殖系统作为增建系统的方案。在矶子住宅区规划 1962 和变性规划 1965 这些城市规划设计中，也将小城市作为复合体，模拟像生物细胞群似的繁殖来展开城市系统。

　　大高正人和槙文彦一起在新宿车站再开发规划 1960 上，提出了群造型理论的实践和通过人口、土地带动城市的整体开发的建议，但作为其城市空间系统的人口、土地和作为城市建筑造型系统的群造型，与其说是新陈代谢派的前卫意象设计，不如说是日本的现实的城市系统的设计。参加新陈代谢派的活动之后，大高正人进一步进行着本土的现代主义建筑运动，槙文彦则追求在代官山集合住宅上实现的简约城市的日本城市集合体建筑。

新陈代谢派的时代，不仅是日本，在法国，约奈·弗里德曼设计了空中城市，在英国，以 AA 学院为据点的阿基格拉姆小组的彼得·库克等设计了插入城市等，在技术性的巨型结构上设置居住单位（舱体），这些舱体上具有可拆卸的系统，设计了作为巨大的城市建筑繁殖下去的未来的城市意象。这些，在技术的乐观主义上叠加了通俗的消费感觉，不考虑将建筑固定为普通的东西，而将适用于时时可更换的耐用消费品的工业产品的最先进时尚和当时最前沿技术的宇宙开发的居住环境、舱体意象加以重合。新陈代谢派成员黑川纪章和菊竹清训的设计里也都共同存在着具有时代性的技术的大众消费心理，包括他们在内，大高正人和槙文彦的设计也一样，将个体（单位）和群（城市建筑）的关系通过时代的最先进技术加以表现，作为成长起来的日本经济和城市生命力的方案，由川添登加以归纳，梳理了日本城市的未来状况，这就是新陈代谢派当时的活动内容。

1970 年在大阪召开的世界博览会 EXPO'70，在某种意义上是新陈代谢派的庆典活动，这是第二次世界大战后，完成了奇迹般高度经济增长的经济大国日本带给国际社会的礼物，在这个意义上，也可以说它是实现新陈代谢派的建筑和城市的一次展示。

丹下健三设计的覆盖会场中央节日广场的空间框架中央开口处，耸立着国民艺术家冈本太郎设计的太阳之塔（普照神的化身），掌控其内部空间展示的川添登进行了以生命进化为主题的展示。在节日广场上空的空间框架的巨型结构中悬吊着搭配了黑川纪章组合舱体的未来空中住宅，在标志塔上，菊竹清训在阿基格拉姆风格的技术性的垂直巨型框架上挂了许多多面体，完成了塔的造型。

即便是民间的帐篷，黑川纪章设计了在有繁殖可能的结构中组织进舱体的美观的亭子，还有组合单元结构独特、整体上犹如腔肠动物产生期的机器人一样的东芝 IHI 馆。但是，随着 20 世纪 70 年代前半期经济高度增长时代的结束，新陈代谢派的活动迅速解散，从其外围脱离开的矶崎新领导起了在其后被称为后现代主义的运动。　　　（冈河贵）

■参考文献
·黑川纪章『行動建築論』彰国社、1967
·菊竹清訓『代謝建築論』彰国社、1969／復刻版 2008
·八束はじめ＋吉松秀樹『メタボリズム』INAX 出版、1997

# 休格 Suger (1081~1151)

位于巴黎郊外的圣德尼修道院的院长休格（也译为叙热），通过重修自己的教堂孕育出哥特建筑，而且通过其著作《关于圣德尼教堂圣献仪式的备忘录》和《在圣德尼修道院院长休格领导下完成的业绩》，将这个建筑的根本理念传与后世。以巴黎第一代主教圣德尼的圣遗物而闻名的这所修道院，因为圣德尼反复被误认为与提出光的形而上学的假称迪奥尼西乌斯·阿瑞奥帕基塔（修道院收藏着其拉丁语的译著）和圣书上出现的"阿瑞奥帕格斯的议员迪奥尼西奥"是同一个人，成为了当时大多数参拜者参访的圣地。

1081 年出生的休格，在幼年时期就当农夫的父亲寄养在圣德尼修道院中，最初，被送到列斯特雷的学校接受教育，1091 年，在那里与同样大小、后来成为路易六世的皇子共同度过了几个月。但是，君主和圣职人员之间亲密关系的缔结却是后来开始的。回到圣德尼的休格，1106 年以后，作为皇帝和修道院的代理被委派参加各种各样的会议和公众集会，不仅解决了教会内部的问题，还发挥了解决政治上重要问题的能力。1122年，终于被选为修道院院长，找到了适合发挥他的行政、政治手段的场合，其名声和信誉遍及西方基督教世界。他致力于争取圣德尼修道院的权威和财富的增加，因为兰斯大教堂成为了法兰西国王加冕的场所，所以，在制度上也在事实上确认了圣德尼修道院作为法兰西王室安葬场所这件事。由宗教教权第一人的教皇执礼，被授予皇权的法兰西王安息的场所，只应该是在圣德尼大修道院。

休格的改建从 1125 年拆除大殿的围栏开始。接下来，他拆掉了传说来源于查理曼安放小个子法兰克王丕平墓的西半室，1137年，着手立面和前厅。这个西侧的部分于

1140 年 6 月举行了圣献（将新教堂献给上帝）仪式，第二年 7 月开始教堂后部东半圆室的改建。1144 年 6 月，新的圣献仪式，以路易七世为首的众多贵族和宗教领袖都参加了。其后，休格立即开始连接前厅和中殿的工程，但是，1147 年，由于路易七世参加十字军且被任命为摄政王后忙得不可开交，工程不得不中断。路易七世于 1149 年回国，休格被解除了要职，中殿的再建还没有正式开始，便在 1151 年去世了。

休格关于自己的艺术计划还没有写完的，与其说是为了不被忘掉的自己的成绩，不如说是拥护自己对于艺术的立场，在某种意义上是为了神学的合法化。在 12 世纪的西方教会中，崇拜偶像经常是神学者关心的事情，东方宗教赏识的壁画和圣像等平面艺术自不必说，柱头的雕刻和门口雕像那种立体艺术也因为一般信徒的感化而被默认。这样常规的背景，来自于对要具有给神职人员中不懂艺术的人，即不能读书的人们以教授教义的教育功能的理解。但是，另一方面，作为有教养的人，能够读书的修道士们为他们自己制作了带精致插图的《圣经》，在修道院教堂的柱头上充满了各种各样的雕像。置之不问艺术利用的神学根据，在所有形式上探究教堂艺术。在这种宗教艺术的兴盛期中，西斯廷派修道会拒绝成为修道院经济基础的死者崇拜和圣物崇拜，坚决实行废止一切奢侈的清贫。休格判断，应该回应圣本哈特（Bernhardt）于 1125 年在《阿波罗传动》（给圣迪埃利修道院院长纪尧姆的信）中表明的修道院的奢侈批判，在停止一部分世俗的奢侈这件事上赞同对修道院的改革，因而得到了圣本哈特的认同。但是，他为了神的荣誉的极尽奢侈，可以说，推进了自己的将庄严作为信条的艺术计划。

他之所以决定进行大殿的改建和扩建，是出自要消除一般信徒和巡礼者在节日里的混乱不堪这个极其实用的理由。连死者崇拜、圣物崇拜和修道生活的尘世接触都没被否定，更不用说它们被强化，以它们为基础得到的捐献和现金，通过他巧妙的经营，从修道院所有的领地上得到了收益，与此同时，不只是教堂的改建，圣具和祭坛前的装饰及彩色玻璃的制作也需要花费。

新的西立面的门口画像是破除迷信者的革新，因为难懂，不是看一眼就能马上理解其性质的，它需要图解一样的阅读理解能力。也许这是来自朋友——著名的神学学者圣维克多尔的福戈（由古）的忠告吧。他的解释无非是要面对明亮的入口。休格鼓励他"不要金子和奢侈，要赞赏工匠的技艺"。于是，尽管他相对地否定艺术作品的物质性，但认为"虽然高贵的作品是辉煌的，但高贵而灿烂的作品会令精神愉悦，精神通过各种各样的真理之光达成惟一的真理之光。这是基督教的真正的入口"，肯定艺术作品的精神性乃至部分的神性（"光"），主张看到它的人看不到的"真理之光"，即不容易能够感觉到的神性。为什么？"黄金入口"即是说艺术作品来自于"不管什么样，表达出在它们中间有没有神的真实的光辉"。地位高的神职人员在理论上提倡艺术作品的存在理由，然而，引领新的艺术运动这件事决定了哥特建筑后来的发展和性格。

休格的光的艺术学，以约翰福音的光的神学与柏拉图主义相结合的"迪奥尼西乌斯·阿瑞奥帕基塔"的光的神秘论作为根据。这个光的神秘论者赋予了作为象征的宗教秘迹、仪式和光，休格将从物质的东西提升到非物质的东西的"彻底提升的方法"规定为将艺术的东西转换为神灵的东西的宗教艺术的本质，于是，"迪奥尼西乌斯·阿瑞奥帕基塔"从使这种彻底提升的方法与宝石加以结合的一节开始，作为更接近于非物质的东西，即更为神圣的艺术，赞扬使用宝石，进而放出像彩色玻璃那样的光芒的作品。休格异常喜欢黄金和宝石这一点，在说明他的艺术观感觉的同时，也说明与宝石的色彩和透明性相匹敌的，更加显著透射光线的彩色玻璃，的确是他的艺术观念中的一个细节。

休格通过祭坛的彩色玻璃，以大殿两层走廊的强烈的光线表现了"不被遮蔽的光线"，但是，恰恰是这样的光线将圣坛处变成了洒满色彩和光线的"也不是天也不是地"的中间领域，"彻底提升的方法"成就了现象空间的变化。为了使大殿充满这样的光线，休格将祭坛的墙体恢复为框架结构，最大限度地提高了玻璃窗面所占的比例，极端地压低了窗台的高度，使祭坛成为了非常浅的空间。

（黑岩俊介）

■参考文献
・O. フォン・ジムソン『ゴシックの大聖堂』前川道郎訳、みすず書房、1985
・『サン・ドニ修道院長シュジェール』森洋訳・編、中央公論美術出版、2002
・前川道郎『教会建築論叢』中央公論美術出版、2002

# 雅克—弗兰克斯·布隆代尔 Jacques-François Blondel (1705~1774)

提起布隆代尔的话，17 世纪法国建筑师尼古拉—弗朗索瓦·布隆代尔（1618～1686）也很著名，但这里介绍的是 18 世纪的布隆代尔。顺便提及的是，这两个布隆代尔之间没有亲戚关系。雅克—弗兰克斯·布隆代尔（以下简称布隆代尔）出生于鲁昂，在已经活跃于巴黎的叔叔——建筑师让—弗朗索瓦·布隆代尔的影响下学习了建筑。18 世纪 20 年代前半段，在巴黎出道的布隆代尔在装饰艺术家吉尔—马利·奥珀诺德尔门下积攒业务能力。1743 年，布隆代尔在阿尔普街开设了艺术学校（L'Ecole des Arts），在年轻建筑师的教育上做出了巨大贡献，这个成绩得到了认可，1755 年成为建筑科学院的会员，继而在 1762 年被任命为这个科学院的教授。布隆代尔之后，部雷、勒杜、德·盖伊和英国的钱伯斯这些重要的建筑师辈出。布隆代尔还在狄德罗和塔兰贝尔主编的《百科全书》（1751～1772）中，执笔了许多与建筑有关的部分。虽然其建筑作品有梅斯市的城市改造（1764～1771）、斯特拉斯堡的城市改建方案（1767 年部分开工）等，但其特长还是作为理论家、作家。大部头的四卷本《法国建筑》出版于 1752～1756 年，确立了他在法国建筑界不可动摇的理论家地位。

布隆代尔的建筑思想被集中在表现了秩序与节制这一法国古典主义特征的"适应性（convenance）精神"这个词上。事实上，布隆代尔很崇拜弗朗索瓦·芒萨尔、皮埃尔·莱斯科、勒梅西埃这些 17 世纪的本国建筑师，特别是芒萨尔，为了使学生理解"芒萨尔是建筑之神"，几乎每年都带领学生去实地参观他的代表作"迈松大别墅"。布隆代尔评价这个作品："没有沉重的坚固感、没有硬度的石头构成的精密度，一直到中庭，

到处都是漂亮的外观表现，……建筑与雕刻的完美统一，屋顶与外立面之间绝妙的比例，外部精彩的布局。"对于布隆代尔来说，所谓教育"无非是将如芒萨尔一样伟大的建筑师们在其建筑中付诸实践的诸规则的大部分变成各项原理的好机会"。实际上，芒萨尔常常追求高贵感和庄严感，希望将古代纪念物的范例进一步做成更加完美的东西。芒萨尔一次也没有去过意大利，在法国生活工作是极其重要的，这样一来，依靠他的力量，法国才能够有超过意大利的作品流传于后世。

1771～1773 年，布隆代尔将之前的讲义汇集成册，出版了《建筑学教程》（Cours d'architecture），在预定的全九卷中，四卷文字部分和两卷图册部分被出版，剩余的三卷在布隆代尔去世后的 1777 年，经由其弟子皮埃尔·帕特之手得以完成，仿效维特鲁威的建筑理论，分成装饰、房间设计、结构三个部分来论述，不过布隆代尔在文字部分的总共四卷中涉及的是装饰和房间设计，结构部分是由帕特完成的。前面的布隆代尔的话就是从这部著作中引用的。笔者将这本著作第三卷（1772）中所收录的"关于在建筑的学习中结合相关各门学问与艺术的实用性"与其他的论证结合，加以庞大的注解，作为《建筑概论》出版，以下是从这本译著中引用的几段布隆代尔的话。

建筑的实用性，人们都十分了解，在这里不用过多赞扬这门重要的艺术。能够建造祭祀神明的神殿，建造王宫和公共广场以及将英雄的光荣流传给后世的纪念物，为各种阶层市民建造的住宅都是托这门艺术的福，这谁都知道。我们先只将建筑作为考察的对象，来确认其无数有利之处，论述关于建筑

起源的说法、建筑的进步与转变，进而言之关于构成建筑的各个方面。假如为了对共同居住的民众有帮助，为了文明国家的安泰，为了城市的美丽，我们会想起以上所有的对象物以及被称之为建筑的各种作品吧？更进一步说，对于有志于建筑的人们，建筑是将其帝国下所有其他自由学问的知识结合到所谓建筑的特定学习领域，对于他们来说不是更具有魅力吗？……"建筑"，是具备所有实用性、安全性和美观性的建造物及创作的艺术。……从保护人们不受季节和不正常天气影响的个人建造物，到最豪华的建筑物，建筑已遍及广泛的领域。建筑，装饰最荒凉的场所，构成外部的秩序；建筑，有助于内部的卫生，通过能够与建筑结合的各种有趣艺术和愉快艺术，自身散发出赋予建筑的光芒。

正如佩尔兹·德·蒙克勒在这本《建筑学教程》再版（2004）的序言中所说的那样，受到由孔迪亚克带来的遍布法国的感觉论影响的布隆代尔认为，建筑的形式必须与它的功能相均衡，这一点也很重要吧。这如同说建筑是雄壮的、大胆的、轻浮的那样，是将建筑从美学领域转变到伦理学领域的各种风格，即性格的区别。布隆代尔在《建筑学教程》第一卷的"建筑艺术分析"中论述了具有各种各样性格的建筑，这些后来由其弟子部雷和勒杜继承了下来，所谓"谈论建筑"就诞生了。但是，布隆代尔没有想到这个"性格"的探索会延续到部雷的"葬礼建筑"。布隆代尔去世后，年轻一代显著兴起，罗马奖的获奖者马秋兰·克留希甚至说："从布隆代尔这样喜欢传道的老师那里得到解放后，我的想象力自由驰骋。"科学院的教授职位由希腊建筑权威、考古学者朱利安·达维德·勒鲁瓦取代。"对古代关心，模仿古代，佩尔、勒鲁瓦、库雷里索这一派

战胜了布隆代尔的流派"（兰德，《巴黎记述》，1806），于是，佩尔兹得出了以下的结论，"可以说，布隆代尔的光荣是随着他的逝去而确认了刻印着法兰西精髓的三个世纪的时代终结的日期"。然而，布隆代尔在《建筑学教程》中力陈的，称赞法国建筑的如下忠告，大概绝不应被忘记吧。

我们的忠告只是面向成群的希望留下有名的作品成为国家的荣誉，由此而尝试着创造出与希腊和意大利诞生的最伟大的大师的杰作相匹敌的法国建筑师们。我们所说的话只面对不满足于只通过不断反思通读一般美术论著或建筑论著丰富知识，而更加依赖能够讲授与诸门艺术从洋溢着活力的文明国家和民族的历史中得到相称的作家的人们；只面对从文学方面掌握所有有助于鼓舞丰富自己的记忆，希望获得更多知识的人们；只面对连余暇时间也要用来追求富有才气的作品，因为确信为了成为有用的人，在众多才能上应加上富有教养的教育才是本质，无视只将兴趣作为目的的人们。

（白井秀和）

■参考文献
· ブロンデル『建築序説』白井秀和訳、中央公論美術出版、1990

# 伊东忠太 Ito Chuta (1867~1954)

## ◇《建筑哲学》面世前的历史

从《建筑哲学》（毕业论文，1892，明治25年）开始，到第二次世界大战后的1954年（昭和29）去世为止，伊东忠太拼其一生所梦想的，是创造出与新兴的明治国家的庄严相称的"固有风格"。迂回，被看作是近代日本不得已的一种困难。

伊东忠太做毕业论文前15年（1877，明治10年），政府从英国聘来乔西亚·康德尔担任工部大学造家学科的教授、工部省修建局的顾问。经过一年的授课，康德尔的课程讲义《建筑是什么》让在那之前接受"作为技术的建筑"教育的学生知道了"作为艺术的建筑"的存在，是近代日本"建筑理论"的滥觞。伊东忠太的浩瀚之书《建筑哲学》的面世，是以辰野金吾、片山东熊、曾祢达藏为首的跟随康德尔学习的毕业生们，以对西方建筑的熟悉和实际创作的成果为背景的尝试。

以下关于伊东忠太的《建筑哲学》的论述，得益于对丸山茂的《日本的建筑和思想：伊东忠太论说》（1996）的研究和启发。

## ◇《建筑哲学》的整体结构

在开头的"自序"中，阐明了这本书的目标是遵从辰野金吾的建议——"最高尚且有趣味的东西独有建筑艺术"。伊东忠太关心的是其出发点中专门以美为目的的建筑，具体的是以宗教建筑为首的历史建筑，成为了现实国家的纪念性建筑。

接着，在"绪论'建筑师'及工匠——建筑哲学——论艺术建筑分类"中提出"建筑师不能不是一个艺术家"，为此，作为辅助的知识，要有建筑材料及结构、建筑历史、世界各国历史、地理学、哲学、美

学、文学、考古学、神话学、人类学、人种学、社会学等。

在最初的设想中，希望这本《建筑哲学》全书由五部分构成："第一部 艺术建筑总论"；"第二部 建筑流派论，第1篇 流派原论、第2篇 流派各论"；"第三部 建筑形式论，第1篇 配合与协调、第2篇 线条论及纹样论、第3篇 色彩论"；"第四部 建筑装饰论，第1篇 建筑装饰史、第2篇 建筑装饰技术"；"第五部 副论，第1篇 社会的进步与建筑技艺、第2篇 建筑技艺未来的方针"。但是，这里活用了"第一部 艺术建筑总论"和"第二部 建筑流派论"，形成了"并题后的建筑哲学"。

所谓建筑流派，就是建筑的风格，即建筑样式。

## ◇"艺术建筑"、"建筑技艺"、"建筑流派"

最终，《建筑哲学》在前述的"自序"、"绪论"之后，由"第一篇 建筑学与艺术"、"第二篇 流派原论"和"第三篇 建筑流派各论"构成。以现今的研究领域来说，大概有建筑美学、建筑理论、建筑意匠、建筑史论、各国建筑史等内容，但从用词上看，反映了历史主义或折衷主义时代的实践意识。

在伊东忠太的《建筑哲学》中，如同前面所说，作为"艺术建筑"，"美观与其他要素相比，头等重要"，需要事先确定。不但如此，在建筑中，"美"在"看穿自然界的'无意识的、精神的'"地方，"潜伏"于"各种物体中"，对它的多样表现是其本质之一。伊东忠太确立了这样的认识。"乾坤"分为"法则界"、"事实界"和"价值界"，进一步说，价值界对应于"伦理学"和"美学"。这里，"美学的目的"是"说明美即

'美观'的理论"，是"对它的活用"。伊东忠太的立足点显然是"西方"的"艺术"。

另一方面，伊东忠太抱有"建筑学"位于"真正的艺术"和"美术工艺"之间、"建筑技艺是位于各种艺术的最下一级的东西"、"所谓建筑学是依托于建筑发挥审美的美感的技艺"的现实认识。因此，这本《建筑哲学》就必须论及到"美"。它必须贯彻具有新的"学问"的意识。这个"建筑学"的"学"，虽然从"建筑学"的中间位置来看，相对于"匠人"的学，是万能的，但相对于西方的"艺术"，还是有限的。不是大艺术家的普通人，因为学习之后而悟到美，达到美的真相，再通过西方"建筑学"的学习，抛弃掉近代的价值观，就开始了走向自我变革的道路。

在"第二篇 流派原论"中，以"第一篇 建筑学与艺术"作为必要条件，探讨面对"流派"即风格＝样式的原理，最终创造出"固有风格"的可能性。伊东忠太在这里将"建筑流派"建立在基于"民众喜好"的"未定元素"和"恒久元素"上。所谓"未定元素"是气候、风土、材料，随国家和地域、时代而有变化。所谓"恒久元素"，之前在"建筑学与艺术"中表达为"美的形态"，即"崇高"、"优美"、"如画"，而且这个"美的形态"达到完成程度的认识已经建立起来，因而，新的"固有风格"的创造，如果没有"美的形态"的发生、发现就不算成就了。

◇《建筑哲学》留下的课题

循着伊东忠太的论述，其有意义的地方在于在"恒久元素"的"流派"的成立中契机变得微不足道，"民众喜好"被赋予最大的比重，暗示了相对于艺术的价值，历史性（现实性）价值的优势地位。

于19世纪90年代完成了毕业论文的伊东忠太，着手准备学位论文"论法隆寺建筑"（1893～1898），设计"平安神宫"（1895），致力于古神社的保护，发表了"研究了Architectural的本义后，希望选择其译义改变我们造家学会的称呼"（1894）、"世界调查"（1902～1905）、"由建筑进化的原则看我国建筑的前途"（1909），为"固有风格"讨论会写了"如何修正我国未来的建筑风格"。但是，在这个讨论会上，混杂了欧化说、国粹说、折中说、进化说等许多观点，前途的风险更加明晰了。

在这种状况下，受约翰·拉斯金影响很深的高松政雄（1885～1934）的"建筑师的修养"（毕业论文，1910），通过伊东忠太的推荐被刊载在机关杂志上一事意义重大。

关于从"建筑"的"美"到"历史"，以"民族主义"和"学识"为契机的伊东忠太早期建筑观的变迁，丸山茂依据综合了风格史和精神史的伊东忠太的立场作了详细的研究（前述之书）。依据这些，这里必须指出，从"建筑学"到"流派原论"的论述中，作为后者必要条件的前者，或者历史的现象学和美学的本质论，在逻辑上没有被结构化，因为以"固有风格"的创造为目的，加之与历史观变为一体的构思技巧、创作技巧上产生的理论欠缺，参照近代日本文学的经验，伴随东西方建筑风格的"折中"的创作主体的精神危机是不存在的。　　（崔康勋）

■参考文献
· 『伊东忠太建筑文献』 全6卷、龙吟社、1936～1937（1982、原书房复刻）
· 『伊东忠太建筑作品』 城南书院、1941
· 伊藤三千雄·前野嶤『日本の建筑 [明治大正昭和] 8 样式美の挽歌』三省堂、1982
· 藤森照信编『日本近代思想大系19 都市 建筑』岩波书店、1990
· 丸山茂『日本の建筑と思想 伊东忠太小論』同文书院、1996

# 原广司 Hara Hiroshi (1936～)

建筑师，东京大学名誉教授。生于川崎市，在长野县饭田市长大。1959年东京大学工学部建筑学科毕业，1964年在东京大学大学院读完博士课程，获工学博士学位。1964～1965年任东洋大学工学部副教授，1969～1982年任东京大学生产技术研究所副教授，1982～1997年任东京大学生产技术研究所教授，现在原广司＋Φ工作室建筑研究所从事设计工作。这期间，以摆脱现代主义为目标，广泛探索古今东西的空间概念，精力充沛地去进行世界聚落的调查，在以数学、哲学、艺术等相关的深深造诣为基础开展空间研究的同时，还设计了众多优秀的建筑、城市作品。

从20世纪60年代的"有孔体"开始，提出了"反射性住宅、蕴藏、领域、境界、场所、多层结构、形态、路径、符号场"等数量众多的语言，它们形成了紧密的连带关系后产生出了原广司的作品。原广司是将理论与实践、逻辑与感性、语言与作品有机结合的少数建筑师之一，不单单是创造作品，而且将发现具有展开事物力度的语言作为建筑师的一种使命。

理解原广司的语言和作品的关键，是他一贯所抱有的对"空间"的关心，认清现代建筑的本质在于"均质空间"，在新的建筑表现上发现超越均质空间的空间是必不可少的，为寻求异质空间，多次去聚落考察，从场的理论和相应空间论等数学的视点出发持续进行"空间语法"的研究，不断地创造出独特的语言和作品。

## ◇ 有孔体理论

现代形式优先的建筑，具有覆盖内在结构的特性。在有孔体理论中，建筑空间由空间单位、包围空间单位的界面覆盖、作用因子、控制作用因子运动的孔来构成，设计成为在"封闭的空间"穿孔的行为。空间单位被分为配置功能的"决定领域"和人的活动相对自由的"浮游领域"，各自穿越相应的孔洞。有孔体单位的结合，形成上位的有孔体单位，表现出自律部分集合的建筑形态（《建筑上有什么可能》，学艺书林，1967）。佐仓市立下志津小学（1967）和庆松幼儿园（1968）是这方面的实例。

## ◇ 在居住中蕴藏城市

居住的历史是功能的要素被城市剥夺的历史。现在所留下来的是丰富的自然和生产功能被剥夺之后衰弱的居住。针对这些，原广司呼吁在居住内部引入自然，为了重构城市的街巷，设想出"具有内核的住宅"形式。以内核为负数中心的谷底，形成"在居住中蕴藏城市"的构造，这样，在界面覆盖上开二维的孔就向三维的开孔作业转变了，以此设计出了粟津住宅（1972）、原广司住宅（1973）、尼拉姆住宅（1978）等一连串的"反射性住宅"。

## ◇ 聚落之旅

原广司在20世纪70年代的十年中，曾5次进行海外聚落的调查，前往地中海周边、中南美、东欧、中近东、印度、尼泊尔、西非等地区旅行（《居住集合论1-5》，鹿岛出版会，1973～1979）。通过对世界聚落的解读，发现了离散型、混合型、构成废弃、建筑语言的共有结构等新的空间观念和建筑构成，这些均引导着原广司的设计（《聚落之旅》，岩波书店，1987）。从聚落中学到的设计理论被归纳总结为"规划所有的部分"、"不要创造相同的事物"、"给场所以力量"、"分置"等唤起想象力的格言形式（《聚落的教示100》，彰国社，1998）。

## ◇ 从功能到形态

到了20世纪80年代的原广司，着手创造四维孔洞（好像到处都有窗的建筑）构造，开始中意"多层结构"这一空间图式。将时间空间化的多层结构具有说明记忆和意识作用的潜在力，尝试重叠多层透明板的光影自动装置（1985）或通过映入玻璃面和覆盖滤波层传递森林气息的虔十公园住宅（1987）就是多层结构的作品。

这个多层结构，结合横贯"可能世界"（层）的"路径"（经验的纽带、事件的系列），引发各种各样的形态（表现、倾向、状态、气氛等）。这些概念虽然是从聚落调查、空间研究、建筑设计、城市设计中提取出来的，但有其特别之处，原广司指出，"形态"概念是取代主导现代建筑的"功能"的主导原理，画出了"功能—身体—机器"、"形态—意识—电子设备"的对比表格。当代建筑的课题是创造出发现性地展开人们的生存路径形式的"形态学的建筑"。

就这样，诞生了田崎美术馆（1986）、大和国际大厦（1986）、那霸市立城西小学（1987）、饭田市美术馆（1988）、内子町立大濑中学（1992）、新梅田城梅田空中大厦（1993）、JR京都车站（1996）、宫城县图书馆（1997）、札幌穹顶球场（2000）、下北防雪穹顶多功能体育馆（2005）等使人联想起自然的宇宙、映射出"世界风景"的作品。

## ◇ 空间的语法

20世纪90年代后半期，原广司尝试着着手进行对亚里士多德、莱布尼茨、海德格尔、利曼、波因凯尔、马赫等人的空间概念的探讨，将通过基于坐标理论、活动等高线理论、相位空间理论等的空间研究（"空间的把握与规划"《新建筑学大系23建筑计划》，彰国社，1982）、聚落调查以及建筑、城市设计等积累的空间语言体系化（《空间的语法》，"GA JAPAN"，24～27号，1997.1～2000.11）。

在语言系统的思考上起重要作用的是科隆城市国际方案竞赛"媒体·公园"（1987）、蒙特利尔国际城市设计竞赛（1990）、500米×500米×500米立方体（1992）、地球外的建筑（1992）等项目，从中发现了很多的语言并加以锤炼，给予关联。

"空间的语法"中，将"领域与界限、场与中心、场所与周边、符号场、路径与移动、组合与聚合、连续体和独立体、形态"等语言作为基本概念提出，原广司的作品毋庸说就是展开了展望现代建筑的宏大的空间理论。

原广司对空间的关心的核心，包含有"围绕部分与整体的逻辑"。相对部分的集合，考虑部分集合的集合，在其中给予适当的结构，就会展现出具有"紧密相位、顺序相位、离散相位"等的空间姿态。迎接21世纪的原广司，放弃了在城市和建筑中的现成的连接可能性与分离可能性，构想着在更自由的大地平面上使各个部分的组合更大化的"离散（有相位的）空间"（"Hiroshi Hara/Discrete City"，TOTO出版，2004）。

在空间探索的旅途中，继续构筑的"空间的语法"是从"物"到"事"转变的方法，是面向超越个人（意识的连续体）的构思。

（门内辉行）

■参考文献
· 原广司『空間〈機能から様相へ〉』岩波书店，1987
· 原广司『住居に都市を埋蔵する―ことばの発見』住まいの図書館出版局，1990
· 『GA Architect 13 Hiroshi HARA』A.D.A. EDITA Tokyo，1993

# 约翰·拉斯金 Jhon Raskin (1819～1900)

约翰·拉斯金（1819～1900）是代表维多利亚王朝的美术评论家，在《现代画家》（全5卷，1843～1860）上支持J·M·威廉·特纳（J. M. William Turner，1775～1851），也给予拉斐尔前派以强烈的影响。关于建筑，著有《建筑七灯》（The Seven Lamps of Architecture，1849）和《威尼斯之石》（The Stones of Venice，3vols.，1851～1853），从社会伦理出发阐述哥特式的优越性，与A·W·N·普金（A. W. N. Pugin，1812～1852）一起，构筑了维多利亚王朝哥特式复兴的理论基础。他于1869～1878年以及1883～1885年任牛津大学斯莱特美术史教授，其任中的1871年，创立圣·乔治协会，打算建设理想的农业社区，但没有成功。虽如此，他的建筑理论以及植根于此的社会改革运动被威廉·莫里斯（William Morris，1834～1869）继承了下来。

《建筑七灯》是想明确"最初作为艺术的建筑所特有的法则"——拉斯金将它称为"建筑之灯"，并列出"献身"（sacrifice）、"真理"（truth）、"力量"（power）、"美"（beauty）、"生活"（life）、"回忆"（memory）、"顺从"（obedience）七盏灯。

在"献身"之灯中，以有无献身精神来区别"建筑"（architecture）和"房屋"（building），所谓献身精神，是"耗费极大的物质、劳动、时间的东西"，其中，"第一，在所有事情上必须竭尽全力，第二，必须将映入眼帘的劳动增加看作房屋上美的增加"。

在"真理"之灯中，将建筑的"虚假"（deceit）分为三种：①结构上的虚假——"将结构或者支撑的方式表现得与真实不同"；②表面上的虚假——"装饰表面，以与实际构成不同的材料来表现以及表面上有雕饰之类的虚假表现"；③实施上的虚假——"不管任何类型，都使用铸铁或者机械制造的装饰"。关于结构上的虚假，从"不将铁看作真正的建筑结构材料"这一立场出发批判铁路车站，另一方面，在实施的虚假上，作为装饰给人以快感的一个主要原因，举出"那里耗费的人类劳动与精力"，谴责铸造的和机械制造的装饰是"不诚实"（dishonest）的。

在"回忆"之灯中，从"建筑物的最大光荣，不是存在于石头和黄金中，而是存在于那个时代"这一立场出发，叙述了"第一，将现在的建筑作为历史的东西，第二，将过去的建筑作为最珍贵的遗产加以保护"。从前者中寻求耐久性和最高的施工精确度，在这样的建筑上增加的"时代效果"有着任何事物都难以代替的美，他将其称为如画风格（Picturesque）。这里，将如画风格的概念只限定为多年变化，也可以说改变了定义；另一方面，从后者中引申出"所谓修复（restoration）是房屋蒙受整体的破坏"这一命题，它最终促成了由莫里斯创设的古建筑保护协会（The Society of the Protection of Ancient Buildings）的成立（1877）。

在"顺从"之灯中，由"创意与变革，……是对一般法则进行斗争与反抗得到的，不是正常获得的东西"这一立场出发，在"我们不期望建筑的新风格"、"对于我们来说只用已知的建筑形态就足够了"的基础上，尽管推荐划分了比萨的罗马风、西意大利的早期哥特式、威尼斯的哥特式、英国最初的装饰样式这四种风格，但将最后的作为"最自然、最安全的选择"。

在"力量"之灯中，从"针对自然宏大控制力的建筑的共鸣感"这一立场出发，论述了尺度、体量一面一线的安排；在"美"之灯中，从"建筑美的要素存在于（对自然物）模仿之中"这一立场出发，论及到比例、对称、雕刻、色彩；进而在"生活"之灯中作为"美存在于生命体生机盎然的能量的表现之中"，关注"变化自如度"。以上三个审美法则，都是基于"自然的模仿"的思考方式，但未必能说它们和前述的伦理法则有紧密的联系。

将这些加以整理的是《威尼斯之石》第2卷第6章的"哥特式的特质"。在这里，拉斯金从"精神的表现"和"物理的形态"这一内容与形式的两个方面阐明哥特式的特质，作为前者的特征，列举了"粗犷度"（savageness）、"多变度"（changefulness）、"严谨度"（rigidity）、"冗余度"（redundance）等。虽然这些当中许多被认为与乌威德尔·普里斯（Uvedale Price，1747~1829）所定义的如画般的属性——"无规律度、粗野度、突然的变化"相呼应，但拉斯金的提法与以前的东西完全不同，即"粗犷度"产生于工人的直率——"相信一切最终都是为了善而奉献的，……不仅对自己工作的粗犷，连做法的粗犷度也不隐瞒"，"多变度"产生于工人的自由度——"不断地变化，在构思、成果两方面都被确认的情况下，工人肯定是被赋予了完全的自由"，进而，"严谨度"是由"拼命而且麻利的劳动习惯"得到的，"冗余度"是"劳动带来的计工之外的恩惠"。就这样，拉斯金认为必须以中世纪工人的"劳动"来说明哥特式的"精神表现"——莫里斯将它归纳为"艺术，是人类劳动中的愉悦表现"这一名句——这也成为哥特式的优势和社会改革必要性的根源。

普金从建筑师的立场、"天主教信仰"这一宗教伦理及"结构"的观点出发，称赞13世纪后半叶到14世纪初英国的"第二尖角式"（Second Pointed），与之相对比，拉斯金从批评家的立场、"劳动"这一社会伦理及"装饰"的观点介绍了威尼斯的哥特式。不过，他的"劳动"观，如同他本身的自觉一样，以将劳动看作是天职的新教为样板，而且，在他的"装饰"观中，就像在他精妙的草图中看到的那样，贯穿着将建筑的"整体"分解到"部分"，进而还原到物体"表面"的透彻的观点。拉斯金的思考方法从"劳动"这一社会伦理出发，将以前被看作如画风格的"表面"上的"多变度"正当化，成为产生哥特式复兴中"结构的多色调"（structural polychromy）这一新的表现方法的契机，进而通过莫里斯形成了工艺美术运动思想的核心。　　（片木笃）

卢卡·圣米开朗教堂正面的拱廊

■参考文献
・ジョン・ラスキン『建築の七燈』杉山真紀子訳、鹿島出版会、1997
・ジョン・ラスキン『ヴェネツィアの石』福田晴虔訳、中央公論美術出版、第1巻1994、第2巻1995、第3巻1996

# 增田友也 Masuda Tomoya (1914~1981)

他生于兵库县，是专门研究建筑理论的建筑师，1939 年毕业于京都大学工学部建筑学科，1950～1978 年任京都大学讲师、副教授及教授，1956 年获工学博士学位，1975 年担任悉尼大学客座教授，1978 年担任京都大学名誉教授。

晚年时的增田友也说过，对空间现象的关注是一生没有改变的东西。从前期空间论的探索走向后期存在论的探索的步伐中，可以判断出增田友也独特的"思考的方法"。其一生的研究可以表示为如下阶段：

1) 初期（1951～1952）："隔离—墙"、"纸窗"、"明堂"、"关于檐口"。

2) 前期（1955～1968）：到学位论文之后，道元研究为止。《建筑空间的原始结构——Arunta 的仪式场所与 Todas 的建筑和建筑学的研究》、"关于功能主义建筑理论中的功能概念"、"墙、我、空间——对于建筑师来说空间是什么"、"空间论——关于日本建筑的空间"、《家与庭院的景观——日本住宅的空间理论探究》。

3) 后期（1968～1981）：道元研究之后。"关于某些时间以及空间的两、三个性质"、《关于一种景观——正法眼藏中的空间与时间》、"两义性与整体性——一个建筑理论的描绘"、"山水与假山水"、"Ethnos 的景观、描绘——关于生活环境构成"、"关于建筑本体之所在——一种假设"、"关于建筑的思维——存在论的建筑论"、"（暂定）建筑是什么"。

**前期的空间论研究**："墙、我、空间——对于建筑师来说空间是什么"（1958）是学位论文之后不久的研究。开头的话作为反省的思考，是当时年轻建筑师广泛要阅读的东西。还有，"空间论——关于日本建筑的空间"（1958）是《家与庭院的景观——日本住宅的空间理论探究》（1964）的摘要，是广大建筑理论、建筑史学研究人员应读的研究。

学位论文《建筑空间的原始结构》是在原始民族的礼仪场所和建筑的形式中洞察"构成性的一个意图"的先驱性研究，作为方法，接近于"现象学"（在论文中为"现象论"）。关于澳大利亚土著居民阿兰斯特人的"仪式场所"和南印度的多达人的"建筑"，依据民俗学、人类学的蓝本，记述、分析其原始的状态，探索出"作为现象的空间"的存在方式与其产生的意义。他的思考方法被评价为"如同精确的考古学似的考证一步一步地深入，文体有结实的构成，因而很美，与其研究方法不无关系"（稻垣荣三，《新建筑》，1978-10）。1977 年的再版中，卡茨、普赖斯、卡西尔、荣格的空间论解释成为除海德格尔之外的现象学存在论的根据，再版时（1978）被修改的结尾是这样记述的："最初的建筑空间无非是被结构化了的符号化的象征空间，如果没有象征性，什么样的空间都不能被空间化，同时只要不被方向化、结构化，什么样的空间也不能看作空间吧"，即认为"象征性空间"是比"符号化空间"更加原初的。后来，他自己记述说："这个时期的语言还是形而上学的、概念的，是意义论的。""说空间或者建筑是象征的这句话时，空间是什么？建筑是什么？大概这件事是什么都还不清楚。"这大概是在提示向后期的现象学的存在论转变的动机吧。

**后期的存在论的建筑理论**：增田友也在辞官之前，计划从 1977 年 4 月到第二年的 1 月作两次讲座，选择的讲稿一个是"建筑性思维——为了存在论的建筑论"，一个是世阿弥的《风姿花传》研究。上述研究之外，展示增田友也后期思考的有如下三个研究："关于一种景观——正法眼藏的空间与时间"、"关于建筑本身的所在——一种假设"、"关于建筑性思维——为了存在论的建筑论"，都是通过道元、海德格尔以及大乘佛经的存在论探明"建筑本身"的"表现"作为"语言（逻辑）"的空间或者时间，即关于建筑、城市、区域、国土以及世界的所在是被存在论所指明的作为建筑、居住、思考的事物。"建筑性思维"、"一种假设"这两个研究不是对待实实在的或形而上学的建筑，也不是关于它们的建筑理论。主题是"建筑性思维"，即对"建筑本身"的提问是与对"思维本身"的发问一起进行的。

建筑本身，在存在论的"可能性领域"中是"作为正在有的事物"即作为"建筑之前"来理解的，在研究中谈及到的作为事实的建筑作品只出现在"一种假设"的最后一章"斋岛"中。在这个研究产生约 8 年前的《家与庭院的景观》中，作为"净土——象征的空间"被分析的严岛神社是作为新的存在论世界来体会的。"建筑本身"的"真实"，即"世界建立"的状态，在严岛神社中是提出作为"假设"的"事实"以及"净土"="非一世界"="真实"这种思考中独特的东西。"建筑本身"作为"事物存在的地方"，将"空间本身"或者"景观本身"于"那个地方"作为"那个地方"的"空间过渡"，而且可以说，假使"空间过渡""扩展"，首先，人有人的"居住"，"物"有"物"的需要。增田友也思考的主题对"空间本身"的新的洞察可以在此判断出来，即"空间本身"作为"有些场所"的"空间过渡"，在其工作中是作为对"场所"的问题提出的，是海德格尔的语言"场所"（der Ort）、"空间容纳"（ein-räumen）诱发的。

**建筑作品：**1957～1981 年的 24 年中，有 84 件作品（实施 61 个，方案 23 个），以下列出一些主要作品。"南淡町厅舍"、"京都市蹴上水处理厂"、"尾道市市政厅"、"京都大学工学部电子工程学教室"、"洲本市市政厅"、"鸣门市市政厅"、"衣笠山之家"、"东山会馆"、"智积院信众馆"、"京大会馆方案"、"万博规划方案"（前期，1957～1966）；"京都大学工学部本部大楼"、"京都大学综合体育馆"、"鸣门市老年人福利会馆"、"鸣门市文化会馆"（后期，1972～1981）。

由墙而来的"分隔"和由檐口而来的"开放"，进而突出内部中庭的主题，是增田友也空间构成的手法。围合空间的墙的造型是多种多样的，它们形成遮光天窗（京都大学综合体育馆除外），在遗作"鸣门市文化会馆"上变为简单的等间距的天窗。增田友也的方法的独特性是在探索空间的构成彻底地消除工具性（日常性），达到硬质形态这一过程中贯彻的。增田友也说过的"松之事习自于松，竹之事习自于竹"这句芭蕉的话，排除了推测和偏见，似是而非地意味着达到坚韧性表现这种方法上的极端自由主义。

（前田忠直）

■参考文献
· 『増田友也著作集』全 5 巻、ナカニシヤ出版、1999
· Living Architecture, Japanese, by Tomoya Masuda Grosset & Dunlap, 1970

# 槙文彦 Maki Fumihiko (1928~)

槙文彦是代表了现代日本建筑界的建筑师，度过喜寿（77岁）后仍继续活跃在业界，保持与"贵公子"称呼相称的出席率。槙文彦是继丹下健三(1913~2005)之后第二位因荣获普利茨克奖而得到国际社会高度评价的日本人，近年来在世界各国正在实现着大量的作品。

槙文彦于1928年生于东京，经过庆应大学预科后进入东京大学工学部建筑学科学习，其后进入同一大学的大学研究院学习，但中途赴美，在克兰布鲁克美术学院和哈佛大学设计学科取得硕士学位，毕业后在SOM（Skidmore, Owings & Merrill建筑事务所）以及何赛·路易·塞特（1902~1983）事务所积累业务经验，然后从1956年开始在华盛顿大学教书。这期间，获得了格拉哈姆财团的奖学金，得到了在一年内考察世界城市和建筑的机会，这一次研究性旅行的成果，诞生了后来显示出城市设计基本原理的"群造型"（参考文献1）。其后，转到哈佛大学，作为副教授执掌教鞭一直到1965年，得到和阿尔多·凡·艾克等当时世界建筑界的主要人物交流的机会。在美国的那段时间可以说是槙文彦思想形成的时期。后来，回国开设了槙综合规划事务所，从那以后便位于建筑设计的第一线。1979~1989年的10年中，他也帮助母校东京大学工学部建筑学科培养后辈。

主要作品有立正大学熊谷校园、藤泽市秋叶台文化体育馆、东京体育馆、京都国立现代美术馆、幕张展览馆、庆应义塾湘南藤泽校园、风之丘殡仪馆、朝日电视台、新加坡理工学院等许多设计。代表作之一的代官山集合住宅是从1969年开始的持续性的计划，作为一个建筑师参与街道景观创造的少有的例子很早就出了名。通过这些创作活动

得到了世界上许多著名的建筑奖，主要有日本建筑学会奖（1963、1985）、推荐优秀艺术文部大臣奖（1974）、朝日奖（1993）、纪念高松宫殿下世界文化奖（1999）、AIA雷诺尔兹纪念奖（1987）、伍尔夫奖（1988）、普利茨克奖（1993）、UIA金奖（1993）等。著述虽不多，但影响很大。除前面提到的《群造型》之外，还有收录了鲜明提出日本的空间原理之一的"奥思想"的《忽隐忽现的城市》（参考文献2）以及短文集《记忆的形象》（参考文献3）等。

槙文彦的建筑设计被视为融入了正统现代主义的流派，他自己也那样确定。但实际上，如果回顾一下他漫长的创作活动中的一个具体作品，其设计是多姿多彩的，很难将其归结为一种倾向。如果要试着特意找出几个具体的特征的话，大概会是喜好白色还有浅色和银色的金属感，喜欢扩大的形态和纤细度（细长），忌讳过分简单和巨大尺度，被充分设计的小零件，从家具到建筑由情趣统一的整体，结合地形构成的公共层等吧。

看看槙文彦作为建筑师的形成期，那是与勒·柯布西耶影响力最强的时期相重合的。具有前辈资格的前川国男、坂仓准三、吉阪隆正等在勒·柯布西耶事务所工作的建筑师占据了日本的主导地位，东京大学时代的老师丹下健三也强烈地受到没有直接接触过的柯布西耶的影响。还有，在美国的时候接受了柯布西耶门下的何赛·路易·塞特的教育，并在他手下工作过。实际上，在槙文彦的建筑语法中，能够读出从柯布西耶处的引用和对其的崇拜。但是，柯布西耶风格并没有成为槙文彦风格的基调，槙文彦没有像柯布西耶那样将教条置于前面，也鲜为关心英雄主义。不用说，像约翰内斯·杜依克（1890~1935）、甘纳·阿斯泼伦德（1885~

1940)、阿尔瓦•阿尔托（1898～1976）、何赛•路易•塞特、吉村顺三（1908～1977）、阿尔瓦罗•西扎(1933～)等周围的这些现代主义者、建筑师，在把"住宅"作为建筑的基本依据上似乎也有着共同的感觉。

槙文彦在日本建筑领域里的贡献归结起来有以下三点，但这里的只是从已竣工的大作中记录下来的，新作品也有可能会超出意料。这些是 2007 年的时候笔者的记录：

**1）将为了市民的开放空间在日本固定下来**

槙文彦将建筑的外部空间定位为不是简单的不建建筑的空地，也不是为了引入纪念物的前庭，而是为了市民公共生活的空间。他的代表作代官山集合住宅自始至终宣示了这一点。不单是代官山集合住宅，槙文彦的建筑所具有的特征是内部空间和外部空间的密切关系，在那里为市民的交流编织出各种各样的场所，例如"螺旋体"阶段那种新类型的公共空间的方案，还有，即便幕张展览馆和东京体育馆那种容纳大量群众的建筑也追求同一种主题，作为扩大的形态使其建筑化。

**2）形成了日本现代建筑"良好情趣"的标准**

槙文彦的建筑在任何时代都表现出的"良好情趣"是什么？在20世纪60年代高度成长期的狂热背后，为了正在日趋成熟的"市民"，出现了以分段的干净的盒子状和砖色调的瓷砖铺装的广场；石油危机之后的20世纪70年代后半期，面向怀旧和装饰变化的年代，明确提出了稳定的凸形图形；20世纪80年代后半期的泡沫经济繁荣期中，展示了夸大妄想性但不夸张的奢侈；20世纪90年代后半期以后形成了现代主义表现语汇的洗练。这些，为同一时代的建筑师展示了时代情趣的标准或者目标，被许多建筑师实际参照过来。

**3）以作品展现出建筑师的职业形象**

形成战后日本建筑师群像的主要是教授建筑师，如丹下健三、清家清、吉阪隆正、筱原一郎等。矶崎新虽没有专职执掌教鞭，但也以擅长写文章，以超越大学人的活跃思维引导了日本的建筑界，因此，原理被重视，促进了将概念置于创作中心的倾向。另一方面，代表民间建筑师形象的，曾经是村野藤吾。槙文彦有在美国和日本两地担任教师的经历，是名望较高的教授建筑师，但我们还看到了他超越村野藤吾作为有实力的实务建筑师的形象。在槙文彦的作品的多姿多彩的背景中，我们认识到了通过与建造建筑的场所进行对话来创作建筑的设计态度以及对时代精神的敏感性，即建筑在时代精神中产生，建筑定义时代精神。换句话说，所谓产生顾主的期待或时代的要求与自己的设计的紧张关系，也许是职业人态度的流露吧。

（大野秀敏）

■参考文献
1.槙文彦『群造形』『Metaborism/1960』美術出版社所収
2.槙文彦『見え隠れする都市』（共著）鹿島出版会、1980
3.槙文彦『記憶の形象』筑摩書房、1992

# 朱利安—阿扎伊斯·加代 Julien-Azais Guadet (1834~1908)

1854年,加代进入巴黎美术学院学习,成为拉布鲁斯特的学生,在1861~1864年巴黎歌剧院的建设中在加尼耶手下工作。1864年获得罗马奖,作为受资助的留学生前去进行古罗马的研究。回国后,从1871年到1894年长期主持母校巴黎美术学院内的建筑工作室的工作,其后到1908年,担任学校讲授建筑理论课的教授,集这门课大成的就是著名的《建筑元素理论》(Eléments et Théorie de l'Architecture)全4卷(1901~1904)这本书。这里,以这本书的第3版(1909)为蓝本,介绍加代建筑思想的一部分(在加代分出的由R·班海姆写的"第一机器时代的理论与设计"第1章中,原题目的Théorie因为使用了复数形式的Théories,"理论"的总的名称受到了损害)。加代作为建筑师的代表作是巴黎第一区的中央邮局(1880~1884)。在这个第3版中,第1卷的开头登载了由学会会员帕斯卡介绍加代生平和作品的悼念文章。引用这个开头部分如下:

"古典,它对于建筑师来说,是必须构筑的所有东西。"我们的老师加尼耶在一次特别的玩笑中说到:喜欢深思熟虑、敢作敢为的人。这本精彩好书的作者朱利安·加代给这个警句提供了最好的答案选项,在任何意义上,都没有通过新版提示这句名言的必要性的吧。不过,与第2版内容几乎相同的第3版的出版准备结束不久,他去世了,使得教育的作用,特别是与他性情相符的某种深思熟虑的精神所成就的卓越的、稳健的创作被迫中断了。他已经不在了。

《建筑元素理论》由第1篇"预习"、第2篇"一般理论"和题目为"建筑元素"(墙和窗等构造上的部件)的第3篇,加上由第4卷卷首收录的"构成诸要素"(房间和门厅等功能上的体量)组成的第13篇,到最后的"建筑师的职业",一共16篇构成("建筑元素"和"构成元素"的篇目占了全书的大半),从中可以窥见到建筑理论的记述。我想以第2篇第1章的"建筑理论课开讲致辞"(1894年11月28日)作为研究对象。这个开讲致辞从称赞这门课的前任教师(E·纪尧姆)开始,讲述了从他被选为其后任,主持工作室的事情开始便坚决请辞,但最终在学校当局的强烈邀请下接受下来的来龙去脉,也涉及到近25年来工作室的教育如何出色以及离开工作室教育的遗憾,在坦率地吐露出这些之后,他说出了下面这样的话:

诸位,从这件事开始,我将面对建筑理论课程,我强烈地问自己,这门课应该讲什么?但是这个疑问是奇怪的,为什么这么说呢?因为这门课从前就存在,由卓有成绩的人们在这里教授。……不要有让这门建筑理论课成为桎梏,允许各位老师给予各位的教育完全矛盾的危险性。我们美术学院的独创性如果用一句话来表达,那就是它是世界上最自由的。……学生时代的我,切身体会到教育的自由。……过于相信一个狭义的优秀性和卓越性,将对自己来说是惟一真理的思考交给相信以武断地(ex cathedra)讲授为职业的艺术家的话,理论课会很容易地变成极其教条主义的个人的东西。因此,在我们极为自由的美术学院里,诸位是想这样说的。我应该将现成的建筑理论(la théorie de l'architecture)讲给各位,而没有必要讲述个人的建筑理论(ma théorie de l'architecture)。

在这之后就有了前面加尼耶的话，也是班海姆指出的"古典"（le classique）的观点。如果让班海姆来说（日译本第 14 页），是"历史是应该理解的，但不是应该模仿的东西"，或者在"与其让现实的建筑代表过去的时代，不如从中提炼能够定型化的原则这方面有着历史的教训"这一思考方法上回到这句话上。另外，也有如下这样的论述（同书第 17 页）：

　　加代在"广泛且严密"的意义上使用了"古典"这个词，但他回避风格问题的关键点也在这里。他所谓的古典……是那些像"并非历史上的古典主义"的，或者是由拉布鲁斯特，进而是通过其作品与学院派有紧密关系，扎根于传统的勒杜和迪朗这样的大家的图式上的古典主义。还有，它们类似阿洛伊索·希尔顿的"希腊"的意思。希尔顿在 19 世纪初的时候，以"进行正确建造的人，不管是谁都是像希腊人那样来建筑"，提炼出了合理的直截了当的建筑方法。勒·柯布西耶在比较机器与希腊建筑时，也数次使用了这个意义上的希腊这一概念。（部分改译）

　那么，关于古典，加代自己的说法到底是什么呢？

　　如果所有的东西，尤其是在建筑上，首先需要学习的应该是本质上的古典，我坚定地相信这一点。所谓古典，并非因其从属于某一团体或是排他的就被除名，即便是闭着眼睛，也不能被成见所束缚。不是那样，而是在学习的基础上，通过理性，通过合乎道理的传统，通过对杰出原则的坚决尊重，对待被作为持久物的各种元素。所谓古典，即稳定平衡。……古典这个了不起的称谓，在艺术上是决定性的历代的神圣形式，不是出

身和时间、时代和风土的问题，不需考虑时代、国家和流派，成为古典的所有价值，是它们的确是古典的。

　就这样，"古典"反复地被定义，所谓古典，不是作为政令的布告，而是被世人所承认的东西。古典，是它们在各类艺术的长久斗争中持续取得胜利的全部东西，是与普遍得到赞叹相关的全部东西。那么，所谓古典的遗产，超越组合和不限形态的变化，完全赞同不变的原则本身和理性、逻辑、方法。所谓古典，也不是任何时代、任何国家、任何流派的特性。在文学上，但丁、维吉尔、莎士比亚、沙孚克里斯的著作很多；在建筑上，帕提农神庙和大斗兽场、阿雅苏弗亚清真寺、巴黎圣母院、圣彼得大教堂以及法尔尼斯宫加上卢浮宫都是古典的。

　但是，从考古学观点出发在风格选择上贬低古典的行为在 19 世纪很盛行。慕尼黑的雕塑陈列馆是实用主义的帕提农；伦敦的俱乐部是按现代要求建起来的罗马的法尔尼斯宫或者威尼斯（圣马可广场上）的市政厅。挽救这种事态的是像加代的老师拉布鲁斯特这样享有盛誉的艺术家们。他们很清楚，所谓独立（Indépendance）并非像换制服一样简单，而且向我们传达了这一含义。在这里，加代确认了自己在巴黎美术学院体会到的"自由"的意义，即"只有自由才是保证艺术生命和丰富果实的东西"，而且"今日我国的艺术"是充分继承了历经几个世纪积累下来的遗产（patrimoine）的。只是加代这里所说的古典这个词与前面班海姆提出的"历史的教训在于能够定型化的原则"的说法是一致的。
　　　　　　　　　　　　　　　　（白井秀和）

■参考文献
· R. バンハム『第一機械時代の理論とデザイン』石原・増成訳、鹿島出版会、1976

# 人名索引 (以汉语拼音为序)

人名索引

# 译后记

这本书是日本建筑学会组织 46 名知名学者，选择 91 个条目，对建筑理论所作的较为全面的解释，对于了解世界范围内的建筑理论甚至建筑学的来龙去脉，对于建筑理论及历史的研究都有重要的帮助。从这些文字中也可以了解到日本学者长期以来对建筑理论的关注与研究以及在日本的城市、建筑设计实践中是如何思考、如何结合的；可以从中窥见到为什么日本建筑师可以站在国际的舞台上，成为国际大师，获得国际大奖。

原本以为可以在一年内完成的任务，却一直拖到两年，原因是这本书在建筑理论这个主题下，内容涉及范围之广超出想象。书中使用的大量外来语涉及到拉丁语、希腊语、意大利语、英语、法语、德语以及古汉语和旧体日语；与建筑理论的发生、发展有密切关系的其他学科包括文学、艺术、诗歌、语言、美术、哲学、宗教、医学、社会、历史、建筑历史及城市发展史等，背景繁杂，内容海量。为使读者迅速、正确地理解文中的含义，有时一个词、一句话要从十多本国内外相关文献中确认其真正的意思，同时还尽量注意到要与已出版的相关著作和约定俗成的一些称谓相一致，以免带来阅读与理解上的混乱。真的非常艰难，但终于完成了，心中自然是非常高兴。

为使读者对与建筑理论研究有紧密联系的人物有一个整体的把握，中译本将原书不多的人名索引扩展为所有书中出现的人名索引，以便于读者查询。

相信对广大读者会有所裨益，也希望我们中国的建筑界能有更多的理论研究出现。

徐苏宁
2011 年 6 月 4 日